U0370135

国家出版基金资助项目

现代数学中的著名定理纵横谈丛书

丛书主编　王梓坤

TSCHEBYSCHEFF POLYNOMIAL

Tschebyscheff 多项式

刘培杰数学工作室 编

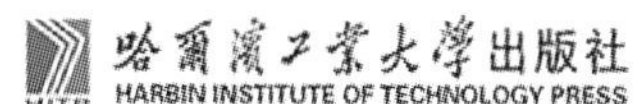

内容简介

本书共分七章，主要介绍了微信群中的数学题，数值逼近论中的切比雪夫多项式及其性质，数值积分，特殊函数与切比雪夫多项式，平方逼近与均匀逼近中的切比雪夫多项式，关于苏联科学院数学研究所在函数逼近论方面的工作，圆上的Weissler对数不等式与Stieltjes矩量的极值问题等.

本书适合大学师生及数学爱好者参考使用.

图书在版编目(CIP)数据

Tschebyscheff多项式/刘培杰数学工作室编.—哈尔滨:哈尔滨工业大学出版社，2017.8

(现代数学中的著名定理纵横谈丛书)

ISBN 978-7-5603-6563-3

Ⅰ.①T… Ⅱ.①刘… Ⅲ.①切比雪夫多项式 Ⅳ.①O174.21

中国版本图书馆CIP数据核字(2017)第075533号

策划编辑 刘培杰 张永芹
责任编辑 张永芹 穆 青
封面设计 孙茵艾
出版发行 哈尔滨工业大学出版社
社 址 哈尔滨市南岗区复华四道街10号 邮编150006
传 真 0451-86414749
网 址 http://hitpress.hit.edu.cn
印 刷 牡丹江邮电印务有限公司
开 本 787mm×960mm 1/16 印张20.5 字数223千字
版 次 2017年8月第1版 2017年8月第1次印刷
书 号 ISBN 978-7-5603-6563-3
定 价 98.00元

⊙代序

读书的乐趣

你最喜爱什么——书籍.

你经常去哪里——书店.

你最大的乐趣是什么——读书.

这是友人提出的问题和我的回答.真的,我这一辈子算是和书籍,特别是好书结下了不解之缘.有人说,读书要费那么大的劲,又发不了财,读它做什么?我却至今不悔,不仅不悔,反而情趣越来越浓.想当年,我也曾爱打球,也曾爱下棋,对操琴也有兴趣,还登台伴奏过.但后来却都一一断交,“终身不复鼓琴”.那原因便是怕花费时间,玩物丧志,误了我的大事——求学.这当然过激了一些.剩下来唯有读书一事,自幼至今,无日少废,谓之书痴也可,谓之书橱也可,管它呢,人各有志,不可相强.我的一生大志,便是教书,而当教师,不多读书是不行的.

读好书是一种乐趣,一种情操;一种向全世界古往今来的伟人和名人求教的方法，一种和他们展开讨论的方式；一封出席各种活动、体验各种生活、结识各种人物的邀请信；一张迈进科学宫殿和未知世界的入场券；一股改造自己、丰富自己的强大力量.书籍是全人类有史以来共同创造的财富，是永不枯竭的智慧的源泉.失意时读书，可以使人重整旗鼓；得意时读书，可以使人头脑清醒；疑难时读书，可以得到解答或启示；年轻人读书，可明奋进之道；年老人读书，能知健神之理.浩浩乎！洋洋乎！如临大海，或波涛汹涌，或清风微拂，取之不尽，用之不竭.吾于读书，无疑义矣，三日不读，则头脑麻木，心摇摇无主.

潜能需要激发

我和书籍结缘，开始于一次非常偶然的机会.大概是八九岁吧，家里穷得揭不开锅，我每天从早到晚都要去田园里帮工.一天，偶然从旧木柜阴湿的角落里，找到一本蜡光纸的小书，自然很破了.屋内光线暗淡，又是黄昏时分，只好拿到大门外去看.封面已经脱落，扉页上写的是《薛仁贵征东》.管它呢，且往下看.第一回的标题已忘记，只是那首开卷诗不知为什么至今仍记忆犹新：

日出遥遥一点红，飘飘四海影无踪.

三岁孩童千两价，保主跨海去征东.

第一句指山东，二、三两句分别点出薛仁贵（雪、人贵）.那时识字很少，半看半猜，居然引起了我极大的兴趣，同时也教我认识了许多生字.这是我有生以来独立看的第一本书.尝到甜头以后，我便千方百计去找书，向小朋友借，到亲友家找，居然断断续续看了《薛丁山征西》《彭公案》《二度梅》等，樊梨花便成了我心中的女英雄.我真入迷了.从此,放牛也罢,车水也罢,我总要带一本书,还练出了边走田间小路边读书的本领,读得津津有味,不知人间别有他事.

当我们安静下来回想往事时,往往会发现一些偶然的小事却影响了自己的一生.如果不是找到那本《薛仁贵征东》,我的好学心也许激发不起来.我这一生,也许会走另一条路.人的潜能,好比一座汽油库,星星之火,可以使它雷声隆隆、光照天地;但若少了这粒火星,它便会成为一潭死水,永归沉寂.

抄,总抄得起

好不容易上了中学,做完功课还有点时间,便常光顾图书馆.好书借了实在舍不得还,但买不到也买不起,便下决心动手抄书.抄,总抄得起.我抄过林语堂写的《高级英文法》,抄过英文的《英文典大全》,还抄过《孙子兵法》,这本书实在爱得狠了,竟一口气抄了两份.人们虽知抄书之苦,未知抄书之益,抄完毫末俱见,一览无余,胜读十遍.

始于精于一,返于精于博

关于康有为的教学法,他的弟子梁启超说:"康先生之教,专标专精、涉猎二条,无专精则不能成,无涉猎则不能通也."可见康有为强烈要求学生把专精和广博(即"涉猎")相结合.

在先后次序上,我认为要从精于一开始.首先应集中精力学好专业,并在专业的科研中做出成绩,然后逐步扩大领域,力求多方面的精.年轻时,我曾精读杜布(J. L. Doob)的《随机过程论》,哈尔莫斯(P. R. Halmos)的《测度论》等世界数学名著,使我终身受益.简言之,即"始于精于一,返于精于博".正如中国革命一样,必须先有一块根据地,站稳后再开创几块,最后连成一片.

丰富我文采,澡雪我精神

辛苦了一周,人相当疲劳了,每到星期六,我便到旧书店走走,这已成为生活中的一部分,多年如此.一次,偶然看到一套《纲鉴易知录》,编者之一便是选编《古文观止》的吴楚材.这部书提纲挈领地讲中国历史,上自盘古氏,直到明末,记事简明,文字古雅,又富于故事性,便把这部书从头到尾读了一遍.从此启发了我读史书的兴趣.

我爱读中国的古典小说,例如《三国演义》和《东周列国志》.我常对人说,这两部书简直是世界上政治阴谋诡计大全.即以近年来极时髦的人质问题(伊朗人质、劫机人质等),这些书中早就有了,秦始皇的父亲便是受害者,堪称"人质之父".

《庄子》超尘绝俗,不屑于名利.其中"秋水""解牛"诸篇,诚绝唱也.《论语》束身严谨,勇于面世,"己所不欲,勿施于人",有长者之风.司马迁的《报任少卿书》,读之我心两伤,既伤少卿,又伤司马;我不知道少卿是否收到这封信,希望有人做点研究.我也爱读鲁迅的杂文,果戈理、梅里美的小说.我非常敬重文天祥、秋瑾的人品,常记他们的诗句:"人生自古谁无死,留取丹心照汗青""休言女子非英物,夜夜龙泉壁上鸣".唐诗、宋词、《西厢记》《牡丹亭》,丰富我文采,澡雪我精神,其中精粹,实是人间神品.

读了邓拓的《燕山夜话》,既叹服其广博,也使我动了写《科学发现纵横谈》的心.不料这本小册子竟给我招来了上千封鼓励信.以后人们便写出了许许多多的“纵横谈”.

从学生时代起,我就喜读方法论方面的论著.我想,做什么事情都要讲究方法,追求效率、效果和效益,方法好能事半而功倍.我很留心一些著名科学家、文学家写的心得体会和经验.我曾惊讶为什么巴尔扎克在51年短短的一生中能写出上百本书,并从他的传记中去寻找答案.文史哲和科学的海洋无边无际,先哲们的明智之光沐浴着人们的心灵,我衷心感谢他们的恩惠.

读书的另一面

以上我谈了读书的好处,现在要回过头来说说事情的另一面.

读书要选择.世上有各种各样的书:有的不值一看,有的只值看20分钟,有的可看5年,有的可保存一辈子,有的将永远不朽.即使是不朽的超级名著,由于我们的精力与时间有限,也必须加以选择.决不要看坏书,对一般书,要学会速读.

读书要多思考.应该想想,作者说得对吗?完全吗?适合今天的情况吗?从书本中迅速获得效果的好办法是有的放矢地读书,带着问题去读,或偏重某一方面去读.这时我们的思维处于主动寻找的地位,就像猎人追找猎物一样主动,很快就能找到答案,或者发现书中的问题.

有的书浏览即止,有的要读出声来,有的要心头记住,有的要笔头记录.对重要的专业书或名著,要勤做笔记,“不动笔墨不读书”.动脑加动手,手脑并用,既可加深理解,又可避忘备查,特别是自己的灵感,更要及时抓住.清代章学诚在《文史通义》中说:“札记之功必不可少,如不札记,则无穷妙绪如雨珠落大海矣.”

许多大事业、大作品，都是长期积累和短期突击相结合的产物．涓涓不息，将成江河；无此涓涓，何来江河？

爱好读书是许多伟人的共同特性，不仅学者专家如此，一些大政治家、大军事家也如此．曹操、康熙、拿破仑、毛泽东都是手不释卷，嗜书如命的人．他们的巨大成就与毕生刻苦自学密切相关．

王梓坤

目录

第一章 微信群中的数学题

§1 “我们能搞定”——从吴康教授的一道征解问题谈起

对于德语，多数人会感到生僻．勉强知道一句，也许就是安格拉·默克尔那句名言“Wir Schaffen das”，翻译过来就是：我们能搞定．

有人总结说：传统媒体被碎片化了，碎片化的媒体才叫新媒体．微信群是典型的新媒体，多少年前只见于数学期刊中的征解问题开始被微信群中的征解问题所取代．在这方面以吴康教授的几大群最为突出．

WK86(吴康命题)　在实数范围内求解方程组

$$\begin{cases} x+2=(y^3-3y)^2 & (1)\\ x^4+2=4x^2+y & (2)\end{cases}$$

解 由式(2)得

$$y=x^4-4x^2+2$$

代入式(1)可得关于 x 的 24 次代数方程,在复数范围内恰有 24 个根,每个根均可代入解,得对应的 y 值,故原方程组在复数范围内恰有 24 组解.

令 $x=2u,y=2v$,整理可得

$$\begin{cases}u=2(4v^3-3v)^2-1 & (3)\\ v=8u^4-8u^2+1 & (4)\end{cases}$$

以 $T_n(x)$ 记第 n 个切比雪夫(Tschebyscheff)多项式,则以上方程组可化为

$$\begin{cases}u=T_2(T_3(v)) & (5)\\ v=T_4(u) & (6)\end{cases}$$

由于切比雪夫多项式的一个基本性质是

$$T_n(\cos\theta)=\cos n\theta$$

显然

$$(u,v)=(1,1)$$

为以上方程组的一组解,故可设

$$u=\cos\theta\quad(0\leqslant\theta\leqslant\pi)$$

则由方程(6)可得

$$v=T_4(\cos\theta)=\cos 4\theta$$

由方程(5)可得

$$u=T_2(T_3(\cos 4\theta))=T_2(\cos 12\theta)=\cos 24\theta$$

从而可得

$$\cos 24\theta=\cos\theta\quad(0\leqslant\theta\leqslant\pi)\tag{7}$$

解得

$$24\theta=2k\pi\pm\theta\quad(k\in\mathbf{Z})\Rightarrow$$

$$\theta=\frac{2}{23}k\pi\text{ 或 }\frac{2}{25}k\pi\quad(k\in\mathbf{Z})$$

从而有解

$$u=\cos\theta_i, v=\cos 4\theta_i$$

其中

$$\theta_i=\frac{2}{23}i\pi \quad (i=0,1,2,\cdots,11)$$

或

$$\theta_i=\frac{2}{25}(i-11)\pi \quad (i=12,13,\cdots,23)$$

于是原方程组有 24 组实数解

$$(x,y)=(2\cos\theta_i,2\cos 4\theta_i) \quad (i=0,1,2,\cdots,23)$$

由以上推导,可知这就是原方程组的全部实数解.

译注　若改题为在复数范围内求解原方程组,则仍为这 24 组解.

群主简介

吴康(1957—　),男,广东高州人.华南师范大学理学硕士,华南师范大学教学督导、数学科学学院副教授、硕士研究生导师,全国初等数学研究会理事长、学术委员会主任,《中国初等数学研究》主编,广东省初等数学学会会长、学术委员会主任,广东省高考研究会理事长,《数学教育学报》编委,中国数学奥林匹克高级教练员,东润丘成桐科学奖(数学)南部赛区组委会主任,广东省教育系统棋类协会副会长.

§2　中学数学教师的修养

作为一名中学数学教师,对于数学竞赛问题或高考试题是仅限于会解还是要求更多.王小波在《青铜时代》中有这么一句:“一个人只拥有此生此世是不够的,他还应该拥有诗意的世界.”借用此句式,我们可以这样描述一个优秀的中学数学教师的知识结构:他(她)作为一个中学数学教师只拥有基本的中学数学解题技巧也是不够的,他还应该拥有高等数学诗意般的世界.具体的做法我们例举一篇 2017 年第 2 期《中学教研(数学)》上的文章为样板说明一下:

两类切比雪夫多项式性质的证明与应用

浙江宁波镇海中学的陈科钧老师在 2017 年指出:

切比雪夫多项式是高等数学中的内容,但是在全国各省市高考试题及各类数学竞赛中多有涉及.张奠宙先生曾指出:“在日常的中学数学教学中,能够用高等数学的思想、观点、方法去解释和理解中学数学问题的例子很多,重要的是作为一名数学教师应该具备这样的思维意识.”[1] 笔者给出了两类切比雪夫多项式中的两个性质的初等解法及其应用.

1.性质证明

性质 1[2] 设函数

$$f(x)=a_nx^n+a_{n-1}x^{n-1}+\cdots+a_1x+a_0$$

若对任意的 $x\in[-1,1]$, $|f(x)|\leqslant 1$,则

$$|a_n|_{\max}=2^{n-1}$$

性质 2 设函数

$$g(x)=\sqrt{1-x^2}\cdot(a_nx^n+a_{n-1}x^{n-1}+\cdots+a_1x+a_0)$$

若对任意的 $x\in[-1,1]$, $|g(x)|\leqslant 1$,则

$$|a_n|_{\max}=2^n$$

先证明以下三个引理：

引理 1　$\cos^n\theta$ 可表示为

$$\frac{1}{2^{n-1}}\cos n\theta+\sum_{k=1}^{n-1}A_k\cos k\theta+A_0$$

证明　当 $n=1$ 时

$$\cos\theta=\frac{1}{2^0}\cos\theta$$

成立.假设当 n 时,命题也成立,则当 $n+1$ 时,由积化和差公式可知

$$\cos^{n+1}\theta=\cos^n\theta\cos\theta=$$

$$\left(\frac{1}{2^{n-1}}\cos n\theta+\sum_{k=1}^{n-1}A_k\cos k\theta+A_0\right)\cos\theta=$$

$$\frac{\cos(n+1)\theta+\cos(n-1)\theta}{2^n}+$$

$$\frac{1}{2}\sum_{k=1}^{n-1}A_k[\cos(k+1)\theta+\cos(k-1)\theta]+A_0\cos\theta=$$

$$\frac{1}{2^n}\cos(n+1)\theta+\sum_{k=1}^{n-1}A'_k\cos k\theta+A'_0$$

因此对 $n+1$ 也成立.

引理 2　设 $\theta_k=\frac{2k+1}{n}\pi,\theta'_k=\frac{2k}{n}\pi$,其中 $k=0,1,2,\cdots,n-1$,则

$$\sum_{k=0}^{n-1}\cos j\theta_k=0,\sum_{k=0}^{n-1}\cos j\theta'_k=0\quad(j=1,2,\cdots,n-1)$$

证明　由积化和差公式可知

$$\sum_{k=0}^{n-1}\cos j\theta_k=\sum_{k=0}^{n-1}\frac{\sin\frac{2k+2}{n}j\pi-\sin\frac{2k}{n}j\pi}{2\sin\frac{j\pi}{n}}=$$

$$\frac{\sin 2j\pi-\sin 0}{2\sin\frac{j\pi}{n}}=0$$

$$\sum_{k=0}^{n-1}\cos j\theta'_k=\sum_{k=0}^{n-1}\frac{\sin\frac{2k+1}{n}j\pi-\sin\frac{2k-1}{n}j\pi}{2\sin\frac{j\pi}{n}}=$$

$$\frac{\sin\frac{2n-1}{n}j\pi-\sin\left(-\frac{1}{n}j\pi\right)}{2\sin\frac{j\pi}{n}}=0$$

引理 3 设 $\theta_k=\frac{\pi}{2(n+1)}+\frac{2k\pi}{n+1}$,其中 $k=0,1,2,\cdots,n$,则

$$\sum_{k=0}^{n}\sin j\theta_k=0\quad(j=1,2,3,\cdots,n)$$

证明 由积化和差公式可知

$$\sin j\theta_k=\sin\left[\frac{j\pi}{2(n+1)}+\frac{2kj\pi}{n+1}\right]=$$

$$\frac{2\sin\frac{j\pi}{n+1}\sin\left[\frac{j\pi}{2(n+1)}+\frac{2kj\pi}{n+1}\right]}{2\sin\frac{j\pi}{n+1}}=$$

$$\frac{\cos\left[\frac{j\pi}{2(n+1)}+\frac{(2k+1)j\pi}{n+1}\right]-\cos\left[\frac{j\pi}{2(n+1)}+\frac{(2k-1)j\pi}{n+1}\right]}{-2\sin\frac{j\pi}{n+1}}$$

从而

$$\sum_{k=0}^{n}\sin j\theta_k=$$

$$\frac{\cos\left[\frac{j\pi}{2(n+1)}+\frac{(2n+1)j\pi}{n+1}\right]-\cos\left[\frac{j\pi}{2(n+1)}-\frac{j\pi}{n+1}\right]}{-2\sin\frac{j\pi}{n+1}}=$$

$$\frac{\cos\left[\frac{j\pi}{2(n+1)}-\frac{j\pi}{n+1}+2j\pi\right]-\cos\left[\frac{j\pi}{2(n+1)}-\frac{j\pi}{n+1}\right]}{-2\sin\frac{j\pi}{n+1}}=0$$

性质 1 的证明　令 $x=\cos\theta$，其中 $\theta\in[0,2\pi]$，由引理 1 可知

$$|f(x)|=\left|\sum_{k=0}^{n}a_k\cos^k\theta\right|=$$
$$\left|\frac{a_n}{2^{n-1}}\cos n\theta+\sum_{k=1}^{n-1}A_k\cos k\theta+A_0\right|$$

取

$$x_k=\cos\theta_k=\cos\frac{2k+1}{n}\pi$$

其中

$$k=0,1,2,\cdots,n-1$$

由引理 2 可知

$$\left|\sum_{k=0}^{n-1}f(x_k)\right|=\left|-\frac{n}{2^{n-1}}a_n+nA_0\right|\leqslant$$
$$\sum_{k=0}^{n-1}|f(x_k)|\leqslant n$$

同理，取

$$x'_k=\cos\theta'_k=\cos\frac{2k}{n}\pi$$

其中

$$k=0,1,2,\cdots,n-1$$

则

$$\left|\sum_{k=0}^{n-1}f(x'_k)\right|=\left|\frac{n}{2^{n-1}}a_n+nA_0\right|\leqslant\sum_{k=0}^{n-1}|f(x'_k)|\leqslant n$$

从而

$$\left|\frac{2n}{2^{n-1}}a_n\right|\leqslant\left|-\frac{n}{2^{n-1}}+nA_0\right|+\left|\frac{n}{2^{n-1}}+nA_0\right|\leqslant 2n$$

即

$$|a_n| \leqslant 2^{n-1}$$

当且仅当

$$|f(x)| = |\cos n\theta| \quad (x = \cos\theta)$$

时,等号成立.

性质 2 的证明 令 $x = \cos\theta$,其中 $\theta \in [0, 2\pi]$,由引理 1 可知

$$|g(x)| = |\sin\theta| \cdot \left|\sum_{k=0}^{n} a_k \cos^k\theta\right| =$$

$$|\sin\theta| \cdot \left|\frac{a_n}{2^{n-1}}\cos n\theta + \sum_{k=1}^{n-1} A_k \cos k\theta + A_0\right| =$$

$$\left|\frac{a_n}{2^n}[\sin(n+1)\theta - \sin(n-1)\theta] + \right.$$

$$\left.\sum_{k=1}^{n-1} \frac{A_k}{2}[\sin(k+1)\theta - \sin(k-1)\theta] + A_0 \sin\theta\right| =$$

$$\left|\frac{a_n}{2^n}\sin(n+1)\theta + \sum_{k=0}^{n} A'_k \sin k\theta\right|$$

取

$$x_k = \cos\theta_k = \cos\left[\frac{\pi}{2(n+1)} + \frac{2k\pi}{n+1}\right]$$

其中

$$k = 0, 1, 2, \cdots, n$$

由引理 3 可知

$$\sum_{k=0}^{n} |g(x_k)| \leqslant \sum_{k=0}^{n} |g(x_k)| \leqslant n+1$$

即

$$\left|\frac{(n+1)a_n}{2^n}\right| \leqslant n+1$$

从而

$$|a_n| \leqslant 2^n$$

当且仅当

$$|g(x)| = |\sin(n+1)\theta| \quad (x = \cos\theta)$$

时，等号成立.

这样就用初等的方法证明了以上两个性质，同时还可以得到两个推论：

推论 1　设函数

$$f(x) = |x^n + a_{n-1}x^{n-1} + \cdots + a_1 x + a_0|$$

其中 $x \in [-1,1]$，则

$$\min\{\max f(x)\} \geqslant \frac{1}{2^{n-1}}$$

推论 2　设函数

$$g(x) = \sqrt{1-x^2}\,|x^n + a_{n-1}x^{n-1} + \cdots + a_1 x + a_0|$$

其中 $x \in [-1,1]$，则

$$\min\{\max f(x)\} \geqslant \frac{1}{2^n}$$

2. 性质应用

例 1　已知函数 $f(x) = ax^3 + bx^2 + cx + d$，当 $0 \leqslant x \leqslant 1$ 时，$|f'(x)| \leqslant 1$，试求 a 的最大值.

（2010 年全国高中数学联赛试题第 9 题）

分析　将自变量的范围变换到$[-1,1]$，采用换元法. 令

$$t = 2x - 1$$

其中 $t \in [-1,1]$，则

$$f'(x) = 3ax^2 + 2bx + c = \frac{3}{4}at^2 + \left(\frac{3}{2}a + b\right)t + \frac{3}{4}a + b + c$$

因为

$$|f'(x)| \leqslant 1 \Leftrightarrow$$

$$\left|\frac{3}{4}at^2+\left(\frac{3}{2}a+b\right)t+\frac{3}{4}a+b+c\right|\leqslant 1$$

由性质 1 知

$$\left|\frac{3}{4}a\right|_{\max}=2$$

所以

$$a_{\max}=\frac{8}{3}$$

例 2 已知对任意的 $x\in[-1,1]$，$\sqrt{1-x^2}\cdot|ax+b|\leqslant 1$，求证：

1) $|a|\leqslant 2$；

2) $|ax+b|\leqslant 2$.

（2015 年奥林匹克希望联盟夏令营试题第 11 题）

分析 由性质 2 知 $|a|\leqslant 2$. 仿照性质 2 的证明过程，可取

$$x_1=\cos\frac{\pi}{4}=\frac{\sqrt{2}}{2},x_2=\cos\frac{3\pi}{4}=-\frac{\sqrt{2}}{2}$$

得

$$\begin{cases}\left|\frac{1}{2}a+\frac{\sqrt{2}}{2}\right|\leqslant 1\\\left|-\frac{1}{2}a+\frac{\sqrt{2}}{2}\right|\leqslant 1\end{cases}$$

从而

$$|a+b|\leqslant\frac{2+\sqrt{2}}{2}\left|\frac{1}{2}a+\frac{\sqrt{2}}{2}b\right|+\frac{2-\sqrt{2}}{2}\left|-\frac{1}{2}a+\frac{\sqrt{2}}{2}b\right|\leqslant 2$$

$$|a-b|\leqslant\frac{2-\sqrt{2}}{2}\left|\frac{1}{2}a+\frac{\sqrt{2}}{2}b\right|+$$

$$\frac{2+\sqrt{2}}{2}\left|-\frac{1}{2}a+\frac{\sqrt{2}}{2}b\right|\leqslant 2$$

故

$$|ax+b|\leqslant 2$$

例 3　设函数 $f(x)=|\sqrt{x}-ax-b|$,其中 $a,b\in$ **R**.

1),2) 略.

3) 若对任意实数 a,b,总存在实数 $x_0\in[0,4]$ 使得 $f(x_0)\geqslant m$ 成立,求实数 m 的取值范围.

(2015 年 1 月浙江省学业水平考试第 34 题)

分析　令

$$t=\sqrt{x}$$

则

$$y=|t-at^2-b|$$

原问题等价于求函数 y 的最大值 $M(a,b)$,再求 $M(a,b)$ 的最小值,由推论 1,只需赋值 $t=0,1,2$,按照性质 1 的证明方法,可求出

$$M(a,b)_{\min}=\frac{1}{4}$$

例 4　在 **R** 上定义运算 $\otimes$:$p\otimes q=-\frac{1}{3}(p-c)\cdot(q-b)+4bc$. 记 $f_1(x)=x^2-2c$, $f_2(x)=x-2b$,其中 $x\in\mathbf{R}$,令 $f(x)=f_1(x)\otimes f_2(x)$.

1),2) 略.

3) 记 $g(x)=|f'(x)|$(其中 $-1\leqslant x\leqslant 1$) 的最大值为 M,若 $M\geqslant k$ 对任意的 b,c 恒成立,求 k 的最大值.

(2009 年湖北省数学高考理科试题第 21 题)

分析 易知

$$g(x)=|x^2-2bx-c|$$

问题等价于求 $g(x)$ 的最大值 M 的最小值. 因此由推论 1 可知

$$M_{\min}=\frac{1}{2}$$

切比雪夫多项式在数学竞赛、高考、学业水平考试中的出现,极大地丰富了考查学生的数学核心素养的内容,具有良好的导向作用,因此教师有必要在教学中加大初等知识和高等知识交叉点的研究与学习,优化知识结构,并善于利用高等数学的知识、观点和方法来审视初等数学知识,提高数学教学的能力.

参考资料

[1] 沈虎跃. 一道竞赛试题的解法分析与命题背景[J]. 中学教研(数学),2009(10):34-36.

[2] 佩捷,林常. 切比雪夫逼近问题[M]. 哈尔滨:哈尔滨工业大学出版社,2013.

数值逼近论中的切比雪夫多项式及其性质

第二章

§1 切比雪夫多项式及其性质

切比雪夫多项式 $T_n(x)(n=0,1,2,\cdots)$ 除了 $T_0(x)$ 以外，$T_n(x)(n=1,2,\cdots)$ 就是在$[-1,1]$上首项系数为1且与零偏差为最小的 n 次多项式$(n=1,2,\cdots)$. 为了找出 $T_n(x)(n=1,2,\cdots)$ 的表示式，我们来讨论 x^n 在$[-1,1]$上的 $n-1$ 次最优逼近多项式 $F_{n-1}(x)$，那么 $x^n-F_{n-1}(x)$ 就是在$[-1,1]$上与零偏差为最小的 n 次多项式，而且首项系数是1. 所以

$$T_n(x)=x^n-F_{n-1}(x)$$

$T_n(x)$ 既然是 x^n 与它的 $n-1$ 次最优逼近多项式之差，那么根据切比雪夫

基本定理,可知

$$y=T_n(x)$$

在以四条直线

$$x=1, x=-1$$

$$y=\rho_n(x^n), y=-\rho_n(x^n)$$

所围成的矩形区域上(图 1),以 x 轴为中心,以常数 $\rho_n(x^n)$ 为振幅上下摆动而且波峰、波谷共 $n+1$ 个,由此我们得到启发,因为我们已熟知 $\cos x$,$\sin x$ 是以 x 轴为中心,以 1 为振幅上下摆动,但 $\cos x$ 在$[0,n\pi]$上才共有 $n+1$ 个波峰、波谷,那么 $\cos nt$ 在$[0,\pi]$上就共有 $n+1$ 个波峰、波谷了.我们可以设想,是否可以对 $\cos nt$ 作代换,而把 $T_n(x)$ 求出来呢?

以下我们就对 $\cos nt$ 进行代换.因为

$$\cos nt \pm \mathrm{i}\sin nt=(\cos t \pm \mathrm{i}\sin t)^n$$

是在$[a,b]$上有不少于 $n+2$ 个轮流为正负的偏差点.

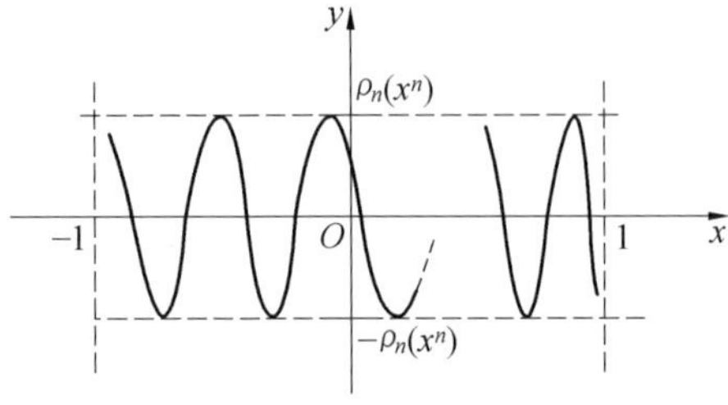

图 1

充分性.我们记 $F_n(x)$ 与 $f(x)$ 在$[a,b]$上 $n+2$ 个偏差点是 $x_0, x_1, \cdots, x_n, x_{n+1}$.假定此定理的充分性不成立,那么就是说另外有一个 n 次多项式 $G_n(x)$,使得

$$|f(x)-G_n(x)| \leqslant \max_{a \leqslant x \leqslant b} |f(x)-F_n(x)|$$

$$(x \in [a,b])$$

故阶不超过 n 的多项式

$$G_n(x)-F_n(x)=[f(x)-F_n(x)]-[f(x)-G_n(x)]$$

在点 $x_0,x_1,\cdots,x_n,x_{n+1}$ 处的符号与 $f(x)-F_n(x)$ 的符号相同，那么多项式 $G_n(x)-F_n(x)$ 在 $[a,b]$ 上至少有 $n+1$ 个零点，但这是不可能的，所以 $F_n(x)$ 是 $f(x)$ 在 $[a,b]$ 上的 n 次最优逼近多项式.

必要性在此不证明了，请看本章结尾处的参考资料[6]，[8].

现在我们来看切比雪夫定理的几何意义，由定理的叙述可知当给定了在 $[a,b]$ 上所要逼近的连续函数 $f(x)$，规定了用来逼近 $f(x)$ 的多项式的次数 n 之后，那么无形中间接的决定好了一个数值 $\rho_n(f)$（尽管 $\rho_n(f)$ 的大小我们还没有算出来，但它的确是被确定了），那么 $F_n(x)$ 在 $[a,b]$ 上是在 $f(x)\pm\rho_n(f)$ 之间，围绕 $f(x)$ 上下摆动，在 $n+2$ 个点处恰好达到 $f(x)+\rho_n(f)$ 或 $f(x)-\rho_n(f)$，见图 2.

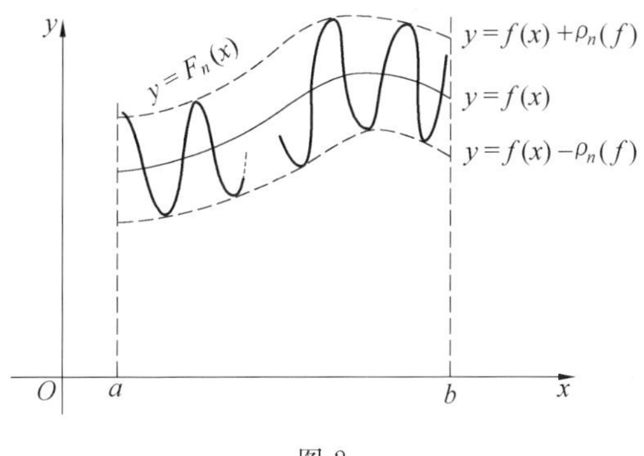

图 2

故

$$\cos nt=\frac{(\cos t+\mathrm{i}\sin t)^n+(\cos t-\mathrm{i}\sin t)^n}{2}=$$

$$\frac{(\cos t+\sqrt{\cos^2 t-1})^n+(\cos t-\sqrt{\cos^2 t-1})^n}{2} \tag{1}$$

上式中只出现 $\cos t$ 和 $\cos^2 t$，那么若用 x 代替 $\cos t$，即作变换

$$x=\cos t, t=\arccos x \tag{2}$$

式(1) 就成为

$$\cos nt=\cos n\arccos x=$$

$$\frac{(x+\sqrt{x^2-1})^n+(x-\sqrt{x^2-1})^n}{2} \tag{3}$$

上式展开后，$\sqrt{x^2-1}$ 的奇次项正好正负抵消，所以式(3) 是 x 的 n 次多项式. 其次来检查 x 的变化区间. 因

$$\begin{cases}\cos \theta=1\\ \cos \pi=-1\end{cases} \tag{4}$$

所以 x 的变化区间恰好是$[-1,1]$，所以不必为了区间再对 x 进行变换. 最后我们再来检查 x^n 的系数是否为 1，有

$$\lim_{x\to\infty}\frac{(x+\sqrt{x^2-1})^n+(x-\sqrt{x^2-1})^n}{2x^n}=$$

$$\lim_{x\to\infty}\frac{\left(1+\sqrt{1-\frac{1}{x^2}}\right)^n+\left(1-\sqrt{1-\frac{1}{x^2}}\right)^n}{2}=2^{n-1}$$

为了使 x^n 的系数为 1，等式(3) 各除以 2^{n-1}，就得到

$$T_n(x)=\frac{1}{2^{n-1}}\cos nt=\frac{1}{2^{n-1}}\cos n\arccos x=$$

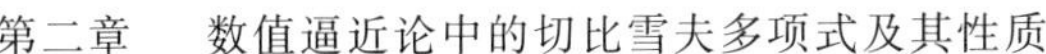

$$\frac{(x+\sqrt{x^2-1})^n+(x-\sqrt{x^2-1})^n}{2^n} \tag{5}$$

根据式(5)，不难验证 $x^n-T_n(x)$ 满足切比雪夫基本定理的条件，所以 $T_n(x)$ 是$[-1,1]$上所有首项系数为1且与零的偏差为最小的 n 次多项式.

最后规定 $T_0=1$，我们称 $T_n(x)(n=0,1,2,\cdots)$ 为切比雪夫多项式. 以下我们导出切比雪夫多项式的一些性质.

1）由式(5)有

$$|T_n(x)|\leqslant 2^{-(n-1)}\quad (x\in[-1,1])$$

2）由式(5)及式(2)知

$$T_n(1)=2^{-(n-1)}$$

$$T_n(-1)=(-1)^n2^{-(n-1)}$$

3）由式(5)知 $T_n(x)$ 的零点为

$$x_k=\cos\left(\frac{2k+1}{2n}\right)\pi\quad (k=0,1,2,\cdots,n-1)$$

4）因为

$$\int_0^{\pi}\cos lt\cos mt\,\mathrm{d}t=\begin{cases}0 & (l\neq m,0\leqslant l\leqslant n)\\ \dfrac{\pi}{2} & (l=m\neq 0,0\leqslant m\leqslant n)\\ \pi & (l=m=0)\end{cases}$$

等式都乘 $2^{-(l+m-2)}$ 得

$$\int_1^{-1}T_l(x)T_m(x)\left[-\frac{1}{\sqrt{1-x^2}}\right]\mathrm{d}x=$$

$$\int_{-1}^{1}\frac{1}{\sqrt{1-x^2}}T_l(x)T_m(x)\mathrm{d}x=$$

$$\begin{cases}0 & (m\neq l,0\leqslant l\leqslant n)\\ 2^{-(l+m-1)}\cdot\pi & (m=l\neq 0,0\leqslant m\leqslant n)\\ 2^{-(l+m-2)}\cdot\pi & (m=l=0)\end{cases}$$

即$\{T_n(x)\}$是$[-1,1]$上以$\dfrac{1}{\sqrt{1-x^2}}$为权的正交多项式.

5) $\cos(n+1)t=\cos t\cos nt-\sin t\sin nt$

$\cos(n-1)t=\cos t\cos nt+\sin t\sin nt$

两式相加并乘以2^{-n},得

$$2^{-n}\cos(n+1)t=2^{-(n-1)}\cos t\cos nt-2^{-n}\cos(n-1)t$$

将式(5)和式(2)代入上式即得递推公式

$$T_{n+1}(x)=xT_n(x)-2^{-2}T_{n-1}(x)$$

6) 由以上递推公式导出$T_{n+1}(x)$的系数递推公式,假定

$$T_{n+1}(x)=\sum_{\upsilon=0}^{n+1}\mathrm{C}_{n+1,\upsilon}x^{\upsilon}$$

那么根据$T_{n+1}(x)$的递推公式得

$$\mathrm{C}_{n+1,\upsilon}=\mathrm{C}_{n,\upsilon-1}-\frac{1}{4}\mathrm{C}_{n-1,\upsilon}\quad(\upsilon=0,1,2,\cdots,n)$$

$$\mathrm{C}_{n+1,n+1}=1\quad(n=0,1,2,\cdots)$$

$$\mathrm{C}_{n+1,\upsilon}=0\quad(\upsilon\geqslant n+2)$$

§2 降低逼近多项式的次数

当给出精确度为ε_0,要求用次数尽可能低的多项式来逼近在$[-1,1]$上所给的函数$f(x)$. 因为对于各个不同次数k,$f(x)$在$[-1,1]$上k次最优逼近多项式都存在,而$\rho_k(f)(k=0,1,2,\cdots)$有如下关系

$$\rho_0(f)\geqslant\rho_1(f)\geqslant\rho_2(f)\geqslant\cdots\geqslant\rho_n(f)\geqslant\cdots$$

根据维尔斯特拉斯定理,上式不可能全取等号. 对于给定允许的精确度ε_0,如果能找到一正整数k_0,使得

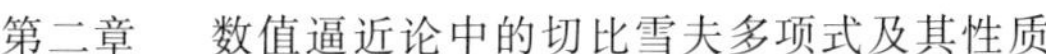

$$\rho_{k_0-1}(f) \geqslant \varepsilon_0 \geqslant \rho_{k_0}(f) \geqslant \rho_{k_0+1}(f) \qquad (1)$$

那么对应于 k_0 的 $f(x)$ 在$[-1,1]$上的 k_0 次最优逼近多项式 $F_{k_0}(x)$ 就是我们所最理想的逼近多项式.

但实际上对于给定的连续函数不但 $F_k(x)$ 不能轻易地确定,而求 $\rho_{k_0}(f)$ 那就更困难了,所以在解决实用逼近问题时,都用另外一套方法.现在我们来介绍这个实用的方法:如果给定在$[-1,1]$上,要求展开的函数为 $f(x)$ 以及允许的精确度为 ε_0.

我们首先找出 $f(x)$ 的一个 n 次逼近多项式

$$Q_n(x) = a_0 + a_1 x + a_2 x^2 + \cdots + a_{n-2}x^{n-2} + a_{n-1}x^{n-1} + a_n x^n$$

其精确度为 ε,有

$$\varepsilon_1 < \varepsilon$$

首先从 $Q_n(x)$ 的最高次项 $a_n x^n$ 开始逐步降低 $Q_n(x)$ 的次数.令

$$\delta_n = \varepsilon_0 - \varepsilon_1$$

由表 1 得

$$a_n x^n = a_n T_n(x) - \sum_{\upsilon=0}^{n-1} a_n C_{n\upsilon} x^{\upsilon}$$

在 $Q_n(x)$ 中以上式等号右边部分代替 $a_n x^n$ 得

$$Q_n(x) = \sum_{\upsilon=0}^{n-1} a_{\upsilon} x^{\upsilon} + a_n T_n(x) - \sum_{\upsilon=0}^{n-1} a_n C_{n\upsilon} x^{\upsilon} = \sum_{\upsilon=0}^{n-1} \alpha_{n-1,\upsilon} x^{\upsilon} + a_n T_n(x) \qquad (2)$$

其中

$$\alpha_{n-1,\upsilon} = a_{\upsilon} - a_n C_{n\upsilon} \quad (\upsilon = 0,1,2,\cdots,n-1)$$

但由于

$$|T_n(x)| \leqslant 2^{-(n-1)} \quad (x \in [-1,1])$$

所以当

$$|a_n 2^{-(n-1)}| < \delta_n$$

时,舍去式(2)中 $a_n T_n(x)$ 项,得 $n-1$ 次多项式

$$u_{n-1}(x) = \sum_{\upsilon=0}^{n-1} \alpha_{n-1,\upsilon} x^{\upsilon}$$

此时用 $u_{n-1}(x)$ 逼近 $f(x)$ 的误差

$$|f(x) - u_{n-1}(x)| \leqslant |f(x) - Q_n(x)| + |Q_n(x) - u_{n-1}(x)| < \varepsilon_1 + \delta_n = \varepsilon_0$$

对于新得到的 $n-1$ 次多项式,我们还可以再用以上的方法.令

$$\delta_{n-1} = \delta_n - |\alpha_n| 2^{-(n-1)}$$

同样由表1得

$$\alpha_{n-1,n-1} x^{n-1} = \alpha_{n-1,n-1} T_{n-1} - \sum_{\upsilon=0}^{n-2} \alpha_{n-1,n-1} C_{n-1,n} x^{\upsilon}$$

如果

$$|\alpha_{n-1,n-1} 2^{-(n-2)}| < \delta_{n-1}$$

那么 $\alpha_{n-1,n-1} T_{n-1}(x)$ 项也可以舍去,而不破坏允许的精确度,也就又降低一次,得到新的 $n-2$ 次多项式

$$v_{n-2}(x) = \sum_{\upsilon=0}^{n-2} \alpha_{n-2,\upsilon} x^{\upsilon}$$

对于 $v_{n-2}(x)$ 再按照同样办法作下去,直到与 x^{n-k} 项对应的 $\alpha_{n-k,n-k} T_{n-k}(x)$ 的系数使得

$$|\alpha_{n-k,n-k} 2^{-(n-k-1)}| \geqslant \delta_{n-k}$$

如此得到的 $n-k$ 次多项式

$$v_{n-k}(x) = \sum_{\upsilon=0}^{n} \alpha_{n-k,\upsilon} x^{\upsilon}$$

就是我们根据 $Q_n(x)$ 用以上方法降到保证满足精确度的最低次数.当然,如此得到的 $n-k$ 次多项式 $u_{n-k}(x)$

不一定是 $n-k$ 次最优逼近多项式，且与式(1)的最低次数的意义来比较也许不是最低的．关于降低次数方法，我们就介绍这里详细的讨论，见[8].

表 1

$T_0 = 1$
$T_1 = x$
$T_2 = x^2 - 2^{-1} \cdot 1$
$T_3 = x^3 - 3 \cdot 2^{-2} \cdot x$
$T_4 = x^4 - 8 \cdot 2^{-3} \cdot x^2 + 2^{-3} \cdot 1$
$T_5 = x^5 - 20 \cdot 2^{-4} \cdot x^3 + 5 \cdot 2^{-4} \cdot x$
$T_6 = x^6 - 48 \cdot 2^{-5} \cdot x^4 + 18 \cdot 2^{5} \cdot x^2 - 2^{-5} \cdot 1$
$T_7 = x^7 - 112 \cdot 2^{-6} \cdot x^5 + 56 \cdot 2^{-6} \cdot x^3 - 7 \cdot 2^{-6} \cdot x$
$T_8 = x^8 - 256 \cdot 2^{-7} \cdot x^6 + 160 \cdot 2^{-7} \cdot x^4 - 32 \cdot 2^{-7} \cdot x^2 + 2^{-7} \cdot 1$
$T_9 = x^9 - 576 \cdot 2^{-8} \cdot x^7 + 432 \cdot 2^{-8} \cdot x^5 - 120 \cdot 2^{-8} \cdot x^3 + 9 \cdot 2^{-8} \cdot x$
$T_{10} = x^{10} - 1\ 280 \cdot 2^{-9} \cdot x^8 + 1\ 120 \cdot 2^{-9} \cdot x^6 - 400 \cdot 2^{-9} \cdot x^4 +$ $50 \cdot 2^{-9} \cdot x^2 - 2^{-9} \cdot 1$
$T_{11} = x^{11} - 2\ 816 \cdot 2^{-10} \cdot x^9 + 2\ 816 \cdot 2^{-10} \cdot x^7 - 1\ 232 \cdot 2^{-10} \cdot x^5 +$ $220 \cdot 2^{-10} \cdot x^3 - 11 \cdot 2^{-10} \cdot x$
$T_{12} = x^{12} - 6\ 144 \cdot 2^{-11} \cdot x^{10} + 6\ 912 \cdot 2^{-11} \cdot x^8 - 3\ 584 \cdot 2^{-11} \cdot$ $x^6 + 840 \cdot 2^{-11} \cdot x^4 - 72 \cdot 2^{-11} \cdot x^2 + 2^{-11} \cdot 1$
$T_{13} = x^{13} - 13\ 312 \cdot 2^{-12} \cdot x^{11} + 16\ 640 \cdot 2^{-12} \cdot x^9 - 9\ 984 \cdot 2^{-12} \cdot$ $x^7 + 2\ 912 \cdot 2^{-12} \cdot x^5 - 364 \cdot 2^{-12} \cdot x^3 + 13 \cdot 2^{-12} \cdot x$
$T_{14} = x^{14} - 28\ 672 \cdot 2^{-13} \cdot x^{12} + 39\ 424 \cdot 2^{-13} \cdot x^{10} - 26\ 880 \cdot 2^{-13} \cdot$ $x^8 + 9\ 408 \cdot 2^{-13} \cdot x^6 - 1\ 568 \cdot 2^{-13} \cdot x^4 + 98 \cdot 2^{-13} \cdot x^2 - 2^{-13} \cdot 1$
$T_{15} = x^{15} - 61\ 440 \cdot 2^{-14} \cdot x^{13} + 92\ 160 \cdot 2^{-14} \cdot x^{11} - 70\ 400 \cdot 2^{-14} \cdot x^9 +$ $28\ 800 \cdot 2^{-14} \cdot x^7 - 6\ 048 \cdot 2^{-14} \cdot x^5 + 560 \cdot 2^{-14} \cdot x^3 - 15 \cdot 2^{-14} \cdot x$
$T_{16} = x^{16} - 131\ 072 \cdot 2^{-15} \cdot x^{14} + 212\ 992 \cdot 2^{-15} \cdot x^{12} - 180\ 224 \cdot$ $2^{-15} \cdot x^{10} + 84\ 480 \cdot 2^{-15} \cdot x^8 - 21\ 504 \cdot 2^{-15} \cdot x^6 + 2\ 688 \cdot 2^{-15} \cdot x^4 -$ $128 \cdot 2^{-15} \cdot x^2 + 2^{-15} \cdot 1$

续表 1

$T_{17}=x^{17}-278\ 528\cdot 2^{-16}\cdot x^{15}+487\ 424\cdot 2^{-16}\cdot x^{13}-45\ 268\cdot 2^{-16}\cdot x^{11}+239\ 360\cdot 2^{-16}\cdot x^{9}-71\ 808\cdot 2^{-16}\cdot x^{7}+11\ 424\cdot 2^{-16}\cdot x^{5}-816\cdot 2^{-16}\cdot x^{3}+17\cdot 2^{-16}\cdot x$
$T_{18}=x^{18}-589\ 824\cdot 2^{-17}\cdot x^{16}+1\ 105\ 920\cdot 2^{-17}\cdot x^{14}-1\ 118\ 208\cdot 2^{-17}\cdot x^{12}+658\ 944\cdot 2^{-17}\cdot x^{10}-228.096\cdot 2^{-17}\cdot x^{8}+44\ 352\cdot 2^{-17}\cdot x^{6}-4\ 320\cdot 2^{-17}\cdot x^{4}+162\cdot 2^{-17}\cdot x^{2}-2^{-17}\cdot 1$
$T_{19}=x^{19}-1\ 245\ 184\cdot 2^{-18}\cdot x^{17}+2\ 490\ 368\cdot 2^{-18}\cdot x^{15}-2\ 723\ 840\cdot 2^{-18}\cdot x^{13}+1\ 770\ 496\cdot 2^{-18}\cdot x^{11}-695\ 552\cdot 2^{-18}\cdot x^{9}+160\ 512\cdot 2^{-18}\cdot x^{7}-20\ 064\cdot 2^{-18}\cdot x^{5}+1\ 140\cdot 2^{-18}\cdot x^{3}-19\cdot 2^{-18}\cdot x$
$T_{20}=x^{20}-2\ 621\ 440\cdot 2^{-19}\cdot x^{18}+5\ 570\ 560\cdot 2^{-19}\cdot x^{16}-6\ 553\ 600\cdot 2^{-19}\cdot x^{14}+4\ 659\ 200\cdot 2^{-19}\cdot x^{12}-2\ 050\ 048\cdot 2^{-19}\cdot x^{10}+549\ 120\cdot 2^{-19}\cdot x^{8}-84\ 480\cdot 2^{-19}\cdot x^{6}+6\ 600\cdot 2^{-19}\cdot x^{4}-200\cdot 2^{-19}\cdot x^{2}+2^{-19}\cdot 1$
$T_{21}=x^{21}-5\ 505\ 024\cdot 2^{-20}\cdot x^{19}+12\ 386\ 304\cdot 2^{-20}\cdot x^{17}-15\ 597\ 568\times 2^{-20}\cdot x^{15}+12\ 042\ 240\cdot 2^{-20}\cdot x^{13}-5\ 870\ 592\cdot 2^{-20}\cdot x^{11}+1\ 793\ 792\cdot 2^{-20}\cdot x^{9}-329\ 472\cdot 2^{-20}\cdot x^{7}+33\ 264\cdot 2^{-20}\cdot x^{5}-1\ 540\cdot 2^{-20}\cdot x^{3}+21\cdot 2^{-20}\cdot x$
$T_{22}=x^{22}-11\ 534\ 336\cdot 2^{-21}\cdot x^{20}+27\ 394\ 048\cdot 2^{-21}\cdot x^{18}-36\ 765\ 696\cdot 2^{-21}\cdot x^{16}+30\ 638\ 080\cdot 2^{-21}\cdot x^{14}-16\ 400\ 384\cdot 2^{-21}\cdot x^{12}+5\ 637\ 632\cdot 2^{-21}\cdot x^{10}-1\ 208\ 064\cdot 2^{-21}\cdot x^{8}+151\ 008\cdot 2^{-21}\cdot x^{6}-9\ 680\cdot 2^{-21}\cdot x^{4}+242\cdot 2^{-21}\cdot x^{2}-2^{-21}\cdot 1$

例　在$[-1,1]$逼近 $\mathrm{sh}\,x$，要求精确到 10^{-9}.

因为

$$\mathrm{sh}\,x=\sum_{k=0}^{n}\frac{x^{2k+1}}{(2k+1)!}+R_n(x)\quad (x\in[-1,1])$$

其中

$$R_n(x)=\frac{x^{2n+3}\,\mathrm{ch}\,\theta x}{(2n+3)!}\quad (0<\theta<1)$$

而

$$|R_n(x)|<\frac{\mathrm{ch}\,1}{(2n+3)!}<\frac{1.55}{(2n+3)!}$$

当 $n=5$ 时

$$|R_n(x)|=\varepsilon_0<\frac{1.55}{13!}=\frac{1.55}{6\ 227\ 020\ 800}<0.000\ 000\ 000\ 25$$

$$\mathrm{sh}\,x\approx x+\frac{x^3}{3!}+\frac{x^5}{5!}+\frac{x^7}{7!}+\frac{x^9}{9!}+\frac{x^{11}}{11!}$$

现在来降低上式中的 x^{11} 项

$$\varepsilon_0-\varepsilon_1=10^{-9}-2.5\times10^{-10}=7.5\times10^{-10}$$

而

$$\frac{1}{11!}2^{-10}<0.000\ 000\ 025<7.5\times10^{-10}$$

所以 x^{11} 可舍去

$$\begin{aligned}\mathrm{sh}\,x\approx&\left(1+\frac{1}{10!\ 2^{10}}\right)x+\left(\frac{1}{3!}-\frac{5}{10!\ 2^{8}}\right)x^3+\\&\left(\frac{1}{5!}+\frac{7}{10!\ 2^{6}}\right)x^5+\left(\frac{1}{7!}-\frac{1}{10!\ 2^{4}}\right)x^7+\\&\left(\frac{1}{9!}+\frac{1}{10!\ 2^{2}}\right)x^9=\\&x+0.166\ 666\ 661x^3+0.008\ 333\ 363x^5+\\&0.000\ 198\ 344x^7+0.000\ 002\ 825x^9\end{aligned}$$

而对应 x^9 的

$$\alpha_{99}=0.000\,002\,825\times 2^{-8}>0.000\,000\,001$$

所以用所讲的方法再降低次数就不一定能保证满足精确到 10^{-9}.

习　题

1. 某日河流入海口每隔一小时测一次水深，得出如下数据：

时间 t (h)	1	2	3	4	5	6	7	8	9	10	11	12
水深 z (m)	2.76	2.97	3.30	3.97	4.56	5.12	5.63	60.3	59.1	55.7	53.2	49.8

时间 t (h)	13	14	15	16	17	18	19	20	21	22	23	24
水深 z (m)	3.56	3.02	3.34	3.87	4.06	4.52	5.63	6.13	5.82	5.56	4.93	3.96

用最小二乘法求出近似表示水深变化规律的多项式.

2. 用尽可能低次的多项式逼近如下函数，误差小于 10^{-5}.

1) $\sin x,\cos x,\tan x\quad \left(x\in\left[-\frac{\pi}{4},\frac{\pi}{4}\right]\right)$;

2) $\sqrt{x}\quad (x\in[0,1])$;

3) $\mathrm{e}^x,\operatorname{sh} x\quad (x\in[-1,1])$;

4) $\lg x\quad (x\in[\mathrm{e}^{-1},1])$.

参考资料

[1] Я. С. Безикович. Приблихженные вычисления，第八章(近似计算法，高教出版社出版).

[2] В. А. Романов. 误差理论与最小二乘法，第二、三部分.

[3] А. Н. Крылов. Лекции о приближенных вычислениях，第八章(近似计算讲义).

[4] И. М. Рыжик и И. С. Градштейн. Таблицы интегралов сумм，рядов и произведений，15-16.

[5] В. Л. Гончаров. Теория интерполирования и приближения функций，第二章，第三章，第四章(函数插补与逼近理论，科学出版社出版).

[6] Ш. Е. Микеладзе. Численные методы математического анализа，第五章，第七章，第八章(数学分析的数值方法，科学出版社出版).

[7] Н. Н. Лебедев. 特殊函数及其应用，第四章.

[8] Е. Я. Ремез. Общие вычислительные методы Чебышевского приближения，§1-§7.

[9] Вычислительная Математика，1957，сбор. 2，100.

[10] Table of the Tschebyscheff(Чебышев)polynomials Sn(x) and Cn(x) NBS Applied math. ,series 9,1952.

第三章

数值积分

§1 梯形公式、辛普森公式、柯特斯公式

在实际问题中会碰到“不可求原函数的”或原则上可求，但实际并不容易求的一类积分，如：

概率积分

$$H(x)=\frac{2}{\pi}\int_0^x e^{-t^2}\,dt \quad (0\leqslant x<\infty)$$

椭圆积分

$$K(x)=\int_0^x \frac{dt}{\sqrt{1-k^2\sin^2 t}}$$

$$\left(0\leqslant x\leqslant\frac{\pi}{2},K^2\leqslant 1\right)$$

Sievert 积分（放射线治疗中应用）

$$S(x)=\int_0^x e^{-A\sec t}\,dt$$

$$\left(1\leqslant A\leqslant 5,\frac{\pi}{6}\leqslant x\leqslant\frac{\pi}{2}\right)$$

上列积分原函数显然存在，但不能以显式表出，当然就不能依赖于原函数来计算某一 $x=x_0$ 的积分值，我们的问题是近似地求积分的数值.

黎曼积分的定义实际上是用带直角的折线无限的逼近被积函数后得到的. 下面的几个求积公式，其实质就是寻求被积函数 $f(x)$ 的近似函数，然后对其求积，这个过程中随之产生了实际问题中很重要，但也很困难的真值和近似值之间的误差估计问题.

1. 梯形公式

把定义区间分割成 n 等分(可以不是等分，原则上一样). 作以 $f(x_{i-1})$，$f(x_i)$ 为两底，以

$$h=\Delta x_i=\frac{b-a}{n}$$

为高的梯形，显然其面积

$$S_i=\frac{h}{2}[f(x_{i-1})+f(x_i)]$$

n 个总和 S

$$\begin{aligned}\int_a^b f(x)\mathrm{d}x\approx S=\sum_{i=1}^n S_i=\frac{h}{2}\sum_{i=1}^n[f(x_{i-1})+f(x_i)]=\\ \frac{b-a}{n}\left[\frac{1}{2}f(a)+f(x_1)+\cdots+\right.\\ \left.f(x_{n-1})+\frac{1}{2}f(b)\right]\end{aligned}$$

这就是梯形公式，其实就是在 Δx_i 上以通过 $(x_{i-1}, f(x_{i-1}))$ 与 $(x_i, f(x_i))$ 两点的直线，作于 $f(x)$ 在 Δx_i 上的一次近似. 两点梯形公式的余式

$$R=\frac{-(x_1-x_0)^3}{12}f''(\xi)\quad(x_0\leqslant\xi\leqslant x_1)$$

$n+1$ 个点等距离梯形公式的余式

$$R=\frac{-(b-a)^3}{12n^2}f''(\xi^*)\quad (a\leqslant \xi^*\leqslant b)$$

2. 辛普森公式

如果用二次抛物线来代替梯形公式中的直线,作于 $f(x)$ 在 Δx_i 上的近似,将会得到怎样的公式?

抛物线方程

$$y=A_0+A_1x+A_2x^2$$

令其通过 $B(0,y_0),M_1(h,y_1),M_2(2h,y_2)$ 三点. 由方程组

$$y_0=A_0$$
$$y_1=A_0+A_1h+A_2h^2$$
$$y_2=A_0+2A_1h+4A_2h^2$$

可以决定 A_0,A_1,A_2. 从下面的推导可以看出并不需要解出 A_0,A_1,A_2.

通过 B,M_1,M_2 三点的抛物线;$y=0,x=0$ 及 $x=2h$ 所围成的面积(图 1) 即

$$\int_0^{2h}(A_0+A_1x+A_2x^2)\mathrm{d}x=2A_0h+2A_1h^2+\frac{8A_2h^3}{3}=\frac{h}{3}(6A_0+6A_1h+8A_2h^2)$$

但

$$y_0+4y_1+y_2=6A_0+6A_1h+8A_2h^2$$

因而,有近似公式 —— 辛普森公式

$$\int_0^{2h}f(x)\mathrm{d}x=\frac{h}{3}[f(0)+4f(h)+f(2h)]$$

通过变换

$$t=x+x_0$$

令

$$x_0+ih=x_i$$

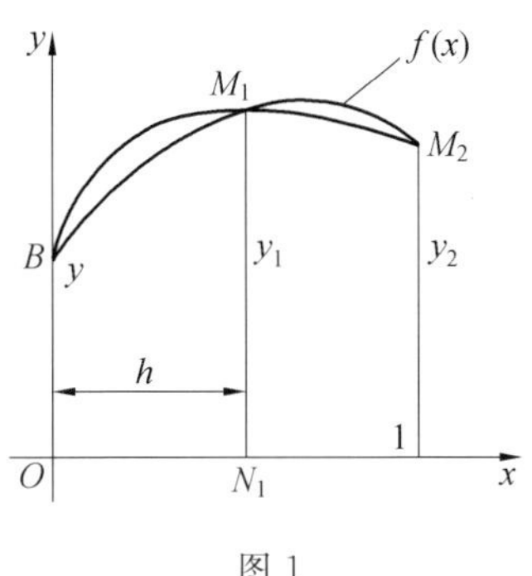

图 1

则

$$\int_{x_0}^{x_2} f(t)\mathrm{d}t = \frac{x_2 - x_0}{6}[f(x_0) + 4f(x_1) + f(x_2)]$$

余式

$$R = \frac{-(x_2 - x_0)^5}{2\ 880} f^{(4)}(\xi) \quad (x_0 \leqslant \xi \leqslant x_2)$$

如果在(a,b)的 n 段小区间上用以上公式，则

$$\int_a^b f(x)\mathrm{d}x = \frac{b-a}{6n}\{y_0 + 4(y_1 + y_3 + \cdots + y_{2n-1}) + 2(y_2 + y_4 + \cdots + y_{2n-2}) + y_{2n}\}$$

余式

$$R = \frac{-(b-a)^5}{2\ 880n^4} f^{(4)}(\xi^*) \quad (a \leqslant \xi^* \leqslant b)$$

梯形公式、辛普森公式由积分定义就可以证明是收敛的.

3. 柯特斯公式

由以上讨论的启发，我们以更高次的多项式去逼近被积函数. 积分

$$\int_a^b f(x)\mathrm{d}x$$

作变换

$$x = a + \frac{b-a}{n}s$$

此处 n 为正整数,得关系式

$$\int_a^b f(x)\mathrm{d}x = \frac{b-a}{n}\int_0^n F(s)\mathrm{d}s$$

其中

$$F(s) = f\left(a + \frac{b-a}{n}s\right)$$

若在(a,b)上,以 $n+1$ 个等距离的插值点作多项式逼近,我们得到近似公式

$$\int_0^n F(s)\mathrm{d}s \approx \sum_{k=0}^{n} \mathrm{C}_k^{(n)} F(k) \tag{1}$$

其中

$$\mathrm{C}_k^{(n)} = \int_0^n \frac{s(s-1)\cdots(s-k+1)(s-k-1)\cdots(s-n)}{k(k-1)\cdots(k-k+1)(k-k-1)\cdots(k-n)}\mathrm{d}s \tag{2}$$

根据式(2),式(1)右端略去的误差可表为

$$E_n = \frac{1}{(n+1)!}\int_0^n s(s-1)\cdots(s-n)F^{(n+1)}(\xi_1)\mathrm{d}s$$

其中 $0 < \xi_1 < n$,令

$$h = \frac{b-a}{n}, x_i = a + hi$$

则

$$\int_{x_0}^{x_n} f(x)\mathrm{d}x \approx h\sum_{k=0}^{n} \mathrm{C}_k^{(n)} f(x_k)$$

而 $\mathrm{C}_k^{(n)}$ 即由式(2)所表示.

从而:

当 $n=1$ 时

$$\int_{x_0}^{x_1} f(x)\mathrm{d}x = \frac{h}{2}(f_0 + f_1) - \frac{h^3}{12}f''(\xi)$$

当 $n=2$ 时

$$\int_{x_0}^{x_2} f(x)\mathrm{d}x = \frac{h}{3}(f_0 + 4f_1 + f_2) - \frac{h^5}{90}f^{(4)}(\xi)$$

当 $n=3$ 时

$$\int_{x_0}^{x_3} f(x)\mathrm{d}x =$$

$$\frac{3h}{8}(f_0 + 3f_1 + 3f_2 + f_3) - \frac{3h^5}{80}f^{(4)}(\xi)$$

当 $n=4$ 时

$$\int_{x_0}^{x_4} f(x)\mathrm{d}x = \frac{2h}{45}(7f_0 + 32f_1 + 12f_2 + 32f_3 + 7f_4) - \frac{8h^7}{945}f^{(6)}(\xi)$$

当 $n=5$ 时

$$\int_{x_0}^{x_5} f(x)\mathrm{d}x = \frac{5h}{288}(19f_0 + 75f_1 + 50f_2 + 50f_3 + 75f_4 + 19f_5) - \frac{275h^7}{12\ 096}f^{(6)}(\xi)$$

当 $n=6$ 时

$$\int_{x_0}^{x_6} f(x)\mathrm{d}x = \frac{h}{140}(41f_0 + 216f_1 + 27f_2 + 272f_3 + 27f_4 + 216f_5 + 41f_6) - \frac{9h^9}{1\ 400}f^{(8)}(\xi)$$

当 $n=7$ 时

$$\int_{x_0}^{x_7} f(x)\mathrm{d}x = \frac{7h}{17\ 280}(751f_0 + 3\ 577f_1 + 1\ 323f_2 + 2\ 989f_3 + 2\ 989f_4 + 1\ 323f_5 + 3\ 577f_6 + 751f_7) - \frac{8\ 183h^9}{518\ 400}f^{(8)}(\xi)$$

当 $n=8$ 时

$$\int_{x_0}^{x_8} f(x)\mathrm{d}x = \frac{4h}{14\ 175}(989f_0 + 5\ 888f_1 - 928f_2 +$$

$$10\ 496f_3-4\ 540f_4+10\ 496f_5-928f_6+5\ 888f_7+989f_8)-\frac{2\ 368h^{11}}{467\ 775}f^{(10)}(\xi)$$

比较上面的余式可知,奇数点公式较好.

柯特斯公式对于整函数是收敛的,但对连续函数并不保证.

上面是给出插值点 x_i 后,讨论近似公式的系数和余式,为了实用的方便,自然会提出以下问题:

i) 是否能得到那样的求积公式,使得公式中的系数相等;

ii) 当点数已定时,我们怎样选择这些点的坐标 x_k 和系数 $C_k^{(n)}$,使得到的结果相应于点已定的情况下比较精确.

下一节中,先来讨论问题 i).

§2 切比雪夫求积公式

切比雪夫提出,不给定横坐标 $x_1,x_2,\cdots,x_n$,而给定各系数 C_n,然后反过来求与之对应的横坐标.这时近似公式简化为

$$\int_a^b f(x)\mathrm{d}x=(b-a)C_n[f(x_1)+\cdots+f(x_n)]$$

为了讨论方便,把积分限化成 -1 和 1,作变换

$$x=\frac{a+b}{2}+\frac{b-a}{2}t$$

则

$$\int_a^b f(x)\mathrm{d}x=\frac{b-a}{2}\int_{-1}^1 f\left(\frac{a+b}{2}+\frac{b-a}{2}t\right)\mathrm{d}t \quad (1)$$

令

$$f\left(\frac{a+b}{2}+\frac{b-a}{2}t\right)=F(t)$$

则

$$\int_{-1}^{1}F(t)\mathrm{d}t=2C_n[F(t_1)+F(t_2)+\cdots+F(t_n)] \quad (2)$$

而对任意不大于 n 次的多项式

$$F(t)=a_0+a_1t+a_2t^2+\cdots+a_{n-1}t^{n-1}+a_nt^n$$

等式

$$\int_{-1}^{1}F(t)\mathrm{d}t=\int_{-1}^{1}(a_0+a_1t+\cdots+a_{n-1}t^{n-1}+a_nt^n)\mathrm{d}t=$$

$$2\left(a_0+\frac{a_2}{3}+\frac{a_4}{5}+\cdots\right) \quad (3)$$

准确成立.

由式(2)(3) 两式

$$2\left(a_0+\frac{a_2}{3}+\frac{a_4}{5}+\frac{a_6}{7}+\cdots\right)=$$

$$2C_n\{na_0+(t_1+t_2+\cdots+t_n)a_1+$$

$$(t_1^2+t_2^2+\cdots+t_n^2)a_2+\cdots+(t_1^n+t_2^n+\cdots+t_n^n)\}$$

由于 $a_0,a_1,\cdots,a_n$ 的任意性,则有方程组

$$nC_n=1$$

$$t_1+t_2+\cdots+t_n=0$$

$$t_1^2+t_2^2+\cdots+t_n^2=\frac{n}{3}$$

$$\vdots$$

解得 $t_1,t_2,\cdots,t_n$ 之后代入求积公式

$$\int_{-1}^{1}F(t)\mathrm{d}t=\frac{2}{n}[F(t_1)+\cdots+F(t_n)]$$

即切比雪夫求积公式.

切比雪夫求积公式的插值点:

当 $n=2$ 时

$$-t_1=t_2=0.577\ 350\ 269\ 1$$

当 $n=3$ 时

$$-t_1=t_3=0.707\ 106\ 781\ 2$$

$$t_2=0.000\ 000\ 000\ 0$$

当 $n=4$ 时

$$-t_1=t_4=0.794\ 654\ 472\ 3$$

$$-t_2=t_3=0.187\ 592\ 474\ 1$$

当 $n=5$ 时

$$-t_1=t_5=0.832\ 497\ 487\ 0$$

$$-t_2=t_4=0.374\ 541\ 409\ 6$$

$$t_3=0.000\ 000\ 000\ 0$$

当 $n=6$ 时

$$-t_1=t_6=0.866\ 246\ 818\ 1$$

$$-t_2=t_5=0.422\ 518\ 653\ 8$$

$$-t_3=t_4=0.266\ 635\ 401\ 5$$

当 $n=7$ 时

$$-t_1=t_7=0.883\ 861\ 700\ 8$$

$$-t_2=t_6=0.529\ 656\ 775\ 3$$

$$-t_3=t_5=0.323\ 911\ 810\ 5$$

$$t_4=0.000\ 000\ 000\ 0$$

当 $n=9$ 时

$$-t_1=t_9=0.911\ 589\ 307\ 7$$

$$-t_2=t_8=0.601\ 018\ 655\ 4$$

$$-t_3=t_7=0.528\ 761\ 783\ 1$$

$$-t_4=t_6=0.167\ 906\ 184\ 2$$

$$t_5=0.000\ 000\ 000\ 0$$

当 $n=8$ 及 $n\geqslant 10$ 时，切比雪夫问题不可解.

如果 $f(x)$ 有 $2m+1$ 阶导数，则切比雪夫求积公式的余式

$$R_m=\frac{1}{(2m+1)!}\int_{-1}^{1}f^{(2m+1)}(\xi)t\prod_{k=1}^{m}(t^2-t_k^2)\mathrm{d}t$$

$$(|\xi|\leqslant \max(t,t_k))$$

这里不加证明，参见本章结尾处的参考资料[1].

§3　高斯求积公式和埃尔米特求积公式

这里我们将讨论 §1 最后提出的问题 ii).

在定积分的近似计算的普遍公式

$$\int_a^b f(x)\mathrm{d}x=(b-a)[C_1^n f(x_1)+\cdots+C_n^n f(x_n)]$$

中，包含 $2n$ 个带选择性的量 $C_1^n,C_2^n,\cdots,C_n^n$ 和 $x_1,x_2,\cdots,x_n$. 高斯提出：在点 x_i 的数目 n 已定的情况下，怎样选择 $C_1^n,C_2^n,\cdots,C_n^n$ 和 $x_1,x_2,\cdots,x_n$，使近似公式对于不高于 $2n-1$ 次的多项式准确成立，而以前讨论的仅对幂次不高于 $n-1$ 的多项式准确.

不失一般性，我们设积分限为 -1 和 1. 设

$$F(t)=t^n+A_1t^{n-1}+A_2t^{n-2}+\cdots+A_{n-1}t+A_n$$

的根为

$$t_1,t_2,\cdots,t_n$$

则

$$F(t)=(t-t_1)(t-t_2)\cdots(t-t_n)$$

如果我们能够求出 $F(t)$，则求 t_i 就归结于解方程

$$F(t)=0$$

设任何 $2n-1$ 次多项式

$$f(t)=a_0+a_1t+a_2t^2+\cdots+a_{2n-1}t^{2n-1}$$

近似公式

$$\int_{-1}^{1}f(t)\mathrm{d}t=\mathrm{C}_1^nf(t_1)+\mathrm{C}_2^nf(t_2)+\cdots+\mathrm{C}_n^nf(t_n)$$

准确成立.对 $f(t)$ 总有下列等式

$$f(t)=F(t)Q(t)+R(t) \tag{1}$$

其中 $Q(t)$ 和 $R(t)$ 的次数不高于 $n-1$.因

$$F(t_k)=0$$

从而

$$f(t_k)=R(t_k)$$

所以

$$\int_{-1}^{1}f(t)\mathrm{d}t=\int_{-1}^{1}F(t)Q(t)\mathrm{d}t+\int_{-1}^{1}R(t)\mathrm{d}t=$$
$$\mathrm{C}_n^1R(t_1)+\cdots+\mathrm{C}_n^nR(t_n)$$

另一方面,因函数 $R(t)$ 的幂次为 $n-1$ 的多项式,亦即幂次低于 $2n-1$,所以这一公式对于函数 $R(t)$ 也准确成立.即有

$$\int_{-1}^{1}R(t)\mathrm{d}t=\mathrm{C}_n^1R(t_1)+\cdots+\mathrm{C}_n^nR(t_n)$$

由前一等式减去这个等式得

$$\int_{-1}^{1}F(t)Q(t)\mathrm{d}t=0 \tag{2}$$

函数 $F(t)$ 由这等式完全确定.事实上,因为 $f(t)$ 是 $2n-1$ 次任意多项式,所以式(1)中的 $Q(t)$ 是 $n-1$ 次任意多项式,不妨设

$$Q(t)=b_0t^{n-1}+b_1t^{n-2}+\cdots+b_{n-2}t+b_{n-1}$$

其中 $b_i(i=0,1,2,\cdots,n-1)$ 为任意值.现在我们回顾式(2)有

$$\int_{-1}^{1}F(t)Q(t)\mathrm{d}t=0$$

就可以清楚的看出,$F(t)$ 是在 $-1\leqslant t\leqslant 1$ 上,以1为权函数与任何次数不高于 $n-1$ 的多项式 $Q(t)$ 正交的 n 次多项式即勒让德多项式.

现在我们来讨论一般的高斯型问题,即带非负权函数 $\omega(x)$ 的求积公式

$$\int_a^b \omega(x)f(x)\mathrm{d}x=\sum_{k=1}^{n}A_kf(x_k) \tag{3}$$

而对于 $f(x)$ 为不高于 $2n-1$ 次多项式,等式成立.其中

$$A_k=\int_a^b \omega(x)l_k(x)\mathrm{d}x$$

此处

$$l_k(x)=\frac{\prod\limits_{k=1}^{n}(x-x_k)}{(x-x_k)\left[\prod\limits_{k=1}^{n}(x-x_k)\right]'_{x=x_k}}$$

当 $\omega(x)\equiv 1$ 时,即高斯所提的问题,假如点 x_k $(k=1,2,\cdots,n)$ 使式(3)对于不高于 $2n-1$ 次的多项式准确成立,则称 x_k 为高斯型点.

定理1　$x_1,x_2,\cdots,x_n$ 为高斯型点的充要条件是:它们对于权函数 $\omega(x)$ 而言,在区间 $[a,b]$ 上与所有次数不高于 $n-1$ 的多项式都正交的 n 次多项式 $P_n(x)$ 的根.

证明　必要性.设 $x_1,x_2,\cdots,x_n$ 是高斯型点.令

$$P_n(x)=(x-x_1)(x-x_2)\cdots(x-x_n)$$

而 $Q(x)$ 为任何次数不高于 $n-1$ 的多项式,于是

$$f(x)=Q(x)P_n(x)$$

为次数不高于 $2n-1$ 的多项式.由假定

$$\int_a^b \omega(x)f(x)\mathrm{d}x=\sum_{k=1}^{n}A_kf(x_k)$$

是准确的等式,但

$$f(x_1)=f(x_2)=\cdots=f(x_n)=0$$

所以

$$\int_a^b \omega(x)Q(x)P_n(x)\mathrm{d}x=0$$

这就是说,$P_n(x)$ 在$[a,b]$上,对权函数 $\omega(x)$ 而言,与次数不高于 $n-1$ 的多项式都正交.

充分性.在$[a,b]$上,对 $\omega(x)$ 而言,$P_n(x)$ 与所有次数不高于 $n-1$ 的多项式都正交.设 $f(x)$ 是次数不高于 $2n-1$ 的多项式,以 $P_n(x)$ 除 $f(x)$ 得

$$f(x)=Q(x)P_n(x)+R(x)$$

其中 $Q(x)$ 与 $R(x)$ 都是次数不高于 $n-1$ 的多项式,于是

$$\int_a^b \omega(x)f(x)\mathrm{d}x=\int_a^b \omega(x)Q(x)P_n(x)\mathrm{d}x+\int_a^b \omega(x)R(x)\mathrm{d}x$$

据假设上式右端第一个积分等于零,所以

$$\int_a^b \omega(x)f(x)\mathrm{d}x=\int_a^b \omega(x)R(x)\mathrm{d}x=\sum_{k=1}^{n}A_kR(x_k)$$

因为

$$f(x_k)=R(x_k)\quad(k=1,2,\cdots,n)$$

所以

$$\int_a^b \omega(x)f(x)\mathrm{d}x=\sum_{k=1}^{n}A_kf(x_k)$$

是准确的等式,因此 $x_1,x_2,\cdots,x_n$ 是高斯型点.定理证毕.

以 $f(x)\equiv1$ 代入近似公式就有

$$\int_a^b \omega(x)\mathrm{d}x = \sum_{k=1}^{n} A_k$$

又以 $2n-2$ 次的多项式

$$f(x) = \left[\frac{P_n(x)}{x - x_k}\right]^2$$

代入就有

$$\int_a^b \omega(x) f(x)\mathrm{d}x = \sum_{k=1}^{n} A_k f(x_k)$$

但

$$f(x_k) = \begin{cases} 0 & (k \neq i) \\ [P'_n(x_i)]^2 & (k = i) \end{cases}$$

于是

$$0 < \int_a^b \omega(x) f(x)\mathrm{d}x = A_i[P'_n(x_i)]^2$$

所以

$$A_k = \int_a^b \omega(x)\left[\frac{P_n(x)}{P'_n(x_k)(x - x_k)}\right]^2 \mathrm{d}x > 0$$

以上所得系数之和的有界性及正定性，在证明高斯型收敛性定理时引用.

高斯型公式对任何 n，在 (a,b) 上必有 n 个高斯型点，这个性质就是在 (a,b) 上的正交多项式系 $\{\varphi_n(n)\}$ $(n=0,1,2,\cdots)$ 中任一 $\varphi_n(x)$，在 (a,b) 上必有 n 个单重零点. 如果不然，若只在 k 个点上使 $\varphi_n(x)$ 变号而 $n > k$，我们可以通过这 k 个点作一 k 次多项式 $P_k(x)$，使得

$$\varphi_n(x) \cdot P_k(x) \geqslant 0 \quad (n > k)$$

等号只在 k 个点上成立，而

$$b - a > 0$$

所以

$$\int_a^b \omega(x)\varphi_n(x)P_k(x)\mathrm{d}x > 0$$

这和$\{\varphi_n(x)\}$为正交系矛盾.

定理 2(高斯型收敛性定理)　设$\omega(x)$为权函数,$\{P_n(x)\}$是在$[a,b]$上以$\omega(x)$为权的正交多项式族.设$x_1^{(n)},x_2^{(n)},\cdots,x_n^{(n)}$是$P_n(x)$的零点,而$A_1^{(n)},A_2^{(n)},\cdots,A_n^{(n)}$是以这些根为插值点的求积公式的系数,则对于任何连续函数$f(x)$,恒有等式

$$\lim_{n\to\infty}\sum_{k=1}^{n}A_k^{(n)}f(x_k^{(n)})=\int_a^b \omega(x)f(x)\mathrm{d}x$$

证明　因$f(x)$连续,由维尔斯特拉斯定理,对任何$\varepsilon>0$有多项式$P(x)$,使在$[a,b]$上恒有

$$|P(x)-f(x)|<\varepsilon$$

则

$$\begin{aligned}&\left|\int_a^b \omega(x)f(x)\mathrm{d}x-\sum_{k=1}^{n}A_k^{(n)}f(x_k^{(n)})\right|\leqslant\\&\left|\int_a^b \omega(x)f(x)\mathrm{d}x-\int_a^b \omega(x)P(x)\mathrm{d}x\right|+\\&\left|\int_a^b \omega(x)P(x)\mathrm{d}x-\sum_{k=1}^{n}A_k^{(n)}P(x_k^{(n)})\right|+\\&\left|\sum_{k=1}^{n}A_k^{(n)}P(x_k^{(n)})-\sum_{k=1}^{n}A_k^{(n)}f(x_k^{(n)})\right|\end{aligned}$$

设$P(x)$是m次的,则当$n>\dfrac{1}{2}m$时

$$\int_a^b \omega(x)P(x)\mathrm{d}x=\sum_{k=1}^{n}A_k^{(n)}P(x_k^{(n)})$$

准确成立,而

$$\left|\int_a^b \omega(x)f(x)\mathrm{d}x-\int_a^b \omega(x)P(x)\mathrm{d}x\right|<\varepsilon\int_a^b \omega(x)\mathrm{d}x$$

$$\left|\sum_{k=1}^{n}A_k^{(n)}P(x_k^{(n)})-\sum_{k=1}^{n}A_k^{(n)}f(x_k^{(n)})\right|<$$

$$\varepsilon\sum_{k=1}^{n}A_k^{(n)}\leqslant\varepsilon\int_a^b\omega(x)\mathrm{d}x$$

所以

$$\left|\int_a^b\omega(x)f(x)\mathrm{d}x-\sum_{k=1}^{n}A_k^{(n)}f(x_k^{(n)})\right|\leqslant 2\varepsilon\int_a^b\omega(x)\mathrm{d}x$$

定理证毕.

高斯型求积公式的余式

$$R_n=\frac{1}{(2n)!}f^{(2n)}(\xi)\int_a^b\omega(x)P_n^2(x)\mathrm{d}x$$

1. 高斯求积公式

若

$$\omega(t)\equiv 1,a=-1,b=1$$

则

$$\int_{-1}^{1}f(t)\mathrm{d}t=\sum_{k=1}^{n}A_kf(t_k)$$

此即高斯公式,其中 t_k 为勒让德多项式 $X_n(t)$ 的根,余式

$$R_n=\frac{1}{(2n)!}f^{(2n)}(\xi)\int_{-1}^{1}X_n^2(t)\mathrm{d}t=\frac{2^{2n+1}\cdot(n!)^4}{(2n!)^2}\frac{f^{(2n)}(\xi)}{2n+1}\quad(|\xi|\leqslant 1)$$

其中

$$X_n(t)=\frac{n!}{(2n)!}\frac{\mathrm{d}^n(t^2-1)^n}{\mathrm{d}t^n}$$

2. 埃尔米特公式

若

$$\omega(t)=(1-t^2)^{-\frac{1}{2}},a=-1,b=1$$

则

$$\int_{-1}^{1}\frac{f(t)}{\sqrt{1-t^2}}\mathrm{d}t=\frac{\pi}{n}\sum_{k=1}^{n}f(t_k)$$

此即埃尔米特公式，其中

$$t_k = \cos \frac{2k-1}{2n} \pi$$

为切比雪夫多项式

$$T_n(x) = \cos(n\cos^{-1} x)$$

的根. 其余式

$$R = \frac{\pi}{(2n)!\ 2^{2n-1}} f^{(2n)}(\xi) \quad (|\xi| \leqslant 1)$$

在无限区间上同样有高斯型的问题，这在反常积分中给出，但并不加详细讨论.

高斯公式插值点 x 和系数 A：

表 1

	$\pm x$	A
$n=2$	0.577 350 269 189 626	1.000 000 000 000 000
$n=3$	0.774 596 669 241 483	0.555 555 555 555 556
	0.000 000 000 000 000	0.888 888 888 888 889
$n=4$	0.861 136 311 594 053	0.347 854 845 137 454
	0.339 981 043 584 856	0.652 145 154 862 546
$n=5$	0.906 179 845 938 664	0.236 926 885 056 189
	0.538 469 310 105 683	0.478 628 670 499 366
	0.000 000 000 000 000	0.588 888 888 888 889
$n=6$	0.932 469 514 203 152	0.171 324 492 379 170
	0.661 209 386 466 265	0.360 761 573 048 139
	0.238 619 186 083 197	0.467 913 934 572 691
$n=7$	0.949 107 912 342 759	0.129 484 966 168 870
	0.741 531 185 599 394	0.279 705 391 489 277
	0.405 845 151 377 397	0.381 830 050 505 119
	0.000 000 000 000 000	0.417 959 183 673 469

$n=8,9,\cdots,16$ 的插值点和系数参看本章结尾处的参考资料[5]，524 ～ 525 页.

关于埃尔米特公式的插值点

$$x_k = \cos \frac{2k-1}{2n}$$

可查三角函数表.

§4　实际计算的指示

1. 误差

近似求积中通常产生舍入误差和截断误差，前者分三种：

i) 由求积公式中插值点的舍入误差而产生的误差，如切比雪夫、高斯求积公式的插值点 x_k 有的是无理数，埃尔米特公式中的 x_k 是超函数 $\cos\frac{2k-1}{2n}$ 的值. 通过坐标变换，这种误差可能还会增大.

ii) 由求积公式的系数的舍入误差而产生. 一般来说，这种误差是比较显著的，必须予以注意.

iii) 四则运算的舍入误差与插值点加密时可能增加.

以有限步骤代替无穷的运算，产生截断误差. 这种误差在理论上可以加以估计，但对舍入误差是非常困难的.

2. 误差估计

实用问题中给出要计算的积分表达式 $\int_a^b f(x)\mathrm{d}x$ 和所要求的准确度 ε.

当选定了方法之后，在理论上能够作出满足问题要求的估计，如用辛普森公式去计算，令

$$M = \max_{a \leqslant x \leqslant b} | f^{(4)}(x) |$$

$$h = \frac{b-a}{2m}$$

则余式

$$R = -\frac{m}{90}\left(\frac{b-a}{2m}\right)^5 f^{(4)}(\xi) \leqslant \frac{(b-a)^5}{2\ 880m^4}M$$

据要求

$$\frac{(b-a)^5 M}{2\ 880m^4} < \varepsilon$$

即

$$m > \left[\frac{(b-a)^5 M}{2\ 880\varepsilon}\right]^{\frac{1}{4}}$$

但由于 $f^{(4)}(x)$ 的求得实际上会有困难，同时估得 M 时也将是偏高的，所以在实际工作中，这种并不理想，而较实用的方法是比较两次结果来加以估计. 假如我们是用具有 $2m+1$ 个插值点的求积公式进行计算，得到的近似值为 $S_{h,2m+1}$，余式 $R_{h,2m+1}$. 下一次将区间分割加倍，同样用 $2m+1$ 个点的公式计算，相应的有 $S_{\frac{h}{2},2m+1}$ 和 $R_{\frac{h}{2},2m+1}$，于是有

$$R_{h,2m+1} - 2^{2m+2} R_{\frac{h}{2},2m+1} \approx 0$$

从而

$$R_{\frac{h}{2},2m+1} \approx \frac{S_{\frac{h}{2},2m+1} S_{h,2m+1}}{2^{2m+2}-1}$$

用三点辛普森公式时，$m=1$，则

$$R_{\frac{h}{2},3} \approx \frac{S_{\frac{h}{2},3} - S_{h,3}}{15}$$

当事先不能估计出余式 R 时，在机器上类似于这种方法是很实用的，只要给出准确度，可以由机器自动控制得到要求的结果，因而在机器上往往是与得到结

果的同时才决定了步长.

3. 方法的比较

通常的计算是把区间分割,在每个小区间上用适当的公式求积.根据经验,我们认为用辛普森公式求积是很适当的.它没有系数或插值点的舍入误差;公式本身很规整、容易掌握;也容易编制程序,而前一次的运算可以在下一次中用到,这样可使机器实际工作速度加快.当分点加密时,总可以满足要求.

一般说高斯公式的准确度是很高的,但它的系数和高斯型点,相对来说是复杂些,显得没有规则,在编制程序和执行程序时稍为繁杂,而常数所占的存储单元就会增加,但由于高斯公式有较高的准确度,在达到同样的准确度下,用高斯公式编制程序时,很可能使机器工作时间缩短,这在大量的反复的计算工作中,如构造函数表的工作中意义就很大.高斯公式的缺点为系数和插值点的复杂化.在机器上用加倍插值点的方法,自动控制准确度时无法保证计算进行到底,因为我们事先不知道所需的 $2m+1$,就不能把相应于 $2m+1$ 的系数和高斯型点事先都存到机器中去.

高斯公式的缺点可以用埃尔米特公式弥补,因埃尔米特公式中的高斯型点是$[-1,1]$上的切比雪夫正交多项式

$$T_n(t)=\cos(n\cos^{-1}t)$$

的根,根的一般形式有

$$t_k=\cos\frac{2k-1}{2n}\pi\quad(k=1,2,\cdots,n)$$

而在机器上可以自己求得,即使是事先存好,也比高斯公式方便.求积公式的系数对任何 k 都等于$\frac{\pi}{n}$,所以是

很简单、方便的，且可以避免由系数误差而产生的误差.

在机器上自动控制准确度像一个迭代过程，为了方便也不妨可以这样命名，这种过程本身就带有检查机器工作正确性与程序正确性的职能，一般当相邻两次结果相差足够小时，我们就认为已得到所需要的近似值.一般来说，这是有效的方法.

§5　多重积分的计算

前面讨论的一些近似公式，也可以应用于多重积分的计算，原则相同，只要重复运用就可以得到结果.

例如求积分

$$V=\int_a^b\int_c^d f(x,y)\mathrm{d}x\mathrm{d}y$$

设

$$F(x)=\int_c^d f(x,y)\mathrm{d}y$$

则

$$V=\int_a^b F(x)\mathrm{d}x=(b-a)[A_1F(x_1)+A_2F(x_2)+\cdots+A_nF(x_n)]$$

而

$$F(x_i)=(d-c)[B_{i1}f(x_i,y_1)+B_{i2}f(x_i,y_2)+\cdots+B_{im}f(x_i,y_m)]$$

所以

$$V=\int_a^b\int_c^d f(x,y)\mathrm{d}x\mathrm{d}y=$$

$$(b-a)(d-c)\sum_{i=1}^{n}A_i\sum_{j=1}^{m}B_{ij}f(x_i,y_j)$$

在重复运用求积公式时有很大的灵活性、选择性.两次用辛普森公式即得下列近似计算二重积分的公式

$$\int_a^b\int_c^d f(x,y)\mathrm{d}x\mathrm{d}y=$$

$$\frac{1}{36}(d-c)(b-a)\left\{f(a,c)+f(c,a)+\right.$$

$$f(b,c)+f(b,d)+4\left[f\left(a,\frac{c+d}{2}\right)+f\left(b,\frac{c+d}{2}\right)+\right.$$

$$\left.\left.f\left(\frac{a+b}{2},c\right)+f\left(\frac{a+b}{2},d\right)\right]+16f\left(\frac{a+b}{2},\frac{c+d}{2}\right)\right\}$$

如对 x 和 y 分别用 n 次和 m 次的切比雪夫求积公式,则有

$$V=\int_a^b\int_c^d f(x,y)\mathrm{d}x\mathrm{d}y=$$

$$\frac{b-a}{n}\cdot\frac{d-c}{m}\sum_{i=1}^{n}\sum_{j=1}^{m}f(x_i,y_j)$$

自然 $n,m<10$,且不等于 8.

假定 D 是由封闭曲线所围成,今将 $[a,b]$ 分成 n 个小区间,得分点

$$a\leqslant x_0<x_1<\cdots<x_{n-1}<x_n\leqslant b$$

以 $S(x_i)$ 表示对应于 $x=x_i$ 的截面面积,则

$$S(x_i)=\int_{y_{1i}=\varphi_1(x_i)}^{y_{2i}=\varphi_2(x_i)}f(x_i,y)\mathrm{d}y$$

$$(i=1,2,\cdots,n)$$

由求积公式得

$$S(x_i)=(y_{2i}-y_{1i})\sum_{j=1}^{m}B_{ij}f(x_i,y_j)$$

又对 x 求积

$$\int_a^b S(x)\mathrm{d}x=\sum_{i=1}^{n}A_iS(x_i)=$$

$$\frac{b-a}{n}\sum_{i=1}^{n}A_i\left(\sum_{j=1}^{m}B_{ij}f(x_i,y_j)\right)$$

多重求积公式也可以从多元函数的插值公式求得,这里不叙述.

§6 反常积分、高斯－拉盖尔、高斯－埃尔米特求积公式

反常积分有两种:

i) 无限区间上的积分;

ii) 带有奇异点的积分.

有时两种情况同时发生.

这里我们假定所给的积分是收敛的,关于收敛性的判别法可参考本章结尾处的参考资料[4].

对无限区间上的积分可以经过变换使其成为有限区间上的积分.有时就根据原积分表达式依赖于准确度的要求,适当的选取截断上限 A,使得不等式

$$\left|\int_0^{A'}F(x)\mathrm{d}x-\int_0^{A}F(x)\mathrm{d}x\right|<\varepsilon$$

其中 A' 为任何大于 A 的数,ε 是由准确度要求的一个正的较小的数.

一般是作强函数 $S(x)$,即当 $x>x_0$ 时

$$S(x)\geqslant|F(x)|$$

且

$$\int_A^{A'}S(x)\mathrm{d}x<\varepsilon$$

自然我们要求 $S(x)$ 本身是一个很容易求得积分的函数. 这样就得上限 A,一般说这个原则是适用的,但有时为了使 $S(x)$ 容易求积,而使机器工作时间拖长.

例 1　计算积分

$$\int_0^\infty \frac{(0.85x^3-0.18x)\mathrm{sh}(2.89)x\mathrm{e}^{-2.63x^2}}{0.72x^4+0.68x^2+0.03}\mathrm{d}x$$

给定 $\varepsilon=0.000\ 05$.

很显然,当 x 充分大以后,被积函数恒正,且单调下降,比如 $x\geqslant 2$ 就是如此. 我们用积分的原始定义作上限的估计,计算函数值,结果得:

当 $x_3=3$ 时

$$F(3)<0.16\cdot\mathrm{e}^{-14}$$

当 $x_4=4$ 时

$$F(4)<0.14\cdot\mathrm{e}^{-30}$$

当 $x_5=5$ 时

$$F(5)<0.11\cdot\mathrm{e}^{-50}$$

当 $x_6=6$ 时

$$F(6)<0.10\cdot\mathrm{e}^{-77}$$

当 $x_7=7$ 时

$$F(7)<0.10\cdot\mathrm{e}^{-108}$$

当 $x_8=8$ 时

$$F(8)<0.10\cdot\mathrm{e}^{-140}$$

……

作等比强级数显然有

$$\sum_{i=3}^{\infty}F(x_i)\Delta x_i<\frac{0.16\cdot\mathrm{e}^{-14}}{1-0.16\cdot\mathrm{e}^{-14}}<\varepsilon$$

所以取 $x=3$ 为上限已经满足要求(如果再细致些,$x=2.5$ 即可),但如果去作容易求积的强函数 $S(x)$,得到

的 A 将会大很多.

当估计得上限后,就成为一个有限区间上的积分,以前所讨论的求积公式即可应用.这时所得的近似值包含了两次误差,总的误差是两次误差之和.

带奇异点的积分,比如 $x=c$ 是奇异点,则

$$\int_a^b f(x)\mathrm{d}x=\int_a^{c-\varepsilon_1} f(x)\mathrm{d}x+\int_{c+\varepsilon_2}^b f(x)\mathrm{d}x+\varepsilon_3$$

而 ε_3 在实用上是可以忽略的小量.至于 ε_1,ε_2 的大小,根据实用的要求决定.

在很多情况下,反常积分可以借助于分部积分法或变量代换使其正常化.

例 2

$$\int_0^\infty \frac{\mathrm{d}x}{(1+x)\sqrt{x}}$$

我们将积分区间分成两个$(0,1)$,$(1,\infty)$,我们便有

$$\int_0^\infty \frac{\mathrm{d}x}{(1+x)\sqrt{x}}=\int_0^1 \frac{\mathrm{d}x}{(1+x)\sqrt{x}}+\int_1^\infty \frac{\mathrm{d}x}{(1+x)\sqrt{x}}$$

等式右端的第二个积分中,令

$$z=\frac{1}{x}$$

便得

$$\int_0^\infty \frac{\mathrm{d}x}{(1+x)\sqrt{x}}=2\int_0^1 \frac{\mathrm{d}z}{(1+z)\sqrt{z}}$$

但当 z 趋于 0 时,被积函数成为无界,应用分部积分公式可以使奇点消失,最后得到

$$\int_0^\infty \frac{\mathrm{d}x}{(1+x)\sqrt{x}}=2+4\int_0^1 \frac{\sqrt{x}}{(1+x)^2}\mathrm{d}x$$

这就可应用以前讨论的求积公式计算.

高斯-拉盖尔求积公式在$(0,\infty)$上以 e^{-x} 为权函

数,以拉盖尔多项式

$$e^{x}\frac{d^{n}}{dx^{n}}[x^{n}\cdot e^{-x}]\equiv L_{n}(x)$$

的根 a_j 为插值点,高斯型问题即

$$\int_{0}^{\infty}e^{-x}f(x)dx=(n!)^{2}\sum_{j=1}^{n}\frac{f(a_j)}{a_j[L'_{n}(a_j)]^{2}}$$

令

$$\int_{0}^{\infty}\frac{e^{-x}L_{n}(x)dx}{(x-a_j)L'_{n}(a_j)}=\frac{(n!)^{2}}{a_j[L'_{n}(a_j)]^{2}}=H_j$$

则

$$\int_{0}^{\infty}e^{-x}f(x)dx=\sum_{j=1}^{n}H_jf(a_j)$$

其余式

$$E_n=\frac{(n!)^{2}}{(2n)!}f^{(2n)}(\xi)$$

高斯－拉盖尔求积公式之系数 H_j 和插值点 a_j:

表 1

	a_j	H_j
$n=2$	0.585 786 437 627	0.853 553 390 593
	3.414 213 562 373	0.146 446 609 407
$n=3$	0.415 774 556 783	0.711 093 009 929
	2.294 280 360 279	0.278 517 733 569
	6.289 945 082 937	0.103 892 565 016
$n=4$	0.322 547 689 619	0.603 154 104 342
	1.745 761 101 158	0.357 418 692 438
	4.536 620 296 921	0.388 879 085 150
	9.395 070 912 301	0.539 294 705 561

续表 1

	a_j	H_j
$n=5$	0.263 560 319 718	0.521 755 610 583
	1.413 403 059 107	0.398 666 811 083
	3.596 425 771 041	0.759 424 496 817
	7.085 810 005 859	0.361 175 867 992
	12.640 800 844 27	0.233 699 723 858

$n=6,7,\cdots,15$ 参看本章结尾处的参考资料[5]，527 ～ 528 页.

高斯—埃尔米特求积公式在$(-\infty,+\infty)$上以e^{-x^2}为权，其插值点a_j是埃尔米特多项式

$$\mathrm{H}_n(x)=(-1)^n e^{x^2}\frac{\mathrm{d}^n}{\mathrm{d}x^n}(e^{-x^2})$$

的根，即有求积公式

$$\int_{-\infty}^{+\infty} e^{-x^2} f(x)\mathrm{d}x=\sum_{j=1}^{n} A_j f(a_j)$$

其余式E_n和系数A_j如下所示

$$E_n=\frac{n!\sqrt{\pi}}{2^n(2n)!}f^{(2n)}(\xi),A_j=\frac{2^{n+1}n!\sqrt{\pi}}{\{\mathrm{H}'_n(a_j)\}^2}$$

高斯—埃尔米特求积公式的插值点和系数：

表 2

	$\pm a$	A
$n=2$	0.707 106 781 186 548	0.886 226 925 452 8
$n=3$	0.000 000 000 000 000	1.181 635 900 603 7
	1.224 744 871 391 589	0.295 408 975 150 9
$n=4$	0.524 647 623 275 290	0.804 914 090 005 5
	1.650 680 123 885 785	0.813 128 354 472 5

续表 2

	$\pm a$	A
$n=5$	0.000 000 000 000 000	0.945 308 720 482 9
	0.958 572 464 613 819	0.393 619 323 152 2
	2.020 182 870 456 086	0.199 532 420 590 5
$n=6$	0.436 077 411 927 617	0.724 629 595 224 4
	1.335 849 074 013 697	0.157 067 320 322 9
	2.350 604 973 674 492	0.453 000 990 550 9

$n=7,8,\cdots,20$ 请参看本章结尾处的参考资料[5],531 ～ 533 页.

习　题

1.用 $n=5$ 的高斯公式和柯特斯公式计算积分

$$\int_2^8 \frac{\mathrm{d}x}{x}$$

2.用十点的辛普森公式和 $n=5$ 的高斯公式计算积分

$$\int_0^1 \frac{\ln(1+x)}{1+x^2}\mathrm{d}x$$

并作比较(其近似值为 0.272 198 261 3…).

3.选取两种公式,计算积分

$$\int_0^{\frac{\pi}{2}} \sin x\mathrm{d}x$$

并要求误差小于 0.000 000 5.

4.计算积分

$$\int_0^{\infty} \mathrm{e}^{-x}\sin x\mathrm{d}x$$

准确度要求达到 10^{-6}.

5. 选辛普森公式和高斯公式，逐次加倍插值点，用机器自动控制准确度的原则，计算积分

$$\int_{-4}^{4} \frac{\mathrm{d}x}{1+x^2}$$

准确度要求达到 10^{-9}.

参考资料

[1] Ш . Е. Микеладзе. Численные методы математического анализа(数学分析的数值方法，科学出版社出版).

[2] А. Н. Крылов. Лекции о приближенных вычислениях(近似计算讲义).

[3] Я. С. Безикович. Приближенные вычисления(近似计算法，高教出版社出版).

[4] Г. М. Фихтенголвц. 微积分学教程，(3.3).

[5] Kopal Zdeněk. Numerical analysis.

[6] Hildebrand. Introduction to numerical analysis.

[7] С. М. Никольский. Квадратурные формулы.

第四章 特殊函数与切比雪夫多项式

引论

1. 特殊函数的方程

我们知道，用变量分离法将化到一个齐次方程的关于固有值的边界问题，这齐次方程是

$$\mathscr{L}[y]+\lambda\rho y(x)=0 \quad (a<x<b) \tag{1}$$

上式的

$$\mathscr{L}[y]=\frac{\mathrm{d}}{\mathrm{d}x}\left[k(x)\frac{\mathrm{d}y}{\mathrm{d}x}\right]-q(x)y$$

$$(k(x)>0)$$

除了与

$$a=0,b=l,q=0,k=\rho=\text{常数}$$

的情况对应的三角函数的方程

$$y''+\lambda y=0,y(0)=y(l)=0 \tag{2}$$

外,还可以遇见更复杂的边界问题. 例如,(半径为 r_0 的)圆膜的固有振动将化到贝塞尔方程

$$\frac{1}{x}\frac{\mathrm{d}}{\mathrm{d}x}\left(x\frac{\mathrm{d}y}{\mathrm{d}x}\right)+\left(\lambda-\frac{n^2}{x^2}\right)y=0 \tag{3}$$

或

$$(xy')'-\frac{n^2}{x}y+\lambda xy=0$$

$$\left(k(x)=x,q(x)=\frac{n^2}{x},\rho(x)=x,a=0,b=r_0\right)$$

又例如球的固有振动将化到勒让德方程

$$[(1-x^2)y']'+\lambda y=0$$

$$(k(x)=1-x^2,q=0,\rho=1,a=-1,b=1) \tag{4}$$

又可化为伴随函数的方程

$$[(1-x^2)y']'-\frac{n^2}{1-x^2}y+\lambda y=0$$

$$\left(k(x)=1-x^2,\rho=1,q=\frac{n^2}{1-x^2},a=-1,b=1\right) \tag{5}$$

上述的这些方程都具有这样的特性,就是系数 $k(x)$ 至少在闭区间 $[a,b]$ 的一个端点上等于零.

例如在量子力学的问题中时常遇到的方程是:切比雪夫 - 埃尔米特方程

$$k(x)=\mathrm{e}^{-x^2},\rho=\mathrm{e}^{-x^2},q=0,a=-\infty,b=\infty$$

与切比雪夫 - 拉盖尔方程

$$k(x)=x\mathrm{e}^{-x},\rho(x)=\mathrm{e}^{-x},q=0,a=0,b=\infty$$

等. 自这些方程的边界问题将确定出特殊函数的一些极重要的类型(柱函数、球函数、切比雪夫 - 埃尔米特

多项式、切比雪夫－拉盖尔多项式等).

2. 在 $k(a)=0$ 的情况下的边界问题的提法

现在让我们研究下列方程

$$\mathscr{L}[y]=\frac{\mathrm{d}}{\mathrm{d}x}\left[k(x)\frac{\mathrm{d}y}{\mathrm{d}x}\right]-q(x)y=0 \tag{6}$$

当 $k(a)=0$ 时的一些一般的性质，我们将假定 $k(x)$ 在点 a 的邻域具有

$$k(x)=(x-a)\varphi(x)$$

的形状，此处 $\varphi(x)$ 是连续函数，而且 $\varphi(a)\neq 0$.

若用函数 $q(x)\quad\lambda\rho(x)$ 来代替方程(6) 中的 $q(x)$，就显而易见，今后所讲的一切，对于方程

$$\mathscr{L}[y]+\lambda\rho y=0$$

也是适用的.

让我们来证明关于方程(6) 的解的四个引理：

引理 1　假定在方程(6) 中的系数 $k(x)$ 当 $x=a$ 时是等于零的，并且有这样的形状

$$k(x)=(x-a)\varphi(x)\quad(\varphi(a)\neq 0)$$

又假定这方程的一个解 $y_1(x)$ 当[①] $x\to a$ 时具有有限的极限($y_1(a)\neq\infty$)，则方程(6) 与 $y_1(x)$ 线性无关的其他所有的解 $y_2(x)$ 当 $x=a$ 时必为无穷大.

倘使我们已知线性微分方程(6) 的一个解 y_1，那么其他与 $y_1(x)$ 线性无关的一切解 $y_2(x)$ 都可以用积分表出. 实际上，把 $y_1(x)$ 与 $y_2(x)$ 代替方程(6) 的 y，

① 此处原作“当 $x=a$ 时，仍为有界，……”译者根据原著者来函指示，加以修改. —— 译者注

而以 y_2 与 y_1 按次序乘所得的两个等式后并相减，即得

$$y_2 \frac{\mathrm{d}}{\mathrm{d}x}\left(k \frac{\mathrm{d}y_1}{\mathrm{d}x}\right) - y_1 \frac{\mathrm{d}}{\mathrm{d}x}\left(k \frac{\mathrm{d}y_2}{\mathrm{d}x}\right) =$$

$$\frac{\mathrm{d}}{\mathrm{d}x}[k(y_2 y'_1 - y_1 y'_2)] = 0$$

由此推得这两个函数 y_1 与 y_2 的朗斯基行列式等于 $\frac{C}{k(x)}$，即

$$y_1 \frac{\mathrm{d}y_2}{\mathrm{d}x} - y_2 \frac{\mathrm{d}y_1}{\mathrm{d}x} = \frac{C}{k(x)}$$

若假定 y_1 与 y_2 是线性无关，则上式的 C 是一个不等于零的常数. 以 y_1^2 除最末的一个等式，就得

$$\frac{\mathrm{d}}{\mathrm{d}x}\left(\frac{y_2(x)}{y_1(x)}\right) = \frac{C}{k y_1^2}$$

或

$$y_2(x) = y_1(x)\left[\int_{x_0}^{x} \frac{C\mathrm{d}\alpha}{k(\alpha) y_1^2(\alpha)} + C_1\right] \qquad (7)$$

这式中的 C_1 是与 x_0 的选择有关的积分常数.

函数 $y_1(x)$ 在点 $x=a$ 上有有限的值，这值可能等于零. 假定（欲知其详，参阅引理 4）

$$y_1(x) = (x-a)^n z_1(x) \quad (z_1(a) \neq 0, n \geqslant 0)$$

在公式(7) 中这样选择 x_0，使

$$z_1(x) \neq 0 \quad (a < x \leqslant x_0)$$

（或者，若 $n=0$ 时，则 $y_1(x) \neq 0, a < x \leqslant x_0$）. 在这种情况下，函数 $y_2(x)$ 在区间 $a < x \leqslant x_0$ 能表为如下的形式

$$y_2(x) = (x-a)^n z_1(x)\Big\{C_1 -$$

$$\int_{x}^{x_0}\frac{1}{(x-a)^{2n+1}}\left[\frac{C}{\varphi(x)z_1^2(x)}\right]\mathrm{d}x\}$$

把中值定理应用到右端的积分，就得

$$y_2(x)=(x-a)^n z_1(x)\left\{C_1-A\int_{x}^{x_0}\frac{\mathrm{d}x}{(x-a)^{2n+1}}\right\}$$

$$\left(A=\frac{C}{\varphi(\bar{x})z_1^2(\bar{x})};x<\bar{x}<x_0\right)$$

算出这积分后，就得 $y_2(x)$ 的表达式如下

$$y_2(x)=$$

$$\begin{cases}(x-a)^n z_1(x)\left[C_1+A\dfrac{(x_0-a)^{-2n}}{2n}-\right.\\ \left.A\dfrac{(x-a)^{-2n}}{2n}\right]\quad(n>0)\\ y_1(x)[C_1-A\ln(x_0-a)+\\ A\ln(x-a)]\quad(n=0)\end{cases}\tag{8}$$

可见在这两种情况下都有

$$\lim_{x\to a}y_2(x)=\pm\infty$$

这就证明了引理，而且当 $n>0$ 时，由式(8) 推得

$$\lim_{x\to a}(x-a)^n y_2(x)=-\frac{C}{2n\varphi(a)z_1(a)}\tag{9}$$

所得公式(8) 与(9) 使我们得出比引理 1 所述的更准确的结果如下：

若在引理 1 的条件中假定方程(6) 的有界的解在点 $x=a$ 上不等于零($y_1(a)\neq 0$)，则 $y_2(x)$ 在点$x=a$ 上有对数型的无穷大

$$y_2(x)\sim\ln(x-a)$$

若 $y_1(x)$ 在点 $x=a$ 有 n 阶的零点($y_1(x)=(x-$

$a)^n z_1(x), z_1(a) \neq 0$),则 $y_2(x)$ 在点 $x = a$ 上有 n 阶的极点

$$y_2(x) \sim (x-a)^{-n}$$

我们来证第二个引理.

引理 2 设方程(6)的系数 $k(x)$ 当 $x=a$ 时等于零($k(x)=(x-a)\varphi(x)$,此处 $\varphi(a)\neq 0$),而系数 $q(x)$ 当 $x\to a$ 时或者是有界,或者是趋于 $+\infty$,那么对于方程(6)在点 $x=a$ 的有界的解 $y_1(x)$ 必有

$$\lim_{x\to a} k(x) y'_1(x) = 0$$

首先考虑 $q(x)$ 当 $x\to a$ 为有界的情形. 自某一值 x 到 x_1($x<x_1$)积分方程(6),则得

$$k(x)\frac{\mathrm{d}y_1}{\mathrm{d}x} = k(x)\frac{\mathrm{d}y_1}{\mathrm{d}x}\bigg|_{x=x_1} - \int_x^{x_1} q(\alpha) y_1(\alpha)\mathrm{d}\alpha = Q(x) \quad (x<x_1) \tag{10}$$

由此推得 $Q(x)$ 在 $a\leqslant x\leqslant x_1$ 是连续函数. 取 $x\to a$ 时的极限,就看出下列的极限存在

$$C = \lim_{x\to a} k(x) y'_1(x) \quad (C = Q(a))$$

让我们来证

$$C = Q(a) = 0$$

用 $Q(x)$ 表出函数 $y_1(x)$,则得

$$y_1(x) = y_1(x_2) - \int_x^{x_2} \frac{Q(\alpha)}{k(\alpha)}\mathrm{d}\alpha = y_1(x_2) - \int_x^{x_2} \frac{Q(\alpha)}{(\alpha-a)\varphi(\alpha)}\mathrm{d}\alpha \quad (a\leqslant x\leqslant x_2) \tag{11}$$

由这公式直接看出:若 $Q(a)\neq 0$,则当 $x\to a$ 时

$$y_1(x)\to\infty$$

这与 $y_1(x)$ 在 $x=a$ 的有界条件矛盾. 这样一来,本引理在 $q(x)$ 有界的情况下已经证明. 现在考虑当 $x \to a$ 时 $q(x)$ 趋于 $+\infty$ 的情形. 公式(10) 在这情形下仍然成立. 设函数 $q(x)$ 在区间 $a \leqslant x \leqslant x_1$ 上是正的. 不难证明[①] $y_1(x)$ 在这区间为单调. 因而 $y_1(x)$ 在某一区间 $(a \leqslant x \leqslant x_2)$ 必保持同一符号,而且当 $x \to a$ 时有极限值 $y_1(a)$. 由此推出 $Q(x)$ 在这区间为单调函数,且在 $x=a$ 有一个(有限的或无限的) 极限. 倘使 $Q(a) \neq 0$,那么由公式(11) 仍然推出 $y_1(x) \to \infty$,这就证明了这引理.

为了以后应用起见,请注意:不管这函数 $q(x)$ 为有界或无界($q(x)>0$),都能由公式(10) 及 $x \to a$ 时 $Q(x) \to 0$ 的条件推出

$$k(x_1)y'_1(x_1)=\int_a^{x_1} q(\alpha)y_1(\alpha)\mathrm{d}\alpha \qquad (12)$$

引理 3　若 $y_1(x)$ 是方程(6) 在 $x=a$ 的有界的解,而且 $q(x)$ 是在 $a \leqslant x \leqslant x_1$ 的连续函数,则必有

$$y_1(a) \neq 0, y'_1(a)=\frac{q(a)y_1(a)}{\varphi(a)}$$

---

①　事实上,令

$$\xi=\int_x^{x_1}\frac{\mathrm{d}x}{k(x)}$$

可以将方程(6) 写为

$$y''-kqy=0 \quad (k>0, q>0)$$

的形式. 由此推得 y 不可能有正的极大值,或负的极小值,因为否则在该极大点上 $y'' \leqslant 0, y>0$,而在极小点上 $y'' \geqslant 0, y<0$.(译者按:因为 $-y$ 仍为方程(6) 的解,所以 y 亦不可能有负的极大值及正的极小值,所以,若 $y(x)$ 在区间(a,x_1) 的内点上有极值,则极值必等于零,则在这极值点上有 $y=y'=0$,据微分方程的解的唯一性定理推知 $y(x) \equiv 0$. 把这琐屑情况除外,我们推得:$y(x)$ 在区间内无极值点,因而 $y(x)$ 为单调.)

若 $q(x)$ 有

$$q(x)=\frac{q_1(x)}{x-a}$$

的形式(此处 $q_1(x)$ 为连续函数，而 $q_1(a)>0$)，则 $y_1(a)=0$.

本引理的第二部分可以直接推证如下：由公式(12)，积分

$$\int_a^x q(\alpha)y_1(\alpha)\mathrm{d}\alpha=\int_a^x\frac{q_1(\alpha)}{\alpha-a}y_1(\alpha)\mathrm{d}\alpha$$

是收敛的，这只有在 $y_1(a)=0$ 的情况下才有可能.

倘使 $q(x)$ 是在 $a\leqslant x\leqslant x_1$ 上的连续函数，因为在公式(12) 中的 x_1 是任意选取的，所以得

$$y'_1(x)=\frac{1}{\varphi(x)}\frac{1}{x-a}\int_a^x q(\alpha)y_1(\alpha)\mathrm{d}\alpha \tag{13}$$

由此推出函数 $y'_1(x)$ 在某一区间 $a\leqslant x\leqslant x_2$ 是有界的，因而当 $x\to a$ 时，函数 $y_1(x)$ 的极限亦必存在. 把公式(13) 取 $x\to a$ 的极限，则得

$$\lim_{x\to a}y'_1(x)=\frac{q(a)y_1(a)}{\varphi(a)}=y'_1(a)$$

由这公式推知：若 $y_1(a)=0$，则 $y'_1(a)=0$. 让我们来证明在此时 $y_1(x)\equiv 0$(在这情况下，不可以直接应用这方程的解的唯一性定理，因为 $x=a$ 是方程(6) 的奇点). 设在区间 $a\leqslant x\leqslant x_2$ 上

$$|q(x)|\leqslant\overline{q}$$

与

$$|\varphi(x)|\geqslant\underline{\varphi}$$

让我们来考虑一个区间$(a,a+h)$，此处 h 是这样充分小的(正) 数，使

$$h\frac{\bar{q}}{\underline{\varphi}} < 1$$

及

$$a + h < x_2$$

由公式(13)推得

$$y_1(x) = \int_a^x \left(\frac{1}{\varphi(\alpha_1)} \frac{1}{(\alpha_1 - a)} \int_a^{\alpha_1} q(\alpha_2) y_1(\alpha_2) \mathrm{d}\alpha_2\right) \mathrm{d}\alpha_1$$

$$(y_1(a) = 0)$$

又设函数 $y_1(x)$ 在点 $x = x_0$ 上达到在区间 $(a, a+h)$ 的最大值

$$y_1(x_0) - A$$

将中值定理应用到最末的公式上,则得

$$y_1(x_0) = A \leqslant A\bar{q}\frac{1}{\underline{\varphi}}(x_0 - a) < A$$

这就证明了 $y_1(x) \equiv 0$ 的断言[①].

引理 4　设函数 $q(x)$ 具有

$$q(x) = \frac{q_1(x)}{x - a}$$

的形式,此处的 $q_1(x)$ 在区间 $(a \leqslant x \leqslant x_1)$ 内是正的 $(q_1(x) > 0)$,则方程(6)在 $x = a$ 处的有界的解 $y_1(x)$ 必有如下的形式

$$y_1(x) = (x - a)^{v} z(x)$$

上式的 $v = \sqrt{\dfrac{q_1(a)}{\varphi(a)}}$,而 $z(x)$ 是一个在区间 $a \leqslant x \leqslant x_1$ 连续可微的函数,而且 $z(a) \neq 0$.

---

① 由此推知 $A = 0$,设 B 为 $y_1(x)$ 在 $(a, a+h)$ 之最小值,则因 $-y_1(x)$ 仍为方程之解,其最大值为 B,用同样的推理得知 $B = 0$,所以 $y_1(x) \equiv 0$.——译者注

令

$$y_1(x)=(x-a)^{\upsilon}z(x)$$

此处的 υ 是某一常数，由公式(12) 得

$$\upsilon k(x)(x-a)^{\upsilon-1}z(x)+k(x)(x-a)^{\upsilon}\frac{\mathrm{d}z}{\mathrm{d}x}=$$

$$\int_a^x q(\alpha)y(\alpha)\mathrm{d}\alpha \tag{14}$$

在最末的一个积分中作分部积分

$$\int_{a+\varepsilon}^x q(\alpha)y(\alpha)\mathrm{d}\alpha=$$

$$\int_{a+\varepsilon}^x\left[\frac{q_1(\alpha)}{(\alpha-a)}(\alpha-a)^{\upsilon}\right]z(\alpha)\mathrm{d}\alpha=$$

$$z(\alpha)u(\alpha)\Big|_{a+\varepsilon}^x-\int_{a+\varepsilon}^x u(\alpha)z'(\alpha)\mathrm{d}\alpha$$

上式中的

$$u(\alpha)=\int_a^\alpha\frac{q_1(\alpha_1)}{\alpha_1-a}(\alpha_1-a)^{\upsilon}\mathrm{d}\alpha_1=$$

$$\frac{q_1(a)}{\upsilon}(\alpha-a)^{\upsilon}+\int_a^\alpha\frac{q_1(\alpha_1)-q_1(a)}{\alpha_1-a}(\alpha_1-a)^{\upsilon}\mathrm{d}\alpha_1=$$

$$\frac{q_1(a)}{\upsilon}(\alpha-a)^{\upsilon}+u_1(\alpha)$$

因为

$$z(\alpha)u(\alpha)=y_1(\alpha)\left(\frac{q_1(a)}{\upsilon}+\frac{u_1(\alpha)}{(\alpha-a)^{\upsilon}}\right)$$

又因 $\frac{u_1(\alpha)}{(\alpha-a)^{\upsilon}}$ 是有界函数，而且根据引理 3，已知 $y_1(\alpha)\to 0(\alpha\to a)$，所以得结论

$$z(\alpha)u(\alpha)\to 0\quad(\alpha\to 0)$$

由公式(14) 定得 z'，则得

$$z'(x)=z(x)\left[\frac{-\upsilon}{x-a}+\frac{u(x)}{k(x-a)^{\upsilon}}\right]-\int_a^x u(\alpha)z'(\alpha)\mathrm{d}\alpha^{①}=$$

$$z(x)U(x)-\int_a^x u(\alpha)z'(\alpha)\mathrm{d}\alpha \tag{15}$$

选择

$$\upsilon=\sqrt{\frac{q_1(a)}{\varphi(a)}}$$

则推得函数

$$U(x)=-\frac{\upsilon}{x-a}+\frac{u(x)}{k(x-a)^{\upsilon}}=\frac{u_1(x)}{k(x-a)^{\upsilon}}$$

在 $a\leqslant x\leqslant x_1$ 是连续可微的函数. 把方程(15)微分后得

$$z''(x)=[U(x)-u(x)]z'(x)+U'(x)z(x) \tag{16}$$

点 $x=a$ 不是方程(16)的奇点,所以函数 $z(x)$ 在($a\leqslant x\leqslant x_1$)是连续的,而且有连续的导函数. 把方程(15)取 $x\rightarrow a$ 时的极限,则得

$$z'(a)=z(a)U(a) \tag{17}$$

公式(17)指示出:$z(a)\neq 0$,因为否则

$$z(a)=z'(a)=0$$

因而

$$z(x)\equiv 0$$

现在指出:要使函数 $U(x)$ 在点 $x=a$ 上连续,只需假定 $q_1(x)$ 的一次可微性就够了. 可是,要使函数 $U'(x)$ 有可微性,必须假定函数 $\varphi(x)$ 的可微性及函数 $q_1(x)$ 的二次可微性. 不过,也可以不用微分方程

---

① 积分号前漏去了$\frac{1}{k(x-a)^{\upsilon}}$.——译者注

(16),而把方程(15)看作关于函数 $z(x)$ 的积分方程.也可以证明引理 4.这样证明时,对于函数 $U(x)$,只需假定它的连续性.

这些已证明的引理使我们能作出关于方程

$$\mathscr{L}[y]+\lambda\rho y=0$$

与

$$\mathscr{L}[y]=0$$

在区间 $[a,b]$ 的边界问题提法的结论(我们假定 $k(x)$ 在区间 $[a,b]$ 的一个或两个端点上等于零).假使 $k(a)=0$,那么我们将要求固有函数满足在点 $x=a$ 处的有界性的自然边界条件.在这时我们并不要求固有函数在点 $x=a$ 上取已给值.

于是我们得到下列的边界问题:假定当 $x>a$ 时

$$k(x)>0 \text{ 及 } k(a)=0$$

试求下列方程

$$\mathscr{L}[y]=\frac{\mathrm{d}}{\mathrm{d}x}\left[k(x)\frac{\mathrm{d}y}{\mathrm{d}x}\right]-q(x)y=-\lambda\rho y$$

$$(a<x<b)$$

在边界条件

$$y(b)=0$$

及在 $x=a$ 处的有界性的自然边界条件下的固有值与固有函数.

若

$$k(a)=0 \text{ 且 } k(b)=0$$

则在区间 (a,b) 的两个端点上都应提出有界性的条件.

让我们叙述所提出的边界问题的固有值与固有函数的一般性质:

1）与下列固有函数

$$y_1(x), y_2(x), \cdots, y_n(x), \cdots$$

对应的固有值

$$\lambda_1 \leqslant \lambda_2 \leqslant \lambda_3 \leqslant \cdots$$

的无穷数集必存在.

2）当 $q \geqslant 0$ 时，所有的固有值都不是负数，即

$$\lambda_n \geqslant 0$$

3）与互异的两个固有值 λ_n 与 λ_m 对应的固有函数 $y_n(x)$ 与 $y_m(x)$ 以权量 $\rho(x)$ 互相正交

$$\int_a^b y_n(x) y_m(x) \rho(x) \mathrm{d}x = 0$$

4）下述的展开定理成立：具有连续的一阶导函数及分段连续的二阶导函数的函数 $f(x)$ 若满足本问题的边界条件，则它可以按照固有函数系 $y_n(x)$ 展开为绝对均匀收敛的级数

$$f(x) = \sum_{n=1}^{\infty} f_n y_n(x)$$

此处的

$$f_n = \frac{\int_a^b f(x) y_n(x) \rho(x) \mathrm{d}x}{\int_a^b y_n^2(x) \rho(x) \mathrm{d}x}$$

在这里假使 $k(a) = 0$，则有：

当 $q(a) < \infty$ 时

$$|f(a)| < \infty$$

当 $q(x) = \dfrac{q_1(x)}{x-a}(q_1(a) \neq 0)$ 时，则

$$f(a) = 0$$

我们（所讨论）的边界问题相当于下列积分方程

$$y(x)=\lambda\int_a^b G(x,\xi)y(\xi)\rho(\xi)\mathrm{d}\xi$$

这积分方程经过替换

$$\varphi(x)=\sqrt{\rho(x)}\,y(x)$$

$$K(x,\xi)=\sqrt{\rho(x)}\,G(x,\xi)\,\sqrt{\rho(\xi)}$$

化为一个含有对称核 $K(x,\xi)$ 的积分方程如下

$$\varphi(x)=\lambda\int_a^b K(x,\xi)\varphi(\xi)\mathrm{d}\xi$$

此处的 $G(x,\xi)$ 是方程 $\mathscr{L}[y]=0$ 的点源函数，在 $k(a)=0$ 与 $k(b)\neq 0$ 而 $y(b)=0$ 的情况下的 $G(x,\xi)$ 由下列诸条件来确定：

i) 当 ξ 的值固定时，$G(x,\xi)$ 是 x 的连续函数.

ii) 一阶导函数 $\frac{\mathrm{d}G}{\mathrm{d}x}$ 在 $x=\xi$ 处有跳跃

$$\frac{\mathrm{d}G}{\mathrm{d}x}\bigg|_{x=\xi-0}^{x=\xi+0}=-\frac{1}{k(\xi)}$$

或

$$G'(\xi+0,\xi)-G'(\xi-0,\xi)=-\frac{1}{k(\xi)}$$

iii) 除了 $x=\xi$ 外，处处有 $\mathscr{L}[G]=0$.

iv) $G(x,\xi)$ 满足边界条件

$$G(a,\xi)<\infty, G(b,\xi)=0$$

第一部分　柱　函　数

§1　柱　函　数

当解决数学物理的许多问题时，我们得到下列常微分方程

$$\begin{cases} \dfrac{\mathrm{d}^2 y}{\mathrm{d}x^2}+\dfrac{1}{x}\dfrac{\mathrm{d}y}{\mathrm{d}x}+\left(1-\dfrac{n^2}{x^2}\right)y=0 \\ \dfrac{1}{x}\dfrac{\mathrm{d}}{\mathrm{d}x}\left(x\dfrac{\mathrm{d}y}{\mathrm{d}x}\right)+\left(1-\dfrac{n^2}{x^2}\right)y=0 \end{cases} \tag{1}$$

这方程叫作 n 阶的柱函数方程. 这方程也时常叫作 n 阶的贝塞尔方程.

能化为柱函数的典型问题是方程

$$\Delta u+k^2u=0 \tag{2}$$

在圆内或圆外(或是三个自变量时，则在一圆柱内或在圆柱外) 的边界问题. 引入极坐标后把方程(2) 变换为如下的形状

$$\frac{1}{r}\frac{\partial}{\partial r}\left(r\frac{\partial u}{\partial r}\right)+\frac{1}{r^2}\frac{\partial^2 u}{\partial \varphi^2}+k^2u=0 \tag{3}$$

令 $u=R\Phi$，在式(3) 中分离变量，就得

$$\frac{1}{r}\frac{\mathrm{d}}{\mathrm{d}r}\left(r\frac{\mathrm{d}R}{\mathrm{d}r}\right)+\left(k^2-\frac{\lambda}{r^2}\right)R=0$$

与

$$\Phi''+\lambda\Phi=0$$

$\Phi(\varphi)$ 的周期性的条件给出 $\lambda=n^2$(此处的 n 是整

数). 又令 $x=kr$,就得到柱函数方程如下

$$\frac{1}{x}\frac{\mathrm{d}}{\mathrm{d}x}\left(x\frac{\mathrm{d}y}{\mathrm{d}x}\right)+\left(1-\frac{n^2}{x^2}\right)y=0, R(r)=y(kr)$$

或

$$y''+\frac{1}{x}y'+\left(1-\frac{n^2}{x^2}\right)y=0$$

当我们解决具有射线(柱形的)对称的波动方程(2)时,就得到零阶的贝塞尔方程

$$\frac{1}{x}\frac{\mathrm{d}}{\mathrm{d}x}\left(x\frac{\mathrm{d}y}{\mathrm{d}x}\right)+y=0$$

或

$$y''+\frac{1}{x}y'+y=0$$

1. 幂级数

υ 阶的贝塞尔方程

$$y''+\frac{1}{x}y'+\left(1-\frac{\upsilon^2}{x^2}\right)y=0 \tag{4}$$

或

$$x^2y''+xy'+(x^2-\upsilon^2)y=0 \tag{4'}$$

(上式的 υ 或者是任一实数或者是任一复数,这复数的实部需假定是非负的) 这方程在点 $x=0$ 处有一奇异点,因此应该用形状如下的幂级数求 $y(x)$①,有

$$y(x)=x^\sigma(a_0+a_1x+a_2x^2+\cdots+a_kx^k+\cdots) \tag{4''}$$

这级数是从 x^σ 项开始,此处的 σ 是待定的特征指数. 把级数(4″)替入方程(4′)后,并令 $x^\sigma, x^{\sigma+1}, \cdots, x^{\sigma+k}$ 的系数等于零,就得到为了定出 σ 的方程及为了定出系

① 参看(卜元震译)斯捷潘诺夫《微分方程教程》.

数 a_k 的方程组如下

$$\begin{cases} a_0(\sigma^2-\upsilon^2)=0 \\ a_1[(\sigma+1)^2-\upsilon^2]=0 \\ a_2[(\sigma+2)^2-\upsilon^2]+a_0=0 \\ \vdots \\ a_k[(\sigma+k)^2-\upsilon^2]+a_{k-2}=0 \quad (k=2,3,\cdots) \end{cases} \tag{5}$$

因为我们可以假定 $a_0\neq 0$，所以由式(5)的第一个方程推出

$$\sigma^2-\upsilon^2=0 \text{ 或 } \sigma=\pm\upsilon \tag{6}$$

将式(5)的第 k 个方程($k>1$)改写为

$$(\sigma+k+\upsilon)(\sigma+k-\upsilon)a_k+a_{k-2}=0 \tag{7}$$

暂时不管 $\sigma+\upsilon$ 或 $\sigma-\upsilon$(即 -2υ 与 2υ)等于负整数的情形.

根据式(6)，于是由式(5)的第二个方程得

$$a_1=0 \tag{8}$$

自方程(7)得出自 a_{k-2} 来确定 a_k 的递推公式如下

$$a_k=\frac{-a_{k-2}}{(\sigma+k+\upsilon)(\sigma+k-\upsilon)} \tag{9}$$

由式(8)及式(9)推知一切奇数项的系数都等于零. 若 υ 为实数，而且为正的，则当 $\sigma=-\upsilon$ 时，这解在点 $x=0$ 处变为无穷大.

现在我们来讨论 $\sigma=\upsilon$ 的情况. 由式(9)推知，一切偶数项的系数都可以用前面的系数表出

$$a_{2m}=-a_{2m-2}\frac{1}{2^2m(m+\upsilon)} \tag{10}$$

连续用这公式，能使我们找到用 a_0 表示 a_{2m} 的表达式

$$a_{2m}=(-1)^m\frac{a_0}{2^{2m}m!\ (\upsilon+1)(\upsilon+2)\cdots(\upsilon+m)} \tag{11}$$

利用伽马函数 $\Gamma(s)$ 的性质①

$$\Gamma(s+1)=s\Gamma(s)=\cdots=s(s-1)\cdots(s-n)\Gamma(s-n)$$

若 s 是正整数,则

$$\Gamma(s+1)=s!$$

① 由公式

$$\Gamma(s)=\int_0^{\infty}\mathrm{e}^{-x}x^{s-1}\mathrm{d}x \quad (s>0)$$

所定义的函数叫作伽马函数.公式中的变量 s 可以取复数值

$$s=s_0+\mathrm{i}s_1 \quad (s_0>0)$$

现在指出这伽马函数的基本性质如下:

(a) 在 $\Gamma(s+1)$ 的公式中取分部积分,就得

$$\Gamma(s+1)=\int_0^{\infty}\mathrm{e}^{-x}x^{s}\mathrm{d}x=-\mathrm{e}^{-x}x^{s}\Big|_0^{\infty}+s\int_0^{\infty}\mathrm{e}^{-x}x^{s-1}\mathrm{d}x=s\Gamma(s)$$

即

$$\Gamma(s+1)=s\Gamma(s)$$

(б) 当 $s=1$ 时,直接得出

$$\Gamma(1)=1$$

(в) 当 $s=n$ 是正整数时,则由性质(a) 与(б) 推得

$$\Gamma(n+1)=n!$$

(г) 当 $s=\frac{1}{2}$ 时

$$\Gamma(s)=\Gamma\left(\frac{1}{2}\right)=\int_0^{\infty}\frac{\mathrm{e}^{-x}}{\sqrt{x}}\mathrm{d}x=2\int_0^{\infty}\mathrm{e}^{-\xi^2}\mathrm{d}\xi=\sqrt{\pi}$$

即

$$\Gamma\left(\frac{1}{2}\right)=\sqrt{\pi}$$

(д) 函数关系 $\Gamma(s+1)=s\Gamma(s)$ 使我们能定出对于 s 的负值的伽马函数.

注意

$$\Gamma(0)=\frac{\Gamma(s+1)}{s}\Big|_{s\to 0}=\infty$$

对于整数值 n,则有

$$\Gamma(-n)=\frac{\Gamma(-n+1)}{-n}=\cdots=(-1)^n\frac{\Gamma(0)}{n!}=\infty$$

系数 a_0 到现在为止，仍是任意的，若 $\upsilon \neq -n$（此处 n 为正整数），则我们令

$$a_0 = \frac{1}{2^{\upsilon}\Gamma(\upsilon+1)} \tag{12}$$

而且利用上述的伽马函数性质，则得

$$a_{2k} = (-1)^k \frac{1}{2^{2k+\upsilon}\Gamma(k+1)\Gamma(k+\upsilon+1)} \tag{13}$$

若 $\sigma = -\upsilon, \upsilon \neq n$（此处 $n > 0$ 是整数），则令

$$a_0 = \frac{1}{2^{-\upsilon}\Gamma(-\upsilon+1)} \tag{12'}$$

则得

$$a_{2k} = (-1)^k \frac{1}{2^{2k-\upsilon}\Gamma(k+1)\Gamma(k-\upsilon+1)} \tag{14}$$

系数如式(12)与(13)，而且与 $\sigma = \upsilon \geqslant 0$ 情况对应的级数

$$\mathrm{J}_{\upsilon}(x) = \sum_{k=0}^{\infty}(-1)^k \frac{1}{\Gamma(k+1)\Gamma(k+\upsilon+1)}\left(\frac{x}{2}\right)^{2k+\upsilon} \tag{15}$$

叫作 υ 阶的第一类贝塞尔函数. 与 $\sigma = -\upsilon$ 对应的级数

$$\mathrm{J}_{-\upsilon}(x) = \sum_{k=0}^{\infty}(-1)^k \frac{1}{\Gamma(k+1)\Gamma(k-\upsilon+1)}\left(\frac{x}{2}\right)^{2k-\upsilon} \tag{16}$$

是方程(4)与 $\mathrm{J}_{\upsilon}(x)$ 线性无关的第二个的解. 级数(15)与(16)显然在整个 x 平面上都收敛.

现在考虑 υ 等于一个整数的 $\frac{1}{2}$ 的情形.

设

$$\upsilon^2 = \left(n + \frac{1}{2}\right)^2$$

此处 $n \geqslant 0$ 为整数. 在公式(5)中令

$$\sigma = n + \frac{1}{2}$$

则得

$$2(n+1)a_1 = 0$$

$$k(k+2n+1)a_k + a_{k-2} = 0 \quad (k > 1)$$

所以

$$a_1 = 0$$

$$a_k = -\frac{a_{k-2}}{k(k+2n+1)}$$

连续用这公式,就求得

$$a_{2k} = \frac{(-1)^k a_0}{2 \cdot 4 \cdot \cdots \cdot 2k \cdot (2n+3) \cdot (2n+5) \cdot \cdots \cdot (2n+2k+1)}$$

令此处的

$$\upsilon = n + \frac{1}{2}$$

就得公式(11).

再令

$$a_0 = \frac{1}{2^{n+\frac{1}{2}} \Gamma\left(n + \frac{3}{2}\right)}$$

则得公式(13).

设

$$\sigma = -n - \frac{1}{2}$$

于是关于 a_k 的方程组(5)的形状如下

$$a_1 \cdot 1(-2n) = 0$$

$$\vdots$$

$$k(k-1-2n)a_k + a_{k-2} = 0$$

所有的系数 $a_1, a_3, \cdots, a_{2n-1}$ 仍然等于零,但对于 a_{2n+1} 则得到一个方程

$$0 \cdot a_{2n+1} + a_{2n-1} = 0$$

这方程对于 a_{2n+1} 的任意的值都能满足. 当 $k > n$ 时，系数 a_{2k+1} 是由下列等式确定

$$a_{2k+1} = \frac{(-1)^{k-n} a_{2n+1}}{(2n+3) \cdot (2n+5) \cdot \cdots \cdot 2 \cdot 4 \cdot \cdots \cdot (2k-2n)}$$

令

$$a_{2n+1} = 0, a_0 = \frac{1}{2^{-n-\frac{1}{2}} \Gamma\left(\frac{1}{2} - n\right)}$$

则得公式(14).

所以当 $\upsilon = \pm\left(n + \frac{1}{2}\right)$ 时，确定函数 $J_\upsilon(x)$ 时无须作任何变更，公式(15) 与(16) 仍有效.

请注意：只有当 υ 的值是分数时，公式(16) 才能定出 $J_{-\upsilon}(x)$，因为若 $\upsilon = -n$ 为负整数时，根据公式(12) 来确定 a_0 是毫无意义的. 现在据式(16) 的连续性，延拓到整数值 $\upsilon = -n$. 既然当 $k \leqslant k_0 \leqslant n-1$ 时

$$\Gamma(k-n+1) = \infty$$

所以在式(16) 中的求和，事实上是由

$$k = k_0 + 1 = n$$

值开始的. 在式(16) 中改变求和的指标

$$k = n + k'$$

后，则得

$$J_{-n}(x) = (-1)^n \sum_{k'=0}^{\infty} \frac{(-1)^{k'}}{\Gamma(k'+n+1)\Gamma(k'+1)} \left(\frac{x}{2}\right)^{2k'+n} = (-1)^n J_n(x)$$

因为求和是由 $k' = 0$ 开始的.

作为举例，写出零阶($n=0$) 与一阶($n=1$) 的贝塞尔函数如下

$$\mathrm{J}_0(x)=1-\left(\frac{x}{2}\right)^2+\frac{1}{(2!)^2}\left(\frac{x}{2}\right)^4-\frac{1}{(3!)^2}\left(\frac{x}{2}\right)^6+\cdots$$

$$\mathrm{J}_1(x)=\frac{x}{2}-\frac{1}{2!}\left(\frac{x}{2}\right)^3+\frac{1}{2!\,3!}\left(\frac{x}{2}\right)^5-\cdots$$

函数 $\mathrm{J}_0(x)$ 与 $\mathrm{J}_1(x)$ 在实用上时常遇到，所以关于它们有详细的表①.

当 n 是整数时，我们已经看到 $\mathrm{J}_n(x)$ 与 $\mathrm{J}_{-n}(x)$ 是线性相关的

$$\mathrm{J}_{-n}(x)=(-1)^n\mathrm{J}_n(x)$$

当 υ 不是整数时，函数 $\mathrm{J}_\upsilon(x)$ 与 $\mathrm{J}_{-\upsilon}(x)$ 是线性无关的. 因为 $\mathrm{J}_\upsilon(x)$ 在点 $x=0$ 有零点，而 $\mathrm{J}_{-\upsilon}(x)$ 有 υ 阶极点，所以当 υ 不是整数时，则贝塞尔方程(4) 的任一解 $y_\upsilon(x)$ 都可以表示为函数 $\mathrm{J}_\upsilon(x)$ 与 $\mathrm{J}_{-\upsilon}(x)$ 的线性组合

$$y_\upsilon(x)=C_1\mathrm{J}_\upsilon(x)+C_2\mathrm{J}_{-\upsilon}(x)$$

若所找的是有界的解，则 $C_2=0$，故得

$$y_\upsilon(x)=C_1\mathrm{J}_\upsilon(x)$$

2. 递推公式

我们来证明不同阶的第一类贝塞尔函数间有下面的关系式

$$\frac{\mathrm{d}}{\mathrm{d}x}\left(\frac{\mathrm{J}_\upsilon(x)}{x^\upsilon}\right)=-\frac{\mathrm{J}_{\upsilon+1}(x)}{x^\upsilon}\tag{17}$$

$$\frac{\mathrm{d}}{\mathrm{d}x}(x^\upsilon\mathrm{J}_\upsilon(x))=x^\upsilon\mathrm{J}_{\upsilon-1}(x)\tag{18}$$

① 在任何特殊函数表中总有第一类贝塞尔函数表(例如 Янке 与 Эмде 的贝塞尔函数表中有当 x 在自 0 到 14.9 的区间的五位数字的 $\mathrm{J}_0(x)$ 与 $\mathrm{J}_1(x)$ 的表).

直接微分贝塞尔函数的级数，可以验证这些公式，例如，让我们来证明关系式(17)的正确性

$$x^{\upsilon}\frac{\mathrm{d}}{\mathrm{d}x}\left(\frac{\mathrm{J}_{\upsilon}(x)}{x^{\upsilon}}\right)=x^{\upsilon}\frac{1}{2^{\upsilon}}\sum_{k=1}^{\infty}(-1)^{k}\frac{\frac{1}{2}\left(\frac{x}{2}\right)^{2k-1}2k}{k!\ \Gamma(k+\upsilon+1)}=$$

$$\sum_{k=1}^{\infty}(-1)^{k}\frac{1}{\Gamma(k)\Gamma(k+\upsilon+1)}\left(\frac{x}{2}\right)^{2k+(\upsilon-1)}$$

在最末的和式中的 k 是由 1 变到 ∞ 的. 引用新的求和指标 $l=k-1$，此处的 l 由 0 变到 ∞. 于是有

$$x^{\upsilon}\frac{\mathrm{d}}{\mathrm{d}x}\left(\frac{\mathrm{J}_{\upsilon}(x)}{x^{\upsilon}}\right)=$$

$$-\sum_{l=0}^{\infty}(-1)^{l}\frac{1}{\Gamma(l+1)\Gamma[l+(\upsilon+1)+1]}\left(\frac{x}{2}\right)^{2l+(\upsilon+1)}=$$

$$-\mathrm{J}_{\upsilon+1}(x)$$

这就证明了公式(17)，也可同样地证明公式(18)的正确性.

请注意这些递推公式的两个重要的特殊情形. 当 $\upsilon=0$ 时，由公式(17)推得

$$\mathrm{J}'_{0}(x)=-\mathrm{J}_{1}(x) \tag{19}$$

当 $\upsilon=1$ 时，公式(18)给出

$$[x\mathrm{J}_{1}(x)]'=x\mathrm{J}_{0}(x)\ \text{或}\ x\mathrm{J}_{1}(x)=\int_{0}^{x}\xi\mathrm{J}_{0}(\xi)\mathrm{d}\xi \tag{20}$$

现在来求联系 $\mathrm{J}_{\upsilon}(x)$，$\mathrm{J}_{\upsilon+1}(x)$ 与 $\mathrm{J}_{\upsilon-1}(x)$ 的递推公式. 把式(17)与(18)微分后，就得

$$\frac{\upsilon\mathrm{J}_{\upsilon}(x)}{x}-\mathrm{J}'_{\upsilon}(x)=\mathrm{J}_{\upsilon+1}(x) \tag{17'}$$

$$\frac{\upsilon\mathrm{J}_{\upsilon}(x)}{x}+\mathrm{J}'_{\upsilon}(x)=\mathrm{J}_{\upsilon-1}(x) \tag{18'}$$

把式(17′)与(18′)相加与相减后，则得到递推公

式如下

$$\begin{cases} J_{\upsilon+1}(x)+J_{\upsilon-1}(x)=\dfrac{2\upsilon}{x}J_{\upsilon}(x) \\ J_{\upsilon+1}(x)-J_{\upsilon-1}(x)=-2J'_{\upsilon}(x) \end{cases} \tag{21}$$

若已经知道 $J_{\upsilon}(x)$ 与 $J_{\upsilon-1}(x)$ 之值，则用公式(21)，可以算得 $J_{\upsilon+1}(x)$，即

$$J_{\upsilon+1}(x)=-J_{\upsilon-1}(x)+\frac{2\upsilon}{x}J_{\upsilon}(x) \tag{21'}$$

3. 半整阶函数

让我们来求函数 $J_{\frac{1}{2}}(x)$ 与 $J_{-\frac{1}{2}}(x)$ 之值

$$J_{\frac{1}{2}}(x)=\sum_{m=0}^{\infty}\frac{(-1)^m}{m!\ \Gamma\left(\frac{3}{2}+m\right)}\left(\frac{x}{2}\right)^{\frac{1}{2}+2m} \tag{22}$$

$$J_{-\frac{1}{2}}(x)=\sum_{m=0}^{\infty}\frac{(-1)^m}{m!\ \Gamma\left(\frac{1}{2}+m\right)}\left(\frac{x}{2}\right)^{-\frac{1}{2}+2m} \tag{23}$$

利用伽马函数的性质，求得

$$\begin{cases} \Gamma\left(\dfrac{3}{2}+m\right)=\dfrac{1\cdot 3\cdot 5\cdot \cdots \cdot(2m+1)}{2^{m+1}}\Gamma\left(\dfrac{1}{2}\right) \\ \Gamma\left(\dfrac{1}{2}+m\right)=\dfrac{1\cdot 3\cdot \cdots \cdot(2m-1)}{2^{m}}\Gamma\left(\dfrac{1}{2}\right) \end{cases} \tag{24}$$

上式中的

$$\Gamma\left(\frac{1}{2}\right)=\sqrt{\pi}$$

把式(24) 替入公式(22) 与(23) 后，则得

$$J_{\frac{1}{2}}(x)=\sqrt{\frac{2}{\pi x}}\sum_{m=0}^{\infty}\frac{(-1)^m}{(2m+1)!}x^{2m+1} \tag{25}$$

$$J_{-\frac{1}{2}}(x)=\sqrt{\frac{2}{\pi x}}\sum_{m=0}^{\infty}\frac{(-1)^m}{(2m)!}x^{2m} \tag{26}$$

不难看出,式(25)中的和是 $\sin x$ 按 x 幂的展开式,而式(26)的和是 $\cos x$ 按 x 幂的展开式.可见 $J_{\frac{1}{2}}(x)$ 与 $J_{-\frac{1}{2}}(x)$ 能用初等函数表出如下

$$J_{\frac{1}{2}}(x)=\sqrt{\frac{2}{\pi x}}\sin x \tag{27}$$

$$J_{-\frac{1}{2}}(x)=\sqrt{\frac{2}{\pi x}}\cos x \tag{28}$$

现在考虑这函数 $J_{n+\frac{1}{2}}(x)$(此处的 n 是整数).由公式(21)′推得

$$J_{\frac{3}{2}}(x)-\frac{1}{x}J_{\frac{1}{2}}(x)-J_{-\frac{1}{2}}(x)=$$

$$\sqrt{\frac{2}{\pi x}}\left(-\cos x+\frac{\sin x}{x}\right)=$$

$$\sqrt{\frac{2}{\pi x}}\left[\sin\left(x-\frac{\pi}{2}\right)+\frac{1}{x}\cos\left(x-\frac{\pi}{2}\right)\right]$$

$$J_{\frac{5}{2}}(x)=\sqrt{\frac{2}{\pi x}}\left\{-\sin x+\frac{3}{x}\left[\sin\left(x-\frac{\pi}{2}\right)+\right.\right.$$

$$\left.\left.\frac{1}{x}\cos\left(x-\frac{\pi}{2}\right)\right]\right\}=$$

$$\sqrt{\frac{2}{\pi x}}\left\{\sin(x-\pi)\left(1-\frac{3}{x^2}\right)+\right.$$

$$\left.\cos(x-\pi)\cdot\frac{3}{\pi}\right\}$$

应用公式(21′)数次,则得

$$J_{n+\frac{1}{2}}(x)=\sqrt{\frac{2}{\pi x}}\left\{\sin\left(x-\frac{n\pi}{2}\right)P_n\left(\frac{1}{x}\right)+\right.$$

$$\left.\cos\left(x-\frac{n\pi}{2}\right)Q_n\left(\frac{1}{x}\right)\right\} \tag{29}$$

上式的 $P_n\left(\frac{1}{x}\right)$ 是关于$\frac{1}{x}$ 的 n 次多项式，而 $Q_n\left(\frac{1}{x}\right)$ 是关于$\frac{1}{x}$ 的 $n-1$ 次多项式. 应注意

$$P_n(0)=1, Q_n(0)=0$$

4. 柱函数的渐近阶

让我们来证明，任一柱函数当 x 的值很大时都可以表为如下的形式

$$y_\nu(x)=\gamma_\infty \frac{\sin(x+\delta_\infty)}{\sqrt{x}}+O\left(\frac{1}{x^{\frac{3}{2}}}\right) \tag{30}$$

上式的 $\gamma_\infty \neq 0$ 与 δ_∞ 是某些常数，而 $O\left(\frac{1}{x^{\frac{3}{2}}}\right)$ 是表示其阶不低于$\frac{1}{x^{\frac{3}{2}}}$ 的项.

令

$$y=\frac{v(x)}{\sqrt{x}} \tag{31}$$

算出导函数

$$y'=-0.5x^{-\frac{3}{2}}v+x^{-\frac{1}{2}}v'$$

$$y''=x^{-\frac{1}{2}}v''-x^{-\frac{3}{2}}v'+0.75x^{-\frac{5}{2}}v$$

把它们替入贝塞尔方程，则得方程

$$v''+\left(1-\frac{v^2-\frac{1}{4}}{x^2}\right)v=0 \tag{32}$$

它是下列方程

$$v''+v+\rho(x)v=0 \tag{33}$$

的特殊情形，上式的

$$\rho(x)=O\left(\frac{1}{x^2}\right) \tag{34}$$

令

$$v=\gamma\sin(x+\delta), v'=\gamma\cos(x+\delta) \tag{35}$$

上式的 $\gamma(x)$ 与 $\delta(x)$ 是 x 的某些函数，而且 $\gamma(x)$ 在任何一点上都不等于零，因为若 $\gamma(x)$ 等于零，则 $v(x)$ 与 $v'(x)$ 在该点上将同时等于零，因而 $v(x)$ 将恒等于零. 利用式(35) 与(33)，则有

$$\begin{aligned} v'(x)=\gamma\cos(x+\delta)= \\ \gamma'\sin(x+\delta)+\gamma(\delta'+1)\cos(x+\delta) \\ v''(x)=\gamma'\cos(x+\delta)-\gamma(\delta'+1)\sin(x+\delta)= \\ -(1+\rho)\gamma\sin(x+\delta) \end{aligned}$$

由上式求得

$$\delta'=\rho\sin^2(x+\delta), \delta'=O\left(\frac{1}{x^2}\right) \tag{36}$$

$$\frac{\gamma'}{\gamma}=-\frac{\delta'}{\tan(x+\delta)}=\rho\sin(x+\delta)\cos(x+\delta)=O\left(\frac{1}{x^2}\right) \tag{37}$$

现证：γ 与 δ 当 $x\to\infty$ 时有确定的极限值存在.

事实上

$$\delta(x)=\delta(a)-\int_x^a\delta'(s)\mathrm{d}s$$

由于式(36)，自上式推出极限

$$\lim_{a\to\infty}\delta(a)=\delta_\infty$$

存在，而且推得

$$\delta(x)=\delta_\infty+O\left(\frac{1}{x}\right) \tag{38}$$

由式(37) 同样地可以求得

$$\gamma(x)=\gamma_\infty\left(1+O\left(\frac{1}{x}\right)\right) \tag{39}$$

而且 $\gamma_\infty\neq 0$.

这样,方程(33)的一切解当 $x\to\infty$ 时具有下列形式

$$v(x)=\gamma_{\infty}\sin(x+\delta_{\infty})+O\left(\frac{1}{x}\right) \tag{40}$$

所以方程(32)的一切解当 $x\to\infty$ 时亦有这样的形式.因而证明了任一柱函数 $y_{v}(x)$ 的渐近公式(30)的正确性.

今指出:两个不同的柱函数不可能有同一的渐近式.事实上,设有两个不同的柱函数 $\bar{y}_{v}(x)$ 与 $\bar{\bar{y}}_{v}(x)$,若对于它们有

$$\bar{\gamma}_{\infty}=\bar{\bar{\gamma}}_{\infty},\bar{\delta}_{\infty}=\bar{\bar{\delta}}_{\infty} \tag{41}$$

这两个函数的差

$$\tilde{y}_{v}(x)=\bar{y}_{v}(x)-\bar{\bar{y}}_{v}(x)\not\equiv 0$$

亦是一个柱函数,根据式(41),它有如下的渐近式

$$\tilde{y}_{v}(x)=O\left(\frac{1}{x^{\frac{3}{2}}}\right)$$

可是这与关于任一柱函数 $\tilde{y}_{v}(x)$ 的公式(30)矛盾.

所以

$$\tilde{y}_{v}(x)\equiv 0$$

即

$$\bar{y}_{v}(x)\equiv\bar{\bar{y}}_{v}(x)$$

进一步研究可以定出这些常数 γ_{∞} 与 δ_{∞} 的值如下:

对于所有的 v,$\gamma_{\infty}=\sqrt{\frac{2}{\pi}}$.

我们已得到对于 $v=n+\frac{1}{2}$ 的公式(29),由它推出

$$\mathrm{J}_{n+\frac{1}{2}}(x)=\sqrt{\frac{2}{\pi x}}\sin\left(x-\frac{n\pi}{2}\right)+O\left(\frac{1}{x^{\frac{3}{2}}}\right) \tag{42}$$

在 §3 中将给出当 $\upsilon=n$(n 为正整数)时关于函数 $\mathrm{J}_\upsilon(x)$ 的渐近公式的推演

$$\mathrm{J}_\upsilon(x)=\sqrt{\frac{2}{\pi x}}\cos\left(x-\frac{\pi}{2}\upsilon-\frac{\pi}{4}\right)+O\left(\frac{1}{x^{\frac{3}{2}}}\right) \quad (43)$$

根据 $\mathrm{J}_\upsilon(x)$ 与 $\mathrm{J}_{-\upsilon}(x)$ 在复变平面上的线积分的表示式,可以证明公式(43)对任意的 υ 都成立,而且

$$\mathrm{J}_{-\upsilon}(x)=\sqrt{\frac{2}{\pi x}}\cos\left(x+\frac{\pi}{2}\upsilon-\frac{\pi}{4}\right)+O\left(\frac{1}{x^{\frac{3}{2}}}\right) \quad (44)$$

§2　贝塞尔方程的边界问题

贝塞尔方程在闭区间$[0,r_0]$上的最简单的边界问题是与如下的圆膜固有振动问题有联系的

$$\Delta_2 v+\lambda v=0,\Delta_2 v=\frac{1}{r}\frac{\partial}{\partial r}\left(r\frac{\partial v}{\partial r}\right)+\frac{1}{r^2}\frac{\partial^2 v}{\partial\varphi^2} \quad (1)$$

$$v(r,\varphi)\Big|_{r=r_0}=0 \quad (2)$$

令

$$v(r,\varphi)=R(r)\Phi(\varphi)$$

分离变量后得

$$\Phi''+\upsilon\Phi=0 \quad (3)$$

$$\frac{1}{r}\frac{\mathrm{d}}{\mathrm{d}r}\left(r\frac{\mathrm{d}R}{\mathrm{d}r}\right)+\left(\lambda-\frac{\upsilon}{r^2}\right)R=0,R(r_0)=0 \quad (4)$$

由 $\Phi(\varphi)$ 的周期性条件得到 $\upsilon=n^2$(n 为整数),所以,函数 $R(r)$ 应该由下列贝塞尔方程

$$\mathscr{L}[R]+\lambda rR=0 \quad \left(\mathscr{L}[R]=\frac{\mathrm{d}}{\mathrm{d}r}\left(r\frac{\mathrm{d}R}{\mathrm{d}r}\right)-\frac{n^2}{r}R\right) \quad (5)$$

在边界条件

$$R(r_0)=0 \tag{6}$$

及在点 $r=0$ 处的有界性的自然边界条件

$$|R(0)|<\infty \tag{7}$$

下而确定出.

令

$$\begin{cases} x=\sqrt{\lambda}r \\ y(x)=R(r)=R\left(\dfrac{x}{\sqrt{\lambda}}\right) \end{cases} \tag{8}$$

则得到下列方程

$$\frac{1}{x}\frac{\mathrm{d}}{\mathrm{d}x}\left(x\frac{\mathrm{d}y}{\mathrm{d}x}\right)+\left(1-\frac{n^2}{x^2}\right)y=0 \tag{9}$$

及其附加条件

$$y(\sqrt{\lambda}r_0)=0 \tag{10}$$

$$|y(0)|<\infty \tag{11}$$

由此推得

$$y(x)=A\mathrm{J}_n(x) \tag{12}$$

由于边界条件 $y(\sqrt{\lambda}r_0)=0$,将有

$$\mathrm{J}_n(\mu)=0 \tag{13}$$

这超越方程显然具有无穷个实根 $\mu_1^{(n)},\mu_2^{(n)},\cdots,\mu_m^{(n)},\cdots$.

就是说,方程(1)有无穷个固有值

$$\lambda_m^{(n)}=\left(\frac{\mu_m^{(n)}}{r_0}\right)^2 \quad (m=1,2,\cdots) \tag{14}$$

边界问题(1)~(2)与这些固有值对应的固有函数是

$$R(r)=A\mathrm{J}_n\left(\frac{\mu_m^{(n)}}{r_0}r\right) \tag{15}$$

由固有函数的作法看出,所讨论的边界问题的一切非零解都由公式(15)给出.

由前面已讨论的方程

$$\mathscr{L}[y]+\lambda\rho y=0$$

一般理论中，推得固有函数系

$$\left\{\mathrm{J}_n\left(\frac{\mu_m^{(n)}}{r_0}r\right)\right\}$$

以权量 r 的正交性

$$\int_0^{r_0}\mathrm{J}_n\left(\frac{\mu_{m_1}^{(n)}}{r_0}r\right)\mathrm{J}_n\left(\frac{\mu_{m_2}^{(n)}}{r_0}r\right)r\,\mathrm{d}r=0\quad(m_1\neq m_2)\tag{16}$$

现在计算固有函数

$$R_1(r)=\mathrm{J}_n(\alpha_1 r)$$

的模数$\left(此处\ \alpha_1=\dfrac{\mu_m^{(n)}}{r_0}\right)$. 为此，考察这函数

$$R_2(r)=\mathrm{J}_n(\alpha_2 r)$$

（此处 α_2 是任意的一个参变量）.

函数 $R_1(r)$ 与 $R_2(r)$ 满足下列方程

$$\frac{\mathrm{d}}{\mathrm{d}r}\left(r\frac{\mathrm{d}R_1}{\mathrm{d}r}\right)+\left(\alpha_1^2 r-\frac{n^2}{r}\right)R_1=0$$

$$\frac{\mathrm{d}}{\mathrm{d}r}\left(r\frac{\mathrm{d}R_2}{\mathrm{d}r}\right)+\left(\alpha_2^2 r-\frac{n^2}{r}\right)R_2=0$$

而且

$$R_1(r_0)=0$$

但 $R_2(r)$ 已经不满足这边界条件. 先以 $R_2(r)$ 与 $R_1(r)$ 乘这两个方程后，并由所得的第一个方程减去第二个方程，然后对 r 由 0 积分到 r_0，就有

$$(\alpha_1^2-\alpha_2^2)\int_0^{r_0}rR_1(r)R_2(r)\mathrm{d}r+$$

$$\left[r(R_2R'_1-R_1R'_2)\right]\Big|_0^{r_0}=0$$

由此求得

$$\int_0^{r_0} R_1 R_2 r \mathrm{d}r =$$

$$-\frac{r_0 \mathrm{J}_n(\alpha_2 r_0)\alpha_1 \mathrm{J}'_n(\alpha_1 r_0) - r_0 \mathrm{J}_n(\alpha_1 r_0)\alpha_2 \mathrm{J}'_n(\alpha_2 r_0)}{\alpha_1^2 - \alpha_2^2} =$$

$$-\frac{r_0 \mathrm{J}_n(\alpha_2 r_0)\alpha_1 \mathrm{J}'_n(\alpha_1 r_0)}{\alpha_1^2 - \alpha_2^2}$$

把上式取 $\alpha_2 \to \alpha_1$ 时的极限，定出上式的右端的不定式，就得模数的表达式如下

$$N = \int_0^{r_0} r R_1^2(r) \mathrm{d}r = \frac{r_0^2}{2}[\mathrm{J}'_n(\alpha_1 r_0)]^2$$

或

$$\int_0^{r_0} \mathrm{J}_n^2\left(\frac{\mu_m^{(n)}}{r_0} r\right) r \mathrm{d}r = \frac{r_0^2}{2}[\mathrm{J}'_n(\mu_m^{(n)})]^2 \tag{17}$$

特别地，函数 $\mathrm{J}_0\left(\frac{\mu_m^{(0)}}{r_0} r\right)$ 的模数等于

$$\int_0^{r_0} \mathrm{J}_0^2\left(\frac{\mu_m^{(0)}}{r_0} r\right) r \mathrm{d}r = \frac{r_0^2}{2}\mathrm{J}_1^2(\mu_m^{(0)}) \tag{18}$$

根据边界问题的固有函数的一般性质，下述的展开定理成立：

任何一个二次可微的函数 $f(r)$，若在 $r=0$ 处有界，而且在 $r=r_0$ 处等于零，则它可以展开为一个绝对均匀收敛的级数如下

$$f(r) = \sum_{m=1}^{\infty} A_m \mathrm{J}_n\left(\frac{\mu_m^{(n)}}{r_0} r\right)$$

上式中的

$$A_m = \frac{\int_0^{r_0} f(r) \mathrm{J}_n\left(\frac{\mu_m^{(n)}}{r_0} r\right) r \mathrm{d}r}{N_m}$$

$$N_m = \frac{r_0^2}{2}[\mathrm{J}'_n(\mu_m^{(n)})]^2$$

贝塞尔方程的第二种边界问题

$$\mathscr{L}(R)+\lambda rR=0$$
$$R'(r_0)=0$$
$$R(0)<\infty$$

亦可仿照这方法来解决.其固有函数及固有值亦由公式(15)及(14)表出,但这些公式中的$\mu_m^{(n)}$应该理解为方程

$$J'_n(\mu)=0$$

的第m个根.

本问题的固有函数是以权量r而互相正交的(参看式(16)),而固有函数的模数等于

$$\int_0^{r_0}J_n^2\left(\frac{\mu_m^{(n)}}{r_0}r\right)r\,\mathrm{d}r=\frac{r_0^2}{2}\left[1-\frac{n^2}{(\mu_m^{(n)})^2}\right]J_n^2(\mu_m^{(n)})$$

第三种边界问题亦可仿照这方法来解决.在这情形下,为了确定$\mu_m^{(n)}$而得的方程如下

$$J'_n(\mu)=hJ_n(\mu)$$

§3　柱函数的各种类型

1. 汉克尔(Hankel)函数

除了第一类贝塞尔函数$J_\nu(x)$外,贝塞尔方程的其他特殊种类的解在实用上亦有重要的意义.属于这些种类中的,首先是第一类与第二类汉克尔函数$H_\nu^{(1)}(x)$与$H_\nu^{(2)}(x)$,它们是贝塞尔方程的复数共轭的解.从物理学的应用上来看,汉克尔函数的基本特性是当变量的值很大时的下列渐近性态

$$H_\nu^{(1)}(x)=\sqrt{\frac{2}{\pi x}}e^{i(x-\frac{\pi}{2}\nu-\frac{\pi}{4})}+\cdots \tag{1}$$

$$H_{\upsilon}^{(2)}(x)=\sqrt{\frac{2}{\pi x}}\mathrm{e}^{-\mathrm{i}\left(x-\frac{\pi}{2}\upsilon-\frac{\pi}{4}\right)}+\cdots \tag{2}$$

上式中的一些点是代表比$\frac{1}{x}$高阶的无穷小的项.分离实部与虚部后,将汉克尔函数表示如下

$$H_{\upsilon}^{(1)}(x)=J_{\upsilon}(x)+\mathrm{i}N_{\upsilon}(x) \tag{3}$$

$$H_{\upsilon}^{(2)}(x)=J_{\upsilon}(x)-\mathrm{i}N_{\upsilon}(x) \tag{4}$$

上式中的函数

$$J_{\upsilon}(x)=\frac{1}{2}\left[H_{\upsilon}^{(1)}(x)+H_{\upsilon}^{(2)}(x)\right] \tag{3'}$$

$$N_{\upsilon}(x)=\frac{1}{2\mathrm{i}}\left[H_{\upsilon}^{(1)}(x)-H_{\upsilon}^{(2)}(x)\right] \tag{4'}$$

具有如下的渐近性质

$$J_{\upsilon}(x)=\sqrt{\frac{2}{\pi x}}\cos\left(x-\frac{\pi}{2}\upsilon-\frac{\pi}{4}\right)+\cdots \tag{5}$$

$$N_{\upsilon}(x)=\sqrt{\frac{2}{\pi x}}\sin\left(x-\frac{\pi}{2}\upsilon-\frac{\pi}{4}\right)+\cdots \tag{6}$$

这两个公式是从公式(1)与(2)推出的.

以后将证明此处所引入的函数$J_{\upsilon}(x)$,就是在§1中所讨论的第一类贝塞尔函数.汉克尔函数的虚数部分$N_{\upsilon}(x)$叫诺伊曼(Neuman)函数,又名第二类υ阶的柱函数.

公式(3)与(4)建立了汉克尔函数与贝塞尔函数、诺伊曼函数间的关系,这关系与虚变量的指数函数及正弦函数、余弦函数间的关系(欧拉公式)很类似.渐近公式(1)(2)(5)与(6)着重指出这类似性.

当研究振动方程

$$u_{tt}=a^{2}(u_{xx}+u_{yy})$$

的解时,我们已经看到稳恒振动

$$u(x,y,t)=v(x,y)e^{i\omega t}$$

的振幅 $v(x,y)$ 满足如下的波动方程

$$v_{xx}+v_{yy}+k^2v=\Delta v+k^2v=0 \quad \left(k^2=\frac{\omega^2}{a^2}\right)$$

若这波动方程的解具有射线对称性

$$v(x,y)=v(r)$$

那么,正如在 §1 中已指出的,函数 $v(kr)$ 满足零阶的贝塞尔方程.

所以,函数

$$H_0^{(1)}(kr)e^{i\omega t}=\sqrt{\frac{2}{\pi kr}}e^{i(\omega t+kr)}\frac{1}{\sqrt{i}}+\cdots \tag{7}$$

与

$$H_0^{(2)}(kr)e^{i\omega t}=\sqrt{\frac{2}{\pi kr}}e^{i(\omega t-kr)}\sqrt{i}+\cdots \tag{8}$$

是这振动方程的具有柱形波特性的解,函数 $H_0^{(2)}(kr)e^{i\omega t}$ 对应于发散的柱形波,而函数 $H_0^{(1)}(kr)e^{i\omega t}$ 对应于会聚的柱形波①.

2. 汉克尔函数与诺伊曼函数

在 §1 中已经指出:非整数阶 υ 的贝塞尔方程的一切解可以用函数 J_υ 与 $J_{-\upsilon}$ 的线性组合表出.让我们来建立这些函数 $H_\upsilon^{(1)}$,$H_\upsilon^{(2)}$,N_υ,J_υ 与 $J_{-\upsilon}$ 间的关系.

因为非整数阶的贝塞尔方程的一切解都可表为函数 $J_\upsilon(x)$ 与 $J_{-\upsilon}(x)$ 的线性组合,所以

$$H_\upsilon^{(1)}(x)=C_1J_\upsilon(x)+C_2J_{-\upsilon}(x) \tag{9}$$

上式的 C_1 与 C_2 是待定常数,与式(9)类似的等式对于

---

① 若取时间乘数为 $e^{-i\omega t}$,则 $H_0^{(1)}(kr)e^{-i\omega t}$ 对应于发散波,而 $H_0^{(2)}(kr)e^{-i\omega t}$ 对应于会聚波.

这些函数的展开式的主要项显然也成立

$$\sqrt{\frac{2}{\pi x}}\mathrm{e}^{\mathrm{i}\left(x-\frac{\pi}{2}\upsilon-\frac{\pi}{4}\right)}=C_1\sqrt{\frac{2}{\pi x}}\cos\left(x-\frac{\pi}{2}\upsilon-\frac{\pi}{4}\right)+ C_2\sqrt{\frac{2}{\pi x}}\cos\left(x+\frac{\pi}{2}\upsilon-\frac{\pi}{4}\right) \tag{10}$$

把第二项的变量变换为$x-\frac{\pi}{2}\upsilon-\frac{\pi}{4}$的形式

$$\cos\left(x+\frac{\pi}{2}\upsilon-\frac{\pi}{4}\right)=\cos\left[\left(x-\frac{\pi}{2}\upsilon-\frac{\pi}{4}\right)+\pi\upsilon\right]= \cos\left(x-\frac{\pi}{2}\upsilon-\frac{\pi}{4}\right)\cos\pi\upsilon- \sin\left(x-\frac{\pi}{2}\upsilon-\frac{\pi}{4}\right)\sin\pi\upsilon$$

约去等式(10) 的两端的$\sqrt{\frac{2}{\pi x}}$,而且把欧拉公式用到它的左端上,则得

$$\cos\left(x-\frac{\pi}{2}\upsilon-\frac{\pi}{4}\right)+\mathrm{i}\sin\left(x-\frac{\pi}{2}\upsilon-\frac{\pi}{4}\right)= (C_1+C_2\cos\pi\upsilon)\cos\left(x-\frac{\pi}{2}\upsilon-\frac{\pi}{4}\right)- C_2\sin\pi\upsilon\sin\left(x-\frac{\pi}{2}\upsilon-\frac{\pi}{4}\right)$$

由此得

$$C_1+C_2\cos\pi\upsilon=1$$
$$-C_2\sin\pi\upsilon=\mathrm{i}$$

即

$$\begin{cases}C_2=\dfrac{1}{\mathrm{i}\sin\pi\upsilon}\\ C_1=-\dfrac{\cos\pi\upsilon-\mathrm{i}\sin\pi\upsilon}{\mathrm{i}\sin\pi\upsilon}=-C_2\mathrm{e}^{-\mathrm{i}\pi\upsilon}\end{cases} \tag{11}$$

把式(11)替入式(9),则得

$$\mathrm{H}_{\upsilon}^{(1)}(x)=-\frac{1}{\mathrm{i}\sin\pi\upsilon}[\mathrm{J}_{\upsilon}(x)\mathrm{e}^{\mathrm{i}\pi\upsilon}-\mathrm{J}_{-\upsilon}(x)] \quad (12)$$

相仿地求得

$$\mathrm{H}_{\upsilon}^{(2)}(x)=\frac{1}{\mathrm{i}\sin\pi\upsilon}[\mathrm{J}_{\upsilon}(x)\mathrm{e}^{\mathrm{i}\pi\upsilon}-\mathrm{J}_{-\upsilon}(x)] \quad (13)$$

利用确定 $\mathrm{N}_{\upsilon}(x)$ 的公式(4′),由式(12)与(13)得

$$\mathrm{N}_{\upsilon}(x)=\frac{\mathrm{J}_{\upsilon}(x)\cos\pi\upsilon-\mathrm{J}_{-\upsilon}(x)}{\sin\pi\upsilon} \quad (14)$$

公式(12)(13)与(14)是对于 υ 的非整数值而得到的.对于整数值 $\upsilon=n$ 的汉克尔函数与诺伊曼函数可以由公式(12)(13)(14)取 $\upsilon\to n$ 时的极限而定出.把这公式取 $\upsilon\to n$ 时的极限,而且根据熟知的法则定出不定式,就有

$$\mathrm{H}_{n}^{(1)}(x)=\mathrm{J}_{n}(x)+\mathrm{i}\,\frac{1}{\pi}\left[\left(\frac{\partial \mathrm{J}_{\upsilon}}{\partial\upsilon}\right)_{\upsilon=n}-(-1)^{n}\left(\frac{\partial \mathrm{J}_{-\upsilon}}{\partial\upsilon}\right)_{\upsilon=n}\right] \quad (12')$$

$$\mathrm{H}_{n}^{(2)}(x)=\mathrm{J}_{n}(x)-\mathrm{i}\,\frac{1}{\pi}\left[\left(\frac{\partial \mathrm{J}_{\upsilon}}{\partial\upsilon}\right)_{\upsilon=n}-(-1)^{n}\left(\frac{\partial \mathrm{J}_{-\upsilon}}{\partial\upsilon}\right)_{\upsilon=n}\right] \quad (13')$$

$$\mathrm{N}_{n}(x)=\frac{1}{\pi}\left[\left(\frac{\partial \mathrm{J}_{\upsilon}}{\partial\upsilon}\right)_{\upsilon=n}-(-1)^{n}\left(\frac{\partial \mathrm{J}_{-\upsilon}}{\partial\upsilon}\right)_{\upsilon=n}\right] \quad (14')$$

利用函数 $\mathrm{J}_{\upsilon}(x)$ 与 $\mathrm{J}_{-\upsilon}(x)$ 的幂级数表示式,可以得到 $\mathrm{N}_{\upsilon}(x)$ 的类似的表示式,也可以得到 $\mathrm{H}_{\upsilon}^{(1)}(x)$ 与 $\mathrm{H}_{\upsilon}^{(2)}(x)$ 的表示式.

公式(12)与(13)可以看作汉克尔函数的解析定义,但尚有其他引进汉克尔函数的方法.在 §6 中将给出汉克尔函数的围线积分表示式.

若 $\upsilon=n+\frac{1}{2}$,则汉克尔函数与诺伊曼函数可用初等函数的有限形式表出.特别地,当 $\upsilon=\frac{1}{2}$ 时,则有

$$N_{\frac{1}{2}}(x)=-J_{-\frac{1}{2}}(x)=-\sqrt{\frac{2}{\pi x}}\cos x=\sqrt{\frac{2}{\pi x}}\sin\left(x-\frac{\pi}{2}\right)$$

$$H_{\frac{1}{2}}^{(1)}(x)=J_{\frac{1}{2}}(x)+iN_{\frac{1}{2}}(x)=\sqrt{\frac{2}{\pi x}}\left[\cos\left(x-\frac{\pi}{2}\right)+i\sin\left(x-\frac{\pi}{2}\right)\right]=\sqrt{\frac{2}{\pi x}}e^{i\left(x-\frac{\pi}{2}\right)}$$

$$H_{\frac{1}{2}}^{(2)}(x)=J_{\frac{1}{2}}(x)-iN_{\frac{1}{2}}(x)=\sqrt{\frac{2}{\pi x}}\left[\cos\left(x-\frac{\pi}{2}\right)-i\sin\left(x-\frac{\pi}{2}\right)\right]=\sqrt{\frac{2}{\pi x}}e^{-i\left(x-\frac{\pi}{2}\right)}$$

3. 虚变量的函数

柱函数不但可以看作实变量的函数,也可以看作复变量的函数.在这一段中,我们将讨论第一类纯虚数变量的贝塞尔函数.

把 ix 的值代替 $J_\upsilon(x)$ 的幂级数中的 x,则得

$$J_\upsilon(ix)=i^\upsilon\sum_{k=0}^{\infty}\frac{(-1)^k i^{2k}}{\Gamma(k+1)\Gamma(k+\upsilon+1)}\left(\frac{x}{2}\right)^{2k+\upsilon}=i^\upsilon I_\upsilon(x) \tag{15}$$

上式中的

$$I_\upsilon(x)=\sum_{k=0}^{\infty}\frac{1}{\Gamma(k+1)\Gamma(k+\upsilon+1)}\left(\frac{x}{2}\right)^{2k+\upsilon} \tag{16}$$

是一个实函数，它与 $J_{\upsilon}(ix)$ 间有如下的关系式

$$I_{\upsilon}(x)=i^{-\upsilon}J_{\upsilon}(ix) \text{ 或 } I_{\upsilon}(x)=e^{-\frac{1}{2}\pi\upsilon i}J_{\upsilon}(ix)$$

特别当 $\upsilon=0$ 时，则有

$$I_0(x)=J_0(ix)=1+\left(\frac{x}{2}\right)^2+\frac{1}{(2!)^2}\left(\frac{x}{2}\right)^4+\frac{1}{(3!)^2}\left(\frac{x}{2}\right)^6+\cdots \tag{17}$$

由级数(16)看出，$I_{\upsilon}(x)$ 是单调递增函数. 利用渐近公式(5)则得：当变量 x 之值很大时，下列渐近公式对于 $I_{\upsilon}(x)$ 应该成立

$$I_{\upsilon}(x)\approx\sqrt{\frac{1}{2\pi x}}e^{x} \tag{18}$$

虚变量的贝塞尔函数是方程

$$y''+\frac{1}{x}y'-\left(1+\frac{\upsilon^2}{x^2}\right)y=0 \tag{19}$$

的解. 特别地，函数 $I_0(x)$ 满足方程

$$y''+\frac{1}{x}y'-y=0 \tag{20}$$

除了函数 $I_{\upsilon}(x)$ 外，我们还研究用纯虚变量的汉克尔函数定出的函数 $K_{\upsilon}(x)$，有

$$K_{\upsilon}(x)=\frac{1}{2}\pi ie^{\frac{1}{2}\pi\upsilon i}H_{\upsilon}^{(1)}(ix) \tag{21}$$

下面我们将证明：当 x 取实数值时，$K_{\upsilon}(x)$ 亦取实数值. 这可以由公式

$$K_{\upsilon}(x)=\frac{1}{2}\int_{-\infty}^{\infty}e^{-x\operatorname{ch}\eta-\upsilon\eta}d\eta \tag{22}$$

推出(公式(22)将在 §6 中证明). 利用 $H_{\upsilon}^{(1)}(x)$ 的渐近公式，则得

$$K_{\upsilon}(x)=\sqrt{\frac{\pi}{2x}}e^{-x}+\cdots \tag{23}$$

公式(23) 与(18) 表明：当 $x \to +\infty$ 时，$\mathrm{K}_\nu(x)$ 像指数函数 e^{-x} 一样递减，而 $\mathrm{I}_\nu(x)$ 像指数函数 e^{x} 一样递增. 由此推得这两个函数是线性无关的，所以推得方程(19) 的任意的一个解都可以表示为如下的线性组合

$$y = A\mathrm{I}_\nu(x) + B\mathrm{K}_\nu(x)$$

特别地，若 y 在无穷远处是有界时，则 $A = 0$，而

$$y = B\mathrm{K}_\nu(x)$$

函数

$$\mathrm{K}_0(x) = \int_0^\infty \mathrm{e}^{-x\operatorname{ch}\eta}\mathrm{d}\eta$$

有极重要的意义.

4. 函数 $\mathbf{K_0(x)}$

我们来证明函数 $\mathrm{K}_0(x)$ 的如下的积分表示式的正确性

$$\mathrm{K}_0(x) = \int_0^\infty \mathrm{e}^{-x\operatorname{ch}\xi}\mathrm{d}\xi \quad (x > 0) \tag{24}$$

不难证明这积分

$$F(x) = \int_0^\infty \mathrm{e}^{-x\operatorname{ch}\xi}\mathrm{d}\xi \tag{24'}$$

满足方程

$$\mathscr{L}(y) = y'' + \frac{1}{x}y' - y = 0 \tag{25}$$

事实上

$$\mathscr{L}(F) = \int_0^\infty \mathrm{e}^{-x\operatorname{ch}\xi}(\operatorname{ch}^2\xi - \frac{1}{x}\operatorname{ch}\xi - 1)\mathrm{d}\xi =$$

$$\int_0^\infty \mathrm{e}^{-x\operatorname{ch}\xi}\operatorname{sh}^2\xi\mathrm{d}\xi - \frac{1}{x}\int_0^\infty \mathrm{e}^{-x\operatorname{ch}\xi}\operatorname{ch}\xi\mathrm{d}\xi =$$

$$S_1 - S_2$$

将第二项分部积分得

$$S_2=\frac{1}{x}\int_0^{\infty}\mathrm{e}^{-x\operatorname{ch}\xi}\operatorname{ch}\xi\mathrm{d}\xi=$$

$$\frac{\operatorname{sh}\xi}{x}\mathrm{e}^{-x\operatorname{ch}\xi}\Big|_0^{\infty}+\int_0^{\infty}\mathrm{e}^{-x\operatorname{ch}\xi}\operatorname{sh}^2\xi\mathrm{d}\xi=S_1$$

由此推得

$$\mathscr{L}(F)=0$$

令

$$\operatorname{ch}\xi=\eta$$

把对于 $F(x)$ 的积分(24′) 变换为形式

$$F(x)=\int_1^{\infty}\frac{\mathrm{e}^{-x\eta}}{\sqrt{\eta^2-1}}\mathrm{d}\eta$$

用这公式可以阐明函数 $F(x)$ 当 $x\to\infty$ 时在性态上的特性,再作变量置换

$$x(\eta-1)=\xi$$

则得

$$F(x)=\frac{\mathrm{e}^{-x}}{\sqrt{x}}\int_0^{\infty}\frac{\mathrm{e}^{-\xi}}{\sqrt{\xi\left(\frac{\xi}{x}+2\right)}}\mathrm{d}\xi=\frac{\mathrm{e}^{-x}}{\sqrt{x}}F_1(x)$$

当 $x\to\infty$ 时

$$\lim F_1(x)=\int_0^{\infty}\frac{\mathrm{e}^{-\xi}}{\sqrt{2\xi}}\mathrm{d}\xi=\frac{2}{\sqrt{2}}\int_0^{\infty}\mathrm{e}^{-t^2}\mathrm{d}t=\frac{\sqrt{\pi}}{\sqrt{2}}\quad(t=\sqrt{\xi})$$

所以当 x 的值很大时

$$F_1(x)=\sqrt{\frac{\pi}{2}}(1+\varepsilon)$$

当 $x\to\infty$ 时,上式的 $\varepsilon\to 0$. 由此推得渐近公式

$$F(x)=\sqrt{\frac{\pi}{2x}}\mathrm{e}^{-x}+\cdots\qquad(26)$$

上式中的一些点是表示较高阶无穷小的项. 用积分(24′) 引入的函数 $F(x)$ 是方程(25) 在无穷远处有界

的解，所以

$$F(x) = BK_0(x)$$

比较 $K_0(x)$ 与 $F(x)$ 的渐近公式，就证明了 $B=1$，所以

$$K_0(x) = \int_0^{\infty} e^{-x\operatorname{ch}\xi} d\xi \quad (x > 0)$$

我们来说明函数 $K_0(x)$ 当 $x \to 0$ 时的特性.

把积分

$$K_0(x) = F(x) = \int_1^{\infty} \frac{e^{-x\eta}}{\sqrt{\eta^2 - 1}} d\eta$$

表为如下的形式

$$K_0(x) = \int_x^{\infty} \frac{e^{-\lambda}}{\sqrt{\lambda^2 - x^2}} d\lambda \quad (x\eta = \lambda)$$

分这积分为三部分

$$K_0(x) = \int_x^A \frac{d\lambda}{\sqrt{\lambda^2 - x^2}} + \int_x^A \frac{(e^{-\lambda} - 1)d\lambda}{\sqrt{\lambda^2 - x^2}} + \int_A^{\infty} \frac{e^{-\lambda} d\lambda}{\sqrt{\lambda^2 - x^2}}$$

（上式中的 A 是某一辅助常数），我们看出上式的第一项等于

$$\ln \frac{A + \sqrt{A^2 - x^2}}{x} = -\ln x + \cdots$$

而其第二项与第三项当 $x \to 0$ 时是有界的. 由此推知

$$K_0(x) = -\ln x + \cdots = \ln \frac{1}{x} + \cdots \tag{27}$$

上式中的一些点是指在 $x=0$ 处仍为有限的项. 可见，函数 $K_0(x)$ 是方程(25)的这样一个解，这解在点 $x=0$ 上具有对数型奇性，而当 $x \to \infty$ 时，像指数函数一样递减.

下述的例题给出了函数 $K_0(x)$ 的物理意义. 设在

坐标原点作用着一个强度为 Q_0 的不稳的气体的稳定源,气体扩散的稳定过程与气体分裂同时发生着,而且由方程

$$\Delta u-\chi^2 u=\frac{1}{r}\frac{\partial}{\partial r}\left(r\frac{\partial u}{\partial r}\right)+\frac{1}{r^2}\frac{\partial^2 u}{\partial \varphi^2}-\chi^2 u=0$$

$$\left(\chi^2=\frac{\beta}{D^2}\right) \tag{28}$$

来描述,上式的 β 是分裂系数,D 是扩散系数. 这方程的源函数具有圆对称,所以它满足如下的方程

$$\frac{1}{x}\frac{\mathrm{d}}{\mathrm{d}x}\left(x\frac{\mathrm{d}u}{\mathrm{d}x}\right)-u=0 \quad (x=\chi r)$$

此外,这源函数在坐标原点上有对数型奇性,而且在无穷远处为有界. 由此推知这源函数与 $\mathrm{K}_0(\chi r)$ 成正比

$$\overline{G}=A\mathrm{K}_0(\chi r) \tag{29}$$

为了定出乘数 A,利用源的条件

$$\lim_{\varepsilon\to 0}\int_{K_\varepsilon}\left(-D\frac{\partial u}{\partial r}\right)\mathrm{d}s=Q_0 \tag{30}$$

上式左端的积分是表示经过半径为 ε 而圆心在原点上的圆周 K_ε 的扩散流. 用函数

$$\overline{G}=AK_0(\chi r)$$

来代替这条件中的 u,并考虑函数 $\mathrm{K}_0(x)$ 在 $x=0$ 处的对数型奇性,则得

$$\lim_{\varepsilon\to 0}\left\{-\int_{K_\varepsilon}D\frac{\partial\overline{G}}{\partial r}\mathrm{d}s\right\}=\lim_{\varepsilon\to 0}\left\{D2\pi\varepsilon A\ \frac{1}{\varepsilon}\right\}=2\pi AD=Q_0$$

由此得

$$A=\frac{Q_0}{2\pi D}$$

及

$$\overline{G}=\frac{Q_0}{2\pi D}\mathrm{K}_0(\chi r) \tag{31}$$

由物理上的简单的想法出发，也可以得到 $K_0(x)$ 的积分公式(24).

让我们来考虑带有分裂的气体扩散的不稳定问题. 设在坐标原点有强度为常数 Q_0 的源，它由时刻 $t=0$ 时开始作用. 假定在初始时刻 $t=0$ 时，气体的浓度处处等于零，浓度 $u(x,y,t)$ 应满足如下方程

$$D\Delta u-\beta u=u_t \tag{32}$$

及相应的附加条件. 用替代

$$u=\tilde{u}\mathrm{e}^{-\beta t}$$

把方程(39) 变换为扩散的通常的方程

$$D\Delta\tilde{u}=\tilde{u}_t$$

这方程的点源影响函数有如下的形式

$$\tilde{G}=\frac{1}{(2\sqrt{\pi D(t-\tau)})^2}\mathrm{e}^{-\frac{r^2}{4D(t-\tau)}}\quad (D=a^2)$$

可见，方程(32) 的瞬时点源影响函数是等于

$$G=\frac{Q}{(2\sqrt{\pi D(t-\tau)})^2}\mathrm{e}^{-\frac{r^2}{4D(t-\tau)}-\beta(t-\tau)}$$

由 $t=0$ 到时刻 t 连续地作用着的，而强度为 Q_0 的点源影响函数是由公式

$$G=Q_0\int_0^t\frac{1}{4\pi D(t-\tau)}\mathrm{e}^{-\frac{r^2}{4D(t-\tau)}-\beta(t-\tau)}\mathrm{d}\tau$$

给出.

引入新变量

$$\theta=t-\tau$$

则得

$$G=\frac{Q_0}{4\pi D}\int_0^t\mathrm{e}^{-\frac{r^2}{4D\theta}-\beta\theta}\ \frac{\mathrm{d}\theta}{\theta}$$

在上面的公式中取 $t\to\infty$ 时的极限，就可以求出与稳

定问题对应的源函数

$$\overline{G}=\lim_{t\to\infty}G=\frac{Q_0}{4\pi D}\int_0^{\infty}\mathrm{e}^{-\frac{r^2}{4D\theta}-\beta\theta}\ \frac{\mathrm{d}\theta}{\theta}$$

用替代

$$\theta=C\mathrm{e}^{\xi}\quad（C\text{ 是某一个常数}）$$

变换这积分后，则得

$$\overline{G}=\frac{Q_0}{4\pi D}\int_{-\infty}^{\infty}\mathrm{e}^{-[\frac{r^2}{4DC}\mathrm{e}^{-\xi}+\beta C\mathrm{e}^{\xi}]}\mathrm{d}\xi$$

为了使这等式

$$\frac{r^2}{4DC}=\beta C$$

能满足，就得

$$C=\frac{r}{2\sqrt{\beta D}},\frac{r^2}{4DC}=\beta C=\frac{r}{2}\sqrt{\frac{\beta}{D}}=\frac{\chi r}{2}\quad\left(\chi^2=\frac{\beta}{D}\right)$$

由此得到，稳定的源函数具有如下形式

$$\overline{G}=\frac{Q_0}{4\pi D}\int_{-\infty}^{\infty}\mathrm{e}^{-\chi r\operatorname{ch}\xi}\mathrm{d}\xi=$$

$$\frac{Q_0}{2\pi D}\int_0^{\infty}\mathrm{e}^{-\chi r\operatorname{ch}\xi}\mathrm{d}\xi=\frac{Q_0}{2\pi D}\mathrm{K}_0(\chi r)$$

因而此处所考虑的问题就化为函数 $\mathrm{K}_0(x)$ 的积分表示式.

§4　积分表示式、渐近公式

1. 整数阶的(柱)函数的积分表示式

我们将研究振动方程

$$u_{xx}+u_{yy}=\frac{1}{a^2}u_{tt}$$

对时间为周期函数的解.

令

$$u(x,y,t)=v(x,y)\mathrm{e}^{\mathrm{i}\omega t}$$

则得关于振动的振幅 $v(x,y)$ 的波动方程

$$v_{xx}+v_{yy}+k^2v=0 \quad \left(k=\frac{\omega}{a}\right) \tag{1}$$

这方程具有与平面波

$$u=\mathrm{e}^{\mathrm{i}(\omega t\mp kx)} \text{ 及 } u=\mathrm{e}^{\mathrm{i}(\omega t\mp ky)}$$

对应的解如下

$$v=\mathrm{e}^{\mp\mathrm{i}kx} \text{ 及 } v=\mathrm{e}^{\mp\mathrm{i}ky} \tag{2}$$

选择正负号后就决定了平面波沿这轴的正向或负向进行. 此后我们将略去时间乘数 $\mathrm{e}^{\mathrm{i}\omega t}$,而把函数(2) 叫作平面波.

沿方向 s 传播的平面波显然有下列形式

$$v=\mathrm{e}^{-\mathrm{i}ksr}=\mathrm{e}^{-\mathrm{i}k(x\cos\alpha+y\sin\alpha)}$$

上式的 α 是方向 s 与 x 轴间的夹角.

引入极坐标,令

$$x=r\cos\varphi, y=r\sin\varphi$$

于是

$$v=\mathrm{e}^{-\mathrm{i}kr\cos(\varphi-\alpha)}$$

而且 $\alpha=0$ 对应于在 x 轴正向进行的平面波,$\alpha=\frac{\pi}{2}$ 对应于在 y 轴正向进行的平面波.

让我们求沿 y 轴进行的平面波

$$v=\mathrm{e}^{-\mathrm{i}kr\sin\varphi} \tag{3}$$

对变量 φ 的傅里叶级数展开式

$$v=\sum_{n=-\infty}^{\infty}A_n(\rho)\mathrm{e}^{-\mathrm{i}n\varphi} \quad (\rho=kr) \tag{4}$$

上式中的

$$A_n(\rho)=\frac{1}{2\pi}\int_{-\pi}^{\pi}\mathrm{e}^{-\mathrm{i}\rho\sin\varphi+\mathrm{i}n\varphi}\,\mathrm{d}\varphi \tag{5}$$

让我们来证明

$$A_n(\rho)=\mathrm{J}_n(\rho) \tag{6}$$

先证实 $A_n(\rho)$ 能满足贝塞尔方程，现写出这方程如下

$$\rho^2\frac{\mathrm{d}^2 y}{\mathrm{d}\rho^2}+\rho\frac{\mathrm{d}y}{\mathrm{d}\rho}+(\rho^2-n^2)y=\mathscr{L}(y)=0$$

算出

$$\mathscr{L}(A_n)=\frac{1}{2\pi}\int_{-\pi}^{\pi}\mathrm{e}^{-\mathrm{i}\rho\sin\varphi+\mathrm{i}n\varphi}[-\rho^2\sin^2\varphi-\mathrm{i}\rho\sin\varphi+\rho^2-n^2]\mathrm{d}\varphi \tag{7}$$

用分部积分法两次，把积分(7)变换如下

$$\begin{aligned}&n^2\int_{-\pi}^{\pi}\mathrm{e}^{-\mathrm{i}\rho\sin\varphi+\mathrm{i}n\varphi}\,\mathrm{d}\varphi=\\&n\rho\int_{-\pi}^{\pi}\mathrm{e}^{-\mathrm{i}\rho\sin\varphi+\mathrm{i}n\varphi}\cos\varphi\,\mathrm{d}\varphi=\\&-\frac{\rho}{\mathrm{i}}\int_{-\pi}^{\pi}\mathrm{e}^{-\mathrm{i}\rho\sin\varphi+\mathrm{i}n\varphi}[-\mathrm{i}\rho\cos^2\varphi-\sin\varphi]\mathrm{d}\varphi=\\&\int_{-\pi}^{\pi}\mathrm{e}^{-\mathrm{i}\rho\sin\varphi+\mathrm{i}n\varphi}[\rho^2-\rho^2\sin^2\varphi-\mathrm{i}\rho\sin\varphi]\mathrm{d}\varphi\end{aligned} \tag{8}$$

这里的函数是周期函数，在分部积分时，积分号外的项都等于零，所以没有写出. 把式(8)代入关于 $\mathscr{L}(A_n)$ 的公式(7)，这就证明了

$$\mathscr{L}(A_n)=0 \tag{9}$$

由式(5)看出函数 A_n 在 $\rho=0$ 处为有界，所以由式(9)推知 $A_n(\rho)$ 与 $\mathrm{J}_n(\rho)$ 成比例

$$A_n(\rho)=C_n\mathrm{J}_n(\rho) \tag{10}$$

此处 C_n 是某一常数，为了计算 C_n，我们来比较当 $\rho=0$ 时，公式(10)的两端. 还应注意 $\mathrm{J}_n(\rho)$ 在 $\rho=0$ 处有 n 阶的零点，所以把 $\mathrm{J}_n(\rho)$ 微分 n 次，求得

$$\left[\frac{\mathrm{d}^n}{\mathrm{d}\rho^n}\mathrm{J}_n(\rho)\right]_{\rho=0}=\frac{1}{2^n} \tag{11}$$

另一方面，微分 A_n，由式(5)得

$$\left[\frac{\mathrm{d}^k}{\mathrm{d}\rho^k}A_n(\rho)\right]_{\rho=0}=\frac{1}{2\pi}(-\mathrm{i})^k\int_{-\pi}^{\pi}\mathrm{e}^{\mathrm{i}n\varphi}\sin^k\varphi\,\mathrm{d}\varphi=$$

$$\frac{(-\mathrm{i})^k}{2\pi\cdot 2^k\mathrm{i}^k}\int_{-\pi}^{\pi}\mathrm{e}^{\mathrm{i}n\varphi}(\mathrm{e}^{\mathrm{i}\varphi}-\mathrm{e}^{-\mathrm{i}\varphi})^k\,\mathrm{d}\varphi$$

因为

$$\frac{1}{2\pi}\int_{-\pi}^{\pi}\mathrm{e}^{\mathrm{i}n\varphi}\mathrm{e}^{\mathrm{i}k\varphi}\,\mathrm{d}\varphi=\begin{cases}0 & (k\neq -n)\\ 1 & (k=-n)\end{cases}$$

所以

$$\left[\frac{\mathrm{d}^k}{\mathrm{d}\rho^k}A_n(\rho)\right]_{\rho=0}=\begin{cases}0 \quad (k<n)\\ \dfrac{(-1)^n}{2^n}\cdot\dfrac{1}{2\pi}\displaystyle\int_{-\pi}^{\pi}\mathrm{e}^{\mathrm{i}n\varphi}(-\mathrm{e}^{-\mathrm{i}\varphi})^n\,\mathrm{d}\varphi=\dfrac{1}{2^n}\\ (k=n)\end{cases} \tag{12}$$

比较式(11)与式(12)就得到结论

$$C_n=1$$

这样就证实了第一类整阶 n 的贝塞尔函数的积分表示式

$$\mathrm{J}_n(\rho)=\frac{1}{2\pi}\int_{-\pi}^{\pi}\mathrm{e}^{-\mathrm{i}\rho\sin\varphi+\mathrm{i}n\varphi}\,\mathrm{d}\varphi \tag{13}$$

所以平面波(3)有如下的展开式

$$\mathrm{e}^{-\mathrm{i}\rho\sin\varphi}=\sum_{n=-\infty}^{\infty}\mathrm{J}_n(\rho)\mathrm{e}^{-\mathrm{i}n\varphi}$$

由此推得

$$\cos(\rho\sin\varphi)=\mathrm{J}_0(\rho)+2\mathrm{J}_2(\rho)\cos 2\varphi+$$

$$2\mathrm{J}_4(\rho)\cos 4\varphi+\cdots+\sin(\rho\sin\varphi)=$$

$$2\mathrm{J}_1(\rho)\sin\varphi+2\mathrm{J}_3(\rho)\sin 3\varphi+\cdots$$

我们将证 $J_n(\rho)$ 的另一积分公式. 令

$$\varphi=\psi-\frac{\pi}{2}$$

则由式(13) 得

$$J_n(\rho)=\frac{(-i)^n}{2\pi}\int_{-\pi}^{\pi} e^{i\rho\cos\psi+in\psi}\,d\psi \tag{13'}$$

由于在式(13) 与式(13′) 中的被积函数的周期性，可以沿长度为 2π 的任一区间取积分，也可以根据下列展开式

$$e^{i\rho\cos\varphi}=\sum_{n=-\infty}^{\infty} i^n J_n(\rho)e^{-in\varphi}$$

而得到公式(13′).

利用公式(13) 与(13′)，分别写出 $J_0(\rho)$ 的积分公式如下

$$J_0(\rho)=\frac{1}{2\pi}\int_{-\pi}^{\pi} e^{-i\rho\sin\varphi}\,d\varphi \tag{14}$$

$$J_0(\rho)=\frac{1}{2\pi}\int_{-\pi}^{\pi} e^{i\rho\cos\varphi}\,d\varphi \tag{14'}$$

应该指出：积分表示式(13) 与(13′) 是仅对于整数指标的函数得出的，倘使指标 υ 不是整数，那么关于函数 $J_\upsilon(\rho)$ 就有与公式(13) 类似的公式

$$J_\upsilon(\rho)=\frac{1}{2\pi}\int_{-\pi}^{\pi} e^{-i\rho\sin\varphi+i\upsilon\varphi}\,d\varphi-\frac{\sin\upsilon\pi}{\pi}\int_0^{\infty} e^{-\rho\,\mathrm{sh}\,\xi-\upsilon\xi}\,d\xi \tag{15}$$

(请与 §6，公式(7) 比较).

2. 渐近公式

在研究贝塞尔函数的渐近性态之前，让我们先证明下列的引理：

设 $f(\xi)$ 是一连续而且二次可微的函数，则由下列类型的积分

$$Q(\rho)=\frac{1}{\pi}\int_0^1 \frac{e^{\pm i\rho\xi}}{\sqrt{1-\xi}}f(\xi)d\xi \tag{16}$$

定义的函数 $Q(\rho)$，当 ρ 值很大时，可以表示为如下的形式

$$Q(\rho)=\frac{e^{\pm i\left(\rho-\frac{\pi}{4}\right)}}{\sqrt{\pi\rho}}f(1)\left[1+O\left(\frac{1}{\rho}\right)\right] \tag{17}$$

当 $\rho\to\infty$ 时，上式的

$$O\left(\frac{1}{\rho}\right)\to 0$$

为了确定起见，在上式的指数中取正号，让我们来证明这引理.

在式(16)中的被积函数在 $\xi=1$ 处有一个奇点，为了分出这奇点，引入新变量

$$\eta=1-\xi \quad (\xi=1-\eta)$$

于是

$$Q(\rho)=\frac{e^{i\rho}}{\pi}\int_0^1 e^{-i\rho\eta}\,\frac{f(1-\eta)}{\sqrt{\eta}}d\eta \tag{18}$$

被积式的第二个乘数可以表为形式

$$\frac{f(1-\eta)}{\sqrt{\eta}}=\frac{f(1)}{\sqrt{\eta}}+g(\eta) \tag{19}$$

此处

$$\begin{aligned}g(\eta)&=\frac{f(1-\eta)-f(1)}{\sqrt{\eta}}=\\&\frac{f(1-\eta)-f(1)}{\eta}\sqrt{\eta}=\\&g_1(\eta)\sqrt{\eta}\quad (g(0)=0)\end{aligned} \tag{20}$$

而且 $g_1(\eta)$ 是 η 的连续可微的函数. 特别地，$g'(\eta)$ 是绝对可积的函数，即

$$\int_0^1 |g'(\eta)|d\eta<M \quad (M\text{ 是一常数})$$

把式(19) 替入式(18),则得

$$Q(\rho)=\frac{\mathrm{e}^{\mathrm{i}\rho}}{\pi}\left\{f(1)\int_0^1\frac{\mathrm{e}^{-\mathrm{i}\rho\eta}}{\sqrt{\eta}}\mathrm{d}\eta+\int_0^1\mathrm{e}^{-\mathrm{i}\rho\eta}g(\eta)\mathrm{d}\eta\right\}=$$

$$\frac{\mathrm{e}^{\mathrm{i}\rho}}{\pi}(q_1+q_2) \tag{21}$$

上式的

$$q_1=f(1)\int_0^1\frac{\mathrm{e}^{-\mathrm{i}\rho\eta}}{\sqrt{\eta}}\mathrm{d}\eta,q_2=\int_0^1\mathrm{e}^{-\mathrm{i}\rho\eta}g(\eta)\mathrm{d}\eta$$

因为

$$\int_0^\infty\frac{\mathrm{e}^{-\alpha\xi}}{\sqrt{\xi}}\mathrm{d}\xi=\frac{2}{\sqrt{\alpha}}\int_0^\infty\mathrm{e}^{-t^2}\mathrm{d}t=\frac{\sqrt{\pi}}{\sqrt{\alpha}}$$

把这公式延拓到其实部不是负数的复数 α 上,则得①

$$\int_0^\infty\frac{\mathrm{e}^{-\mathrm{i}\xi}}{\sqrt{\xi}}\mathrm{d}\xi=\frac{\sqrt{\pi}}{\sqrt{\mathrm{i}}}=\sqrt{\pi}\,\mathrm{e}^{-\mathrm{i}\frac{\pi}{4}}$$

$\left(\text{类似地有}\int_0^\infty\frac{\mathrm{e}^{\mathrm{i}\xi}}{\sqrt{\xi}}\mathrm{d}\xi=\frac{\sqrt{\pi}}{\sqrt{-\mathrm{i}}}=\sqrt{\pi}\,\mathrm{e}^{\mathrm{i}\frac{\pi}{4}}\right)$,所以

$$\int_0^\rho\frac{\mathrm{e}^{-\mathrm{i}\xi}}{\sqrt{\xi}}\mathrm{d}\xi=\int_0^\infty\frac{\mathrm{e}^{-\mathrm{i}\xi}}{\sqrt{\xi}}\mathrm{d}\xi\left[1+O\left(\frac{1}{\rho}\right)\right]=$$

$$\sqrt{\pi}\,\mathrm{e}^{-\mathrm{i}\frac{\pi}{4}}\left[1+O\left(\frac{1}{\rho}\right)\right]$$

于是得到关于 q_1 的表达式

$$q_1(\rho)=f(1)\sqrt{\frac{\pi}{\rho}}\,\mathrm{e}^{-\mathrm{i}\frac{\pi}{4}}\left[1+O\left(\frac{1}{\rho}\right)\right] \tag{22}$$

用分部积分法,变换积分 q_2,有

$$q_2=\int_0^1\mathrm{e}^{-\mathrm{i}\rho\eta}g(\eta)\mathrm{d}\eta=$$

---

① 参看斯米尔诺夫高等数学教程(第三卷).

$$\frac{1}{-\mathrm{i}\rho}\mathrm{e}^{-\mathrm{i}\rho\eta}g(\eta)\Big|_0^1-\frac{1}{-\mathrm{i}\rho}\int_0^1\mathrm{e}^{-\mathrm{i}\rho\eta}g'(\eta)\mathrm{d}\eta=$$

$$\frac{1}{\sqrt{\rho}}O\left(\frac{1}{\rho}\right)\tag{23}$$

若在式(16)取正号,把式(22)与(23)替入公式(21),将有

$$Q(\rho)=\frac{\mathrm{e}^{\mathrm{i}\left(\rho-\frac{\pi}{4}\right)}}{\sqrt{\pi\rho}}f(1)\left[1+O\left(\frac{1}{\rho}\right)\right]\tag{17'}$$

若在式(16)取负号,亦可得类似的公式

$$Q(\rho)=\frac{\mathrm{e}^{-\mathrm{i}\left(\rho-\frac{\pi}{4}\right)}}{\sqrt{\pi\rho}}f(1)\left[1+O\left(\frac{1}{\rho}\right)\right]\tag{17''}$$

本引理证毕.

应用这引理来推演第一类整阶贝塞尔函数的渐近公式.引入新变量

$$\cos\psi=\xi$$

来变换公式(13′),有

$$\begin{aligned}\mathrm{J}_n(\rho)&=\frac{(-\mathrm{i})^n}{2\pi}\int_{-\pi}^{\pi}\mathrm{e}^{\mathrm{i}\rho\cos\psi}\cos n\psi\,\mathrm{d}\psi=\\&\frac{(-\mathrm{i})^n}{\pi}\int_0^{\pi}\mathrm{e}^{\mathrm{i}\rho\cos\psi}\cos n\psi\,\mathrm{d}\psi=\\&\frac{(-\mathrm{i})^n}{\pi}\int_{-1}^{1}\mathrm{e}^{\mathrm{i}\rho\xi}\frac{T_n(\xi)}{\sqrt{1-\xi^2}}\mathrm{d}\xi\end{aligned}\tag{24}$$

此处

$$T_n(\xi)=\cos(n\arccos\xi)$$

既然由于棣美弗(De Moivre)公式

$$\cos n\psi=\mathrm{Re}(\cos\psi+\mathrm{i}\sin\psi)^n$$

是 n 次多项式,所以 $T_n(\xi)$ 是对于

$$\xi=\cos\psi$$

的 n 次多项式.多项式 $T_n(\xi)$ 叫作切比雪夫多项式.

考察

$$T_n(-\xi)=\cos(n\arccos(-\xi))=\cos(n\pi-n\arccos\xi)=\cos n\pi\cos(n\arccos\xi)+\sin n\pi\sin(n\arccos\xi)=(-1)^n T_n(\xi)$$

即

$$T_n(-\xi)=(-1)^n T_n(\xi)$$

把积分(24)表示为两个积分之和,第一个是0到1的积分,第二个是从-1到0的积分,并利用切比雪夫多项式的性质,则得

$$\mathrm{J}_n(\rho)=\frac{(-\mathrm{i})^n}{\pi}\int_0^1\frac{\mathrm{e}^{\mathrm{i}\rho\xi}}{\sqrt{1-\xi}}f(\xi)\mathrm{d}\xi+\frac{\mathrm{i}^n}{\pi}\int_0^1\frac{\mathrm{e}^{-\mathrm{i}\rho\xi}}{\sqrt{1-\xi}}f(\xi)\mathrm{d}\xi \tag{24'}$$

此处

$$f(\xi)=\frac{T_n(\xi)}{\sqrt{1+\xi}}$$

是连续的而且是任意次可微的函数,且

$$f(1)=\frac{1}{\sqrt{2}}$$

把前面已证的引理用到式(24′)的每一个积分上,由式(17′)与(17″)求得

$$\mathrm{J}_n(\rho)=\frac{1}{\sqrt{2\pi\rho}}\left[\mathrm{e}^{\mathrm{i}\left(\rho-\frac{\pi}{4}-\frac{\pi}{2}n\right)}+\mathrm{e}^{-\mathrm{i}\left(\rho-\frac{\pi}{4}-\frac{\pi}{2}n\right)}\right]\left[1+O\left(\frac{1}{\rho}\right)\right]=\sqrt{\frac{2}{\pi\rho}}\cos\left[\rho-\frac{\pi}{2}\left(n+\frac{1}{2}\right)\right]\left[1+O\left(\frac{1}{\rho}\right)\right]$$

可见,第一类贝塞尔函数当自变量变为很大时,下列渐近公式成立

$$J_n(\rho)=\sqrt{\frac{2}{\pi\rho}}\cos\left[\rho-\frac{\pi}{2}\left(n+\frac{1}{2}\right)\right]\left[1+O\left(\frac{1}{\rho}\right)\right] \tag{25}$$

特别地,当 $n=0$ 时,则有

$$J_0(\rho)=\sqrt{\frac{2}{\pi\rho}}\cos\left(\rho-\frac{\pi}{4}\right)\left[1+O\left(\frac{1}{\rho}\right)\right] \tag{25'}$$

当 $n=1$ 时,则有

$$J_1(\rho)=-\sqrt{\frac{2}{\pi\rho}}\cos\left(\rho+\frac{\pi}{4}\right)\left[1+O\left(\frac{1}{\rho}\right)\right] \tag{25''}$$

在 §6 中将证明下列渐近表示式对于汉克尔函数是正确的

$$H_n^{(1)}(\rho)=\sqrt{\frac{2}{\pi\rho}}e^{i\left[\rho-\frac{\pi}{2}\left(n+\frac{1}{2}\right)\right]}\left[1+O\left(\frac{1}{\rho}\right)\right] \tag{26}$$

$$H_n^{(2)}(\rho)=\sqrt{\frac{2}{\pi\rho}}e^{-i\left[\rho-\frac{\pi}{2}\left(n+\frac{1}{2}\right)\right]}\left[1+O\left(\frac{1}{\rho}\right)\right] \tag{27}$$

用式(26)与(27),并用公式

$$H_n^{(1)}(\rho)=J_n(\rho)+iN_n(\rho)$$
$$H_n^{(2)}(\rho)=J_n(\rho)-iN_n(\rho)$$

则得

$$N_n(\rho)=\sqrt{\frac{2}{\pi\rho}}\sin\left[\rho-\frac{\pi}{2}\left(n+\frac{1}{2}\right)\right]\left[1+O\left(\frac{1}{\rho}\right)\right] \tag{28}$$

§3 的公式(3)与(4),及 $H_n^{(1)}$,$H_n^{(2)}$,J_n,N_n 的渐近公式在构造上同三角函数的欧拉公式

$$e^{ix}=\cos x+i\sin x, e^{-ix}=\cos x-i\sin x$$

类似.

§5　傅里叶－贝塞尔积分及含贝塞尔函数的某一些积分

1. 傅里叶－贝塞尔积分

我们来求已给的函数 $f(r)$ 的按照贝塞尔函数的积分展开式. 正如所熟知的，函数 $f(x)$ 与两个变量的函数 $f(x,y)$ 的傅里叶积分具有如下的形式

$$f(x)=\frac{1}{2\pi}\int_{-\infty}^{\infty}\mathrm{d}\mu\int_{-\infty}^{\infty}f(\xi)\mathrm{e}^{\mathrm{i}\mu(x-\xi)}\mathrm{d}\xi \tag{1}$$

$$f(x,y)=\frac{1}{(2\pi)^2}\int_{-\infty}^{\infty}\int_{-\infty}^{\infty}\mathrm{d}\mu\mathrm{d}\mu'\cdot$$
$$\int_{-\infty}^{\infty}\int_{-\infty}^{\infty}f(\xi,\eta)\mathrm{e}^{\mathrm{i}\mu(x-\xi)+\mathrm{i}\mu'(y-\eta)}\mathrm{d}\xi\mathrm{d}\eta \tag{2}$$

用下列关系式

$$x=r\cos\varphi,\xi=\rho\cos\psi,\mu=\lambda\cos\xi$$
$$y=r\sin\varphi,\eta=\rho\sin\psi,\mu'=\lambda\sin\xi$$

引入极坐标，则得

$$\mathrm{d}\xi\mathrm{d}\eta=\rho\mathrm{d}\rho\mathrm{d}\psi,\mathrm{d}\mu\mathrm{d}\mu'=\lambda\mathrm{d}\lambda\mathrm{d}\xi$$
$$\mu x+\mu'y=\lambda r\cos(\xi-\varphi)$$
$$\mu\xi+\mu'\eta=\lambda\rho\cos(\psi-\xi)$$

设 $f(x,y)$ 具有如下形式

$$f(x,y)=f(r)\mathrm{e}^{\mathrm{i}n\varphi}\quad(n\text{ 是整数}) \tag{3}$$

借助于上面已写出的有关傅里叶的积分(2)，则得

$$f(r)\mathrm{e}^{\mathrm{i}n\varphi}=\int_{0}^{\infty}\int_{0}^{\infty}f(\rho)\rho\mathrm{d}\rho\lambda\mathrm{d}\lambda\cdot$$
$$\frac{1}{2\pi}\int_{-\pi}^{\pi}\mathrm{e}^{\mathrm{i}\lambda r\cos(\xi-\varphi)+\mathrm{i}n(\xi-\varphi)}\mathrm{d}\xi\cdot\mathrm{e}^{\mathrm{i}n\varphi}\cdot$$

$$\frac{1}{2\pi}\int_{-\pi}^{\pi} e^{-i\lambda\rho\cos(\psi-\xi)+in(\psi-\xi)}\,d\psi \tag{4}$$

我们将利用下列公式

$$J_n(z)=\frac{1}{2\pi}\int_{-\pi}^{\pi} e^{iz\cos\xi+in\xi}\,e^{-i\frac{n\pi}{2}}\,d\xi \tag{5}$$

$$J_n(z)=\frac{1}{2\pi}\int_{-\pi}^{\pi} e^{-iz\cos\xi'+in\xi'}\cdot e^{i\frac{n\pi}{2}}\,d\xi' \quad (\xi=\pi+\xi') \tag{6}$$

因为在式(5)(6)中的被积函数是ξ与ξ'的周期函数，因此可以在任一长度2π的区间取积分，所以可以写为

$$\frac{1}{2\pi}\int_{-\pi}^{\pi} e^{iz\cos(\xi-\xi_0)+in(\xi-\xi_0)}\,d\xi=J_n(z)e^{i\frac{\pi n}{2}} \tag{7}$$

$$\frac{1}{2\pi}\int_{-\pi}^{\pi} e^{-iz\cos(\xi'-\xi'_0)+in(\xi'-\xi'_0)}\,d\xi'=J_n(z)e^{-i\frac{\pi n}{2}} \tag{8}$$

上式中的ξ_0与ξ'_0是任意的常数.将式(7)及式(8)替入式(4)中，而且在两端约去$e^{in\varphi}$后，则得傅里叶－贝塞尔积分如下

$$f(r)=\int_0^{\infty}\int_0^{\infty} f(\rho)J_n(\lambda\rho)J_n(\lambda r)\lambda\,d\lambda\rho\,d\rho \tag{9}$$

或

$$f(r)=\int_0^{\infty}\varphi(\lambda)J_n(\lambda r)\lambda\,d\lambda$$

上式的

$$\varphi(\lambda)=\int_0^{\infty} f(\rho)J_n(\lambda\rho)\rho\,d\rho$$

为了使一个在区间$(0,\infty)$有定义的函数$f(r)$可以展开为傅里叶－贝塞尔积分，只需函数$f(r)$满足如下条件：

1)$f(r)$在区间$(0,\infty)$是连续的；

2)$f(r)$在任何一个有限的区间内只具有有限个的极大与极小；

3）积分

$$\int_0^\infty \rho \mid f(\rho) \mid \mathrm{d}\rho$$

存在.

我们不拟讲述这证明.

2. 含贝塞尔函数的某一些积分

在各种应用中时常遇到一些含贝塞尔函数的定积分.

积分

$$B_1 = \int_0^\infty \mathrm{e}^{-z\lambda} \mathrm{J}_0(\rho\lambda)\mathrm{d}\lambda = \frac{1}{\sqrt{\rho^2 + z^2}} \quad (z > 0) \tag{10}$$

是属于这类型的积分中的最普遍的一个积分.

为了证明这公式，用 J_0 的积分表达式来代替 J_0，然后再变更取积分的次序

$$\begin{aligned}
B_1 &= \int_0^\infty \mathrm{e}^{-z\lambda} \mathrm{J}_0(\rho\lambda)\mathrm{d}\lambda = \\
&\frac{1}{2\pi}\int_0^\infty \mathrm{e}^{-z\lambda}\mathrm{d}\lambda \int_{-\pi}^{\pi} \mathrm{e}^{-\mathrm{i}\rho\lambda\sin\varphi}\mathrm{d}\varphi = \\
&\frac{1}{2\pi}\int_{-\pi}^{\pi}\mathrm{d}\varphi\int_0^\infty \mathrm{e}^{-(z+\mathrm{i}\rho\sin\varphi)\lambda}\mathrm{d}\lambda = \\
&\frac{1}{2\pi}\int_{-\pi}^{\pi}\frac{\mathrm{d}\varphi}{z + \mathrm{i}\rho\sin\varphi} = \\
&\frac{1}{2\pi}\int_{-\pi}^{\pi}\frac{z\mathrm{d}\varphi}{z^2 + \rho^2\sin^2\varphi} - \\
&\frac{\mathrm{i}}{2\pi}\int_{-\pi}^{\pi}\frac{\rho\sin\varphi\mathrm{d}\varphi}{z^2 + \rho^2\sin^2\varphi} = \\
&\frac{1}{\pi}\int_0^{\pi}\frac{z\mathrm{d}\varphi}{z^2 + \rho^2\sin^2\varphi}
\end{aligned}$$

上式中的最末的一个等式之所以成立，是因为下列积分中的被积函数是奇函数

$$\int_{-\pi}^{\pi} \frac{\sin\varphi \mathrm{d}\varphi}{z^2+\rho^2\sin^2\varphi}=0$$

开始令

$$\tan\varphi=\xi$$

再令

$$\sqrt{\frac{z^2+\rho^2}{z^2}}\xi=\eta$$

则得

$$B_1=\frac{1}{\pi}\int_0^{\pi}\frac{z\mathrm{d}\varphi}{z^2+\rho^2\sin^2\varphi}=$$

$$\frac{2z}{\pi}\int_0^{\frac{\pi}{2}}\frac{\mathrm{d}\varphi}{z^2+\rho^2\sin^2\varphi}=$$

$$\frac{2z}{\pi}\int_0^{\infty}\frac{\mathrm{d}\xi}{z^2(1+\xi^2)+\rho^2\xi^2}=$$

$$\frac{2}{\pi\sqrt{z^2+\rho^2}}\int_0^{\infty}\frac{\mathrm{d}\eta}{1+\eta^2}=$$

$$\frac{1}{\sqrt{z^2+\rho^2}}$$

因而证明了公式(10). 用公式(10) 立刻求得①

$$\int_0^{\infty}\mathrm{J}_1(\rho\lambda)\mathrm{e}^{-z\lambda}\mathrm{d}\lambda=\frac{1}{\rho}\left(1-\frac{z}{\sqrt{z^2+\rho^2}}\right)\qquad(11)$$

在公式(10) 与(11) 中,令

$$z=\mathrm{i}a$$

再分离实部与虚部,则得一系列的结果如下

---

① 将式(10) 取分部积分,并利用公式

$$\mathrm{J}'_0(x)=-\mathrm{J}_1(x)$$

及

$$\mathrm{J}_0(1)=1$$

则得公式(11).—— 译者注

$$\begin{cases}\int_0^\infty J_0(\rho\lambda)\cos a\lambda\,d\lambda=\dfrac{1}{\sqrt{\rho^2-a^2}}\\\int_0^\infty J_0(\rho\lambda)\sin a\lambda\,d\lambda=0\\\int_0^\infty J_1(\rho\lambda)\cos a\lambda\,d\lambda=\dfrac{1}{\rho}\\\int_0^\infty J_1(\rho\lambda)\sin a\lambda\,d\lambda=\dfrac{a}{\rho\sqrt{\rho^2-a^2}}\end{cases}\quad (a<\rho)\tag{12}$$

$$\begin{cases}\int_0^\infty J_0(\rho\lambda)\cos a\lambda\,d\lambda=0\\\int_0^\infty J_0(\rho\lambda)\sin a\lambda\,d\lambda=\dfrac{1}{\sqrt{a^2-\rho^2}}\end{cases}\quad (a>\rho)\tag{13}$$

$$\begin{cases}\int_0^\infty J_1(\rho\lambda)\cos a\lambda\,d\lambda=\dfrac{1}{\rho}\left(1-\dfrac{a}{\sqrt{a^2-\rho^2}}\right)\\\int_0^\infty J_1(\rho\lambda)\sin a\lambda\,d\lambda=0\end{cases}\quad (a>\rho)\tag{13'}$$

让我们来证明第二个积分公式

$$B_2=\int_0^\infty J_\upsilon(\lambda\rho)e^{-t\lambda^2}\lambda^{\upsilon+1}d\lambda=\frac{1}{2t}\left(\frac{\rho}{2t}\right)^\upsilon e^{-\frac{\rho^2}{4t}}\tag{14}$$

在这公式中，用 J_υ 的幂级数来代替 J_υ，再逐项取积分 $(t>0)$ 有

$$B_2=\sum_{k=0}^\infty\frac{(-1)^k}{\Gamma(k+1)\Gamma(k+\upsilon+1)}\left(\frac{\rho}{2}\right)^{2k+\upsilon}\cdot\int_0^\infty\lambda^{2k+2\upsilon+1}e^{-t\lambda^2}d\lambda$$

算出辅助积分

$$\int_0^\infty\lambda^{2k+2\upsilon+1}e^{-t\lambda^2}d\lambda=\frac{1}{2t^{k+\upsilon+1}}\int_0^\infty e^{-\xi}\xi^{k+\upsilon}d\xi=\frac{1}{2t^{k+\upsilon+1}}\Gamma(k+\upsilon+1)$$

则得

$$B_2=\frac{1}{2t}\left(\frac{\rho}{2t}\right)^{v}\sum_{k=0}^{\infty}\frac{(-1)^k}{k!}\left(\frac{\rho^2}{4t}\right)^{k}=\frac{1}{2t}\left(\frac{\rho}{2t}\right)^{v}\mathrm{e}^{-\frac{\rho^2}{4t}}$$

这就是所要证明的.

今指出:也可以仿照此法来计算 B_1,这方法就是把贝塞尔函数展开为幂级数,再逐项取积分.

我们来考虑这积分

$$C(\rho,z)=\int_0^{\infty}\mathrm{J}_0(\lambda\rho)\frac{\mathrm{e}^{-\sqrt{\lambda^2-k^2}\,|z|}}{\sqrt{\lambda^2-k^2}}\lambda\mathrm{d}\lambda \qquad (15)$$

不难证实:积分(15)是方程

$$\Delta v+k^2v=0\quad\left(\Delta=\frac{\partial^2}{\partial x^2}+\frac{\partial^2}{\partial y^2}+\frac{\partial^2}{\partial z^2}\right)$$

的一个解.

函数

$$v_0=\frac{\mathrm{e}^{\mathrm{i}kr}}{r}\quad(r=\sqrt{\rho^2+z^2})$$

亦满足波动方程

$$\Delta v_0+k^2v_0=\frac{1}{r}\frac{\partial^2}{\partial r^2}(rv_0)+k^2v_0=$$

$$-k^2\frac{\mathrm{e}^{\mathrm{i}kr}}{r}+k^2v_0=0$$

把函数

$$v_0(\rho)=\frac{\mathrm{e}^{\mathrm{i}k\rho}}{\rho}$$

展开为傅里叶—贝塞尔积分

$$\frac{\mathrm{e}^{\mathrm{i}k\rho}}{\rho}=\int_0^{\infty}F(\lambda)\mathrm{J}_0(\rho\lambda)\lambda\mathrm{d}\lambda \qquad (16)$$

上式的

$$F(\lambda)=\int_0^{\infty}\mathrm{e}^{\mathrm{i}k\rho}\mathrm{J}_0(\lambda\rho)\mathrm{d}\rho \qquad (17)$$

为了计算函数 $F(\lambda)$，利用公式(12)有

$$F(\lambda)=\int_0^{\infty}\mathrm{J}_0(\lambda\rho)(\cos k\rho+\mathrm{i}\sin k\rho)\mathrm{d}\rho=$$

$$\begin{cases}\dfrac{1}{\sqrt{\lambda^2-k^2}} & (\lambda>k)\\ \dfrac{\mathrm{i}}{\sqrt{k^2-\lambda^2}}=\dfrac{1}{\sqrt{\lambda^2-k^2}} & (k>\lambda)\end{cases}$$

所以

$$\frac{\mathrm{e}^{\mathrm{i}k\rho}}{\rho}=\int_0^{\infty}\mathrm{J}_0(\rho\lambda)\frac{\lambda\mathrm{d}\lambda}{\sqrt{\lambda^2-k^2}} \tag{18}$$

就是说，函数

$$v_0=\frac{\mathrm{e}^{\mathrm{i}k\sqrt{\rho^2+z^2}}}{\sqrt{\rho^2+z^2}}$$

在 $z=0$ 处与积分 $C(\rho,z)$ 一致. 因而这两个函数 $v_0(\rho,z)$ 与 $C(\rho,z)$ 都是波动方程之解，它们在 $z=0$ 处一致，在点 $z=0,\rho=0$ 上有相同的奇性.

由此推得：这两个函数彼此恒等，即

$$\int_0^{\infty}\mathrm{J}_0(\lambda\rho)\frac{\mathrm{e}^{-\sqrt{\lambda^2-k^2}|z|}}{\sqrt{\lambda^2-k^2}}\lambda\mathrm{d}\lambda=\frac{\mathrm{e}^{\mathrm{i}k\sqrt{\rho^2+z^2}}}{\sqrt{\rho^2+z^2}} \tag{19}$$

所得的公式曾被索莫夫(Somov)广泛地应用于物理研究中，而且通常叫作索莫夫公式.

§6　柱函数的线积分表示式

1. 柱函数的线积分表示式

时常采用由下列类型的线积分

$$\int \mathrm{e}^{-\mathrm{i}x\sin\varphi+\mathrm{i}\nu\varphi}\mathrm{d}\varphi=\int_C K(x,\varphi)\Phi(\varphi)\mathrm{d}\varphi \tag{1}$$

表出的贝塞尔方程的解的表示式，此处 C 是在复变量平面 φ 上的某一围线，而

$$K(x,\varphi)=e^{-ix\sin\varphi},\Phi(\varphi)=e^{i\nu\varphi}$$

若取平面波

$$e^{-i(x\sin\varphi+y\cos\varphi)}$$

当 $y=0$ 时(在 x 轴上)的值，则可以把函数(1)看为：在对 y 轴的不同的角度下传播的平面波的叠加的结果(其中角度 φ 可能是复数)；$\Phi=e^{i\nu\varphi}$ 是这平面波的振幅乘数.

我们来阐明积分(1)的收敛问题. 在图 1 中，复变量

$$\varphi=\varphi_1+i\varphi_2$$

平面上有一部分已画上了斜细线，在这部分上，表达式

$$\begin{aligned}ix\sin\varphi&=xi\sin(\varphi_1+i\varphi_2)=\\&x(i\sin\varphi_1\operatorname{ch}\varphi_2-\cos\varphi_1\operatorname{sh}\varphi_2)\end{aligned}\tag{2}$$

的实部当 $x>0$ 时是正的.

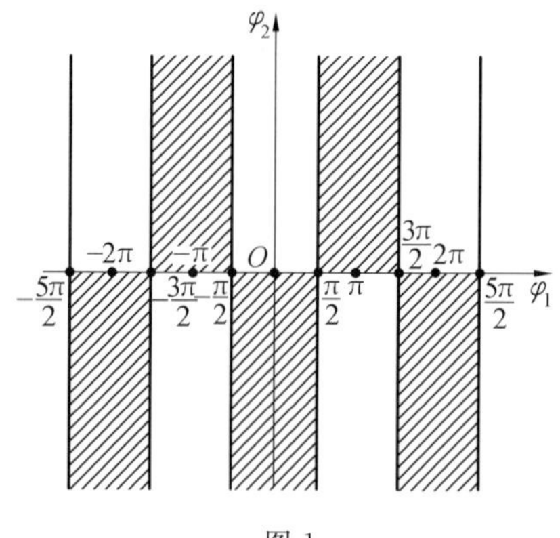

图 1

第一类与第二类汉克尔函数通常用沿围线 C_1 与 C_2 上所取的积分

$$H_\upsilon^{(1)}(x) = -\frac{1}{\pi}\int_{C_1} e^{-ix\sin\varphi + i\upsilon\varphi}\,d\varphi \tag{3}$$

$$H_\upsilon^{(2)}(x) = -\frac{1}{\pi}\int_{C_2} e^{-ix\sin\varphi + i\upsilon\varphi}\,d\varphi \tag{4}$$

来确定,这里的围线 C_1 是由分段 $(-i\infty,0)$,$(0,-\pi)$,$(-\pi,-\pi+i\infty)$ 组成的,而围线 C_2 是由分段 $(\pi+i\infty,\pi)$,$(\pi,0)$,$(0,-i\infty)$ 组成的(参看图2的积分路线 Ⅰ 与 Ⅱ).

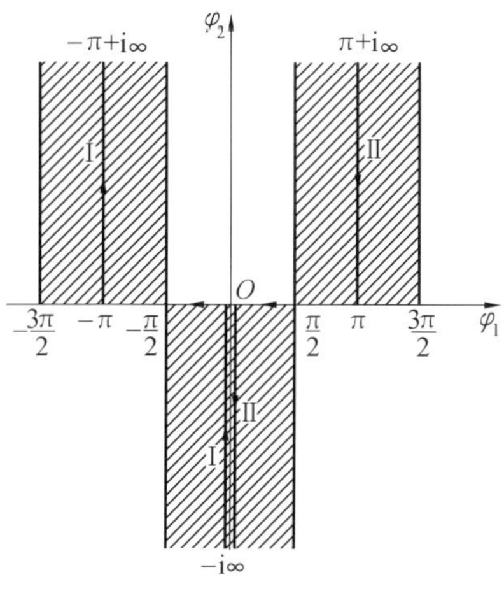

图 2

显而易见:当 $x>0$ 时,沿 C_1 与沿 C_2 的积分都是收敛的.

我们来证明:函数(3)与(4)都满足贝塞尔方程

$$\mathscr{L}(y) = x^2y'' + xy' + (x^2-\upsilon^2)y = 0$$

注意到这函数

$$K(x,\varphi) = e^{-ix\sin\varphi}$$

能满足方程

$$x^2 K_{xx} + x K_x + x^2 K + K_{\varphi\varphi} = 0$$

分部积分两次后,得到

$$\begin{aligned}\mathscr{L}[\mathrm{H}_\upsilon^{(1)}(x)] = -\frac{1}{\pi}\int_{C_1} \mathscr{L}(K)\mathrm{e}^{\mathrm{i}\upsilon\varphi}\,\mathrm{d}\varphi = \\ \frac{1}{\pi}\int_{C_1}[K_{\varphi\varphi} + \upsilon^2 K]\Phi \mathrm{d}\varphi = \\ \frac{1}{\pi}\int_{C_1}(\Phi'' + \upsilon^2\Phi)K\,\mathrm{d}\varphi + \\ \frac{1}{\pi}\int_{C_1}\frac{\partial}{\partial\varphi}(K_\varphi\Phi - K\Phi')\,\mathrm{d}\varphi\end{aligned}$$

上式右端的第一个积分由于所选的函数 Φ,所以等于零,第二个积分化到一个替代式,由于所选的积分路线,当 $x>0$ 时,替代的结果也必等于零,所以 $\mathrm{H}_\upsilon^{(1)}$ 与 $\mathrm{H}_\upsilon^{(2)}$ 都是贝塞尔方程的解.

同样的推理表明:倘使 C 是任一围线,它的无穷分支假定都在画有斜线的区域内,那么沿这样的围线 C 的线积分亦必满足贝塞尔方程.以后将证明沿围线

$$C_0 = C_1 + C_2$$

所取的积分

$$\begin{aligned}\mathrm{J}_\upsilon(x) = \frac{1}{2}[\mathrm{H}_\upsilon^{(1)}(x) + \mathrm{H}_\upsilon^{(2)}(x)] = \\ -\frac{1}{2\pi}\int_{C_0}\mathrm{e}^{-\mathrm{i}x\sin\varphi + \mathrm{i}\upsilon\varphi}\,\mathrm{d}\varphi \end{aligned} \tag{5}$$

是 υ 阶的第一类贝塞尔函数,当 $\upsilon=n$ 是整数时,由于被积函数的周期性,沿无穷分支 Ⅰ 与沿无穷分支 Ⅱ 的两个积分互相抵消(图 2),剩下的积分

$$\mathrm{J}_n(x) = \frac{1}{2\pi}\int_{-\pi}^{\pi}\mathrm{e}^{-\mathrm{i}x\sin\varphi + \mathrm{i}\upsilon\varphi}\,\mathrm{d}\varphi \tag{6}$$

是与在 §3 中所得的第一类整阶贝塞尔函数的表示式

一样的.

若 υ 不是整数值时,则公式

$$\mathrm{J}_{\upsilon}(x)=\frac{1}{2\pi}\int_{-\pi}^{\pi}\mathrm{e}^{-\mathrm{i}x\sin\varphi+\mathrm{i}\upsilon\varphi}\mathrm{d}\varphi-\frac{\sin\upsilon\pi}{\pi}\int_{0}^{\infty}\mathrm{e}^{-x\,\mathrm{sh}\,\xi-\upsilon\xi}\mathrm{d}\xi \tag{7}$$

成立,这公式是由公式(5)推出的.不难看出当 $\upsilon>0$ 时的积分(1)在 $x=0$ 处仍为有限.由此推得:由公式(7)确定的函数,若不计其常数乘数,是与 §3 中的公式(15)所确定的函数一样的.比较它们对 x 的幂级数展开式的 x 的最低乘幂的系数,就可以相信这两个函数是恒等的[①].

让我们来证明:关于汉克尔函数 $\mathrm{H}_{\upsilon}^{(k)}(x)(k=1,2)$,下述的递推公式(8)与(8′)成立,这些公式与 §1 中关于函数 J_{υ} 的递推公式(21)类似.

考虑在公式(3)与(4)中的积分路线 C_1 与 C_2 不依赖于 υ,所以可以写为

$$\mathrm{H}_{\upsilon+1}^{(k)}+\mathrm{H}_{\upsilon-1}^{(k)}=-\frac{2}{\pi}\int\mathrm{e}^{-\mathrm{i}x\sin\varphi+\mathrm{i}\upsilon\varphi}\cos\varphi\mathrm{d}\varphi=$$

$$=\frac{2}{\pi\mathrm{i}x}\int\frac{\partial}{\partial\varphi}(\mathrm{e}^{-\mathrm{i}x\sin\varphi})\mathrm{e}^{\mathrm{i}\upsilon\varphi}\mathrm{d}\varphi$$

$$\mathrm{H}_{\upsilon+1}^{(k)}-\mathrm{H}_{\upsilon-1}^{(k)}=-\frac{2\mathrm{i}}{\pi}\int\mathrm{e}^{-\mathrm{i}x\sin\varphi+\mathrm{i}\upsilon\varphi}\sin\varphi\mathrm{d}\varphi=$$

$$2\frac{\partial}{\partial x}\frac{1}{\pi}\int\mathrm{e}^{-\mathrm{i}x\sin\varphi+\mathrm{i}\upsilon\varphi}\mathrm{d}\varphi=$$

$$-2\frac{\mathrm{dH}_{\upsilon}^{(k)}}{\mathrm{d}x}\quad(k=1,2)$$

在第一个等式中取分部积分后,则得关于汉克尔函数

① 比如说,参看索莫夫《物理偏微分方程》(1950,ИЛ,430 页).

的递推公式如下

$$\begin{cases} H_{\upsilon+1}^{(1)}+H_{\upsilon-1}^{(1)}=\dfrac{2\upsilon}{x}H_{\upsilon}^{(1)} \\ H_{\upsilon+1}^{(1)}-H_{\upsilon-1}^{(1)}=-2\dfrac{dH_{\upsilon}^{(1)}}{dx} \end{cases} \tag{8}$$

同样地有

$$\begin{cases} H_{\upsilon+1}^{(2)}+H_{\upsilon-1}^{(2)}=\dfrac{2\upsilon}{x}H_{\upsilon}^{(2)} \\ H_{\upsilon+1}^{(2)}-H_{\upsilon-1}^{(2)}=-2\dfrac{dH_{\upsilon}^{(2)}}{dx} \end{cases} \tag{8'}$$

由此推出下列特殊情况

$$\begin{aligned} \frac{dH_0^{(1)}(x)}{dx}&=-H_1^{(1)}(x) \\ \frac{dH_0^{(2)}(x)}{dx}&=-H_1^{(2)}(x) \end{aligned} \tag{9}$$

若把 $H_{\upsilon}^{(1)}$ 与 $H_{\upsilon}^{(2)}$ 看作是复变量

$$x=x_1+ix_2$$

的函数,那么在 $-ix\sin\varphi$ 的实部

$$\begin{aligned} \operatorname{Re}(-ix\sin\varphi)=&\operatorname{Re}[(-ix_1+x_2)\sin(\varphi_1+i\varphi_2)]= \\ &(x_2\sin\varphi_1\operatorname{ch}\varphi_2+x_1\cos\varphi_1\operatorname{sh}\varphi_2)<0 \end{aligned}$$

的 $x=x_1+ix_2$ 的变化区域内,公式(3)与(4)能确定汉克尔函数 $H_{\upsilon}^{(1)}$ 与 $H_{\upsilon}^{(2)}$. 若 $\varphi_1=0$ 或 $\varphi_1=-\pi$,则沿围线 C_1 的积分(3)对于实部

$$\operatorname{Re}(x)=x_1>0$$

的这些 x 值能确定出函数 $H_{\upsilon}^{(1)}(x)$.

用 $C_{1\psi}$ 的记号表示这样的积分围线(图3),该路线的铅直部分的横坐标不是 $-\pi$ 与 0,而是 $-\pi-\psi$ 与 $\psi(\psi<0)$. 其特例是

$$C_{10}=C_1$$

根据柯西定理，可以把公式(3)中的积分围线 C_1 改变为 $C_{1\psi}$ 而不会影响这积分值. 假使对于 $x=x_1+\mathrm{i}x_2$ 的那些值，当 $|\varphi_2|$ 的值很大时，若有

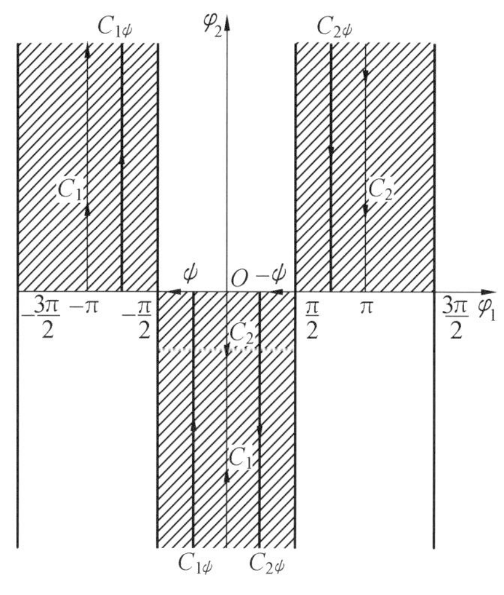

图 3

$$\mathrm{Re}(-\mathrm{i}x\sin\varphi)=x_2\sin\varphi_1\operatorname{ch}\varphi_2+x_1\cos\varphi_1\operatorname{sh}\varphi_2<0$$

即沿 $C_{1\psi}$ 取积分的积分(3)是收敛的. 若

$$x_2\sin\psi-x_1\cos\psi<0$$

则这(收敛)条件在直线 $\varphi_1=\psi$ 的下半段($\varphi_2<0$)上是能满足的；在直线

$$\varphi_1=-\pi-\psi$$

的上半段($\varphi_2>0$)上，收敛条件也等价于不等式

$$x_2\sin\psi-x_1\cos\psi<0$$

可见，若不等式

$$x_2\sin\psi-x_1\cos\psi<0$$

(或 $x_1\cos\psi_0+x_2\sin\psi_0>0$，此处的 $\psi_0=-\psi$)能被满足，则沿 $C_{1\psi}$ 的积分收敛.

假使 $0 \leqslant \psi_0 < \frac{\pi}{2}$，则当 ψ 取不同的值时[①]，沿 $C_{1\psi}$ 的积分(3) 对于实数值 $x = x_1$ 是彼此相等的，但在复变量 x 的平面的一些不同的区域上确定出函数 $H_\upsilon^{(1)}(x)$[②]，所以，当 ψ 变动时，沿 $C_{1\psi}$ 类型的这些积分(3) 确定出 $H_\upsilon^{(1)}(x)$ 的解析延拓. 其特例是：令

$$\psi_0 = \frac{\pi}{2}, \varphi = -\frac{\pi}{2} + \mathrm{i}\eta$$

则得

$$H_\upsilon^{(1)}(x) = -\frac{1}{\pi}\int_{C_{1\psi_0}} \mathrm{e}^{-\mathrm{i}x\sin\varphi + \mathrm{i}\upsilon\varphi}\,\mathrm{d}\varphi =$$

$$\frac{\mathrm{e}^{-\frac{1}{2}\pi\upsilon\mathrm{i}}}{\pi\mathrm{i}}\int_{-\infty}^{\infty} \mathrm{e}^{-\mathrm{i}x\operatorname{ch}\eta - \upsilon\eta}\,\mathrm{d}\eta \qquad (3')$$

这公式在半平面

$$x_2 = \operatorname{Im} x > 0$$

上确定出函数 $H_\upsilon^{(1)}(x)$. 由此可得纯虚变量的汉克尔函数的表达式

$$H_\upsilon^{(1)}(\mathrm{i}x) = \frac{1}{\pi\mathrm{i}}\mathrm{e}^{-\frac{1}{2}\upsilon\pi\mathrm{i}}\int_{-\infty}^{\infty} \mathrm{e}^{-x\operatorname{ch}\eta - \upsilon\eta}\,\mathrm{d}\eta \quad (x > 0) \quad (3'')$$

函数 $K_\upsilon(x)$ 根据定义(参看 §3) 是借虚变量的汉克尔函数用公式

$$K_\upsilon(x) = \frac{\pi}{2}\mathrm{i}\mathrm{e}^{\mathrm{i}\upsilon\frac{\pi}{2}} H_\upsilon^{(1)}(\mathrm{i}x)$$

表出.

用前面的公式，即得 $K_\upsilon(x)$ 的积分表示式

---

① 这句话是原书所没有的，是译者添的.

② 换言之，当 ψ 取不同的值时，积分(3) 虽都确定 $H_\upsilon^{(1)}(x)$，但收敛区域是不同的. —— 译者注

$$\mathrm{K}_{\upsilon}(x)=\frac{1}{2}\int_{-\infty}^{\infty}\mathrm{e}^{-x\operatorname{ch}\eta-\upsilon\eta}\mathrm{d}\eta$$

这公式表明：$\mathrm{K}_{\upsilon}(x)$ 是实变量 x 的实函数. 当 $\upsilon=0$ 时的公式

$$\mathrm{K}_{0}(x)=\frac{1}{2}\int_{-\infty}^{\infty}\mathrm{e}^{-x\operatorname{ch}\eta}\mathrm{d}\eta=\int_{0}^{\infty}\mathrm{e}^{-x\operatorname{ch}\eta}\mathrm{d}\eta$$

前面已直接证明过(参看 §4).

2. 翻越法、渐近公式

在确定函数 $\mathrm{H}_{\upsilon}^{(1)}$ 与 $\mathrm{H}_{\upsilon}^{(2)}$ 的公式(3)与(4)中，被积函数

$$\mathrm{e}^{-\mathrm{i}x\sin\varphi+\mathrm{i}\upsilon\varphi}$$

在复变量 φ 平面的有限部分没有奇点. 因此根据柯西定理，积分围线 C_1(或 C_2) 在下述的条件下，在平面的有限部分可以任意地改变形状，这条件是：这新围线趋向无穷远的分支的渐近线必须与原来的围线 C_1(或 C_2) 在 φ 平面的画有斜线的同一区域内.

若所选的围线 $\overline{C}_1$ 完全在斜线区域内(图 4)，那么在 $\sin\varphi\neq 0$ 的所有点上，因为

$$\operatorname{Im}\sin\varphi<0$$

被积函数当 $x\to\infty$ 时像指数一样地趋于零. 若围线的个别部分经过未画斜线的区域，那么在这些部分上，在被积式中就会发生极复杂的互相干涉的现象.

为了阐明函数 $\mathrm{H}_{\upsilon}^{(1)}(x)$ 当变量 x 的值很大时渐近性态起见，最方便的办法是这样选取围线 $\overline{C}_1$，使它完全在斜线区域内. 这样的围线显然经过点 $-\frac{\pi}{2}$，实部

$$\operatorname{Re}(-\mathrm{i}\sin\varphi)=\cos\varphi_1\operatorname{sh}\varphi_2$$

在点 $-\frac{\pi}{2}$ 上等于零. 当 $x\to\infty$ 时，被积函数在这点的

邻域内不能均匀地趋于零,所以沿 $\overline{C}_1$ 的积分当 $x\to\infty$ 时的主要部分是一个含有点 $-\frac{\pi}{2}$ 的小段弧段的积分.从这个观点说,应当这样选择 $\overline{C}_1$,使

$$e^{-ix\sin\varphi}$$

在 $\overline{C}_1$ 的值当 φ 离开这点 $\varphi=-\frac{\pi}{2}$ 时,能最迅速地减小.让我们来看函数 $e^{-ix\sin\varphi}$ 在 $\varphi=-\frac{\pi}{2}$ 邻域的"形势".

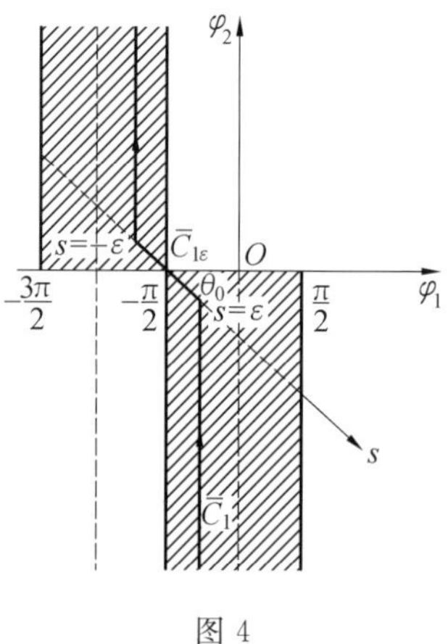

图 4

令

$$\varphi=-\frac{\pi}{2}+se^{i\theta}$$

于是对于小的 s 值将有

$$-i\sin\varphi=i\cos(se^{i\theta})=i\left(1-\frac{s^2}{2}e^{2i\theta}+\cdots\right)=$$

$$\frac{s^2}{2}\sin 2\theta+i\left(1-\frac{s^2}{2}\cos 2\theta\right)+\cdots$$

点 $s=0$ 是实部 $\frac{s^2}{2}\sin 2\theta$ 的鞍点,这函数在斜线区域内

是负的，在没有斜线的区域是正的，而在点 $s=0\left(\varphi=-\frac{\pi}{2}\right)$ 上等于零. 经过这鞍点与 $\theta_0=-\frac{\pi}{4}$ 对应的翻越方向是函数 $\frac{s^2}{2}\sin 2\theta$ 最迅速下降(减小)的方向. 由此推得 $s=0$ 是函数 $\mathrm{e}^{-\mathrm{i}\sin\varphi}$ 的绝对值的鞍点，而 $\theta_0=-\frac{\pi}{4}$ 是对应于最迅速下降的方向.

我们选取围线 $\overline{C}_1$，使它包含一段直线段 $\overline{C}_{1\varepsilon}$ $(-\varepsilon<s<\varepsilon)$，这直线段经过点 $s=0$，而其角度为 $\theta_0=-\frac{\pi}{4}$，又令它趋向于无穷远的分支完全在斜线区域内. 既然在式(3)中的被积函数当离开点 $s=0\left(\varphi=-\frac{\pi}{2}\right)$ 时像指数一样地递减，所以除了指数型递减的项不计外，可以写为

$$\mathrm{H}_{\upsilon}^{(1)}(x)=-\frac{1}{\pi}\int_{C_{\varepsilon}}\mathrm{e}^{-\mathrm{i}x\sin\varphi+\mathrm{i}\upsilon\varphi}\mathrm{d}\varphi\cong$$

$$\frac{1}{\pi}\int_{-\varepsilon}^{\varepsilon}\mathrm{e}^{x\left(-\frac{s^2}{2}+\mathrm{i}\right)-\mathrm{i}\upsilon\frac{\pi}{2}}\mathrm{d}s\cdot\mathrm{e}^{-\frac{\mathrm{i}\pi}{4}}$$

因为沿 $\overline{C}_{1\varepsilon}$ 上有

$$\varphi=-\frac{\pi}{2}+s\mathrm{e}^{-\frac{\mathrm{i}\pi}{4}}$$

$$\mathrm{d}\varphi=\mathrm{e}^{-\frac{\mathrm{i}\pi}{4}}\mathrm{d}s$$

$$-\mathrm{i}\sin\varphi\cong-\frac{s^2}{2}+\mathrm{i}$$

$$\mathrm{e}^{\mathrm{i}\upsilon\varphi}\approx\mathrm{e}^{-\mathrm{i}\upsilon\frac{\pi}{2}}$$

而且 s 是由 $-\varepsilon$ 变到 ε 的. 引入如下的记号

$$\xi=s\sqrt{\frac{x}{2}}$$

$$d\xi = \sqrt{\frac{x}{2}}\,ds$$

则得

$$H_\upsilon^{(1)}(x) = \frac{1}{\pi}\sqrt{\frac{2}{x}}\,e^{i\left(x - \frac{\pi}{2}\upsilon - \frac{\pi}{4}\right)}\int_{-\infty\sqrt{\frac{x}{2}}}^{\infty\sqrt{\frac{x}{2}}} e^{-\xi^2}\,d\xi \qquad (10)$$

若 $x \to \infty$，则有①

$$\int_{-\infty\sqrt{\frac{x}{2}}}^{\infty\sqrt{\frac{x}{2}}} e^{-\xi^2}\,d\xi \to \int_{-\infty}^{\infty} e^{-\xi^2}\,d\xi = \sqrt{\pi}$$

由这式并由式(10) 推得一个渐近公式如下

$$H_\upsilon^{(1)}(x) = \sqrt{\frac{2}{\pi x}}\,e^{i\left[x - \frac{\pi}{2}\left(\upsilon + \frac{1}{2}\right)\right]} + \cdots \qquad (11)$$

这公式对于变量 x 的很大的值是正确的.

同样地有

$$H_\upsilon^{(2)}(x) = \sqrt{\frac{2}{\pi x}}\,e^{-i\left[x - \frac{\pi}{2}\left(\upsilon + \frac{1}{2}\right)\right]} + \cdots \qquad (12)$$

等式(11) 与(12) 具有近似性质，所去掉的项具有 $x^{-\frac{3}{2}}$ 的阶. 若在 $-i\sin\varphi$ 与 $e^{i\upsilon\varphi}$ 的表达式中取对于 s 的较高阶的无穷小的诸项，可以得到这展开式的后面各项.

---

① 用无穷的积分限代替有限的积分限所产生的误差具有指数型递减性. 证明如下：考虑一个比值

$$\frac{\int_z^{\infty} e^{-\xi^2}\,d\xi}{\frac{e^{-z^2}}{2z}}$$

定出这个当 $z \to \infty$ 时的不定式后，不难证明对于 z 的大值有

$$\int_z^{\infty} e^{-\xi^2}\,d\xi \approx \frac{e^{-z^2}}{2z}$$

由此推得这里的结论.

由 $H_{\upsilon}^{(1)}$ 与 $H_{\upsilon}^{(2)}$ 的公式推得 J_{υ} 与 N_{υ} 的渐近公式如下

$$J_{\upsilon}(x)=\frac{1}{2}[H_{\upsilon}^{(1)}(x)+H_{\upsilon}^{(2)}(x)]\approx \sqrt{\frac{2}{\pi x}}\cos\left[x-\frac{\pi}{2}\left(\upsilon+\frac{1}{2}\right)\right]+\cdots \tag{13}$$

$$N_{\upsilon}(x)=\frac{1}{2i}[H_{\upsilon}^{(1)}(x)-H_{\upsilon}^{(2)}(x)]\approx \sqrt{\frac{2}{\pi x}}\sin\left[x-\frac{\pi}{2}\left(\upsilon+\frac{1}{2}\right)\right]+\cdots \tag{14}$$

提醒一下：当 $\upsilon=n$ 为整数时，关于 J_{υ} 的公式(13)在 §3 已证明过.

为了说明这渐近公式对一切的 υ 都能适用的理由，我们必须证实：用线积分引入的柱函数恒等于用级数引入的柱函数. 我们不拟证明这结论.

最后应指出：也可以采用上述的“翻越法”或“鞍点法”来求许多其他的能表为线积分的函数的渐近展开式，也可以用此法求出 $H_{\upsilon}^{(1,2)}(x)$ 当 $\upsilon\approx x\to\infty$ 的渐近展开式.

第二部分　球函数

当研究拉普拉斯方程的解，特别是研究势论时，我们已引入了球(面)函数[①]. 我们在 §7 中将研究勒让德多项式,以后将用这多项式构造出球体函数与球(面)函数(§8). 球(面)函数是解决数学物理方程中许多问题的很有用的工具.

§7 勒让德多项式

1. 母函数与勒让德多项式

勒让德多项式同拉普拉斯方程的基本解 $\frac{1}{R}$ 有密切的联系,这里的 R 是由定点 M_0 到点 M 的距离. 令 r 与 r_0 是点 M 与点 M_0 的矢径,而 θ 为二者的夹角(图5). 显然,可以写出

$$\frac{1}{R}=\frac{1}{\sqrt{r_0^2+r^2-2rr_0\cos\theta}}=\begin{cases}\dfrac{1}{r_0}\dfrac{1}{\sqrt{1+\rho^2-2\rho x}} & (r<r_0)\\ \dfrac{1}{r}\dfrac{1}{\sqrt{1+\rho^2-2\rho x}} & (r>r_0)\end{cases}\tag{1}$$

上式的

$$x=\cos\theta\quad(-1\leqslant x\leqslant 1)$$

而

$$\rho=\frac{r}{r_0}<1$$

① 为简便起见,以后的译文中将球面函数简称为球函数. —— 译者注

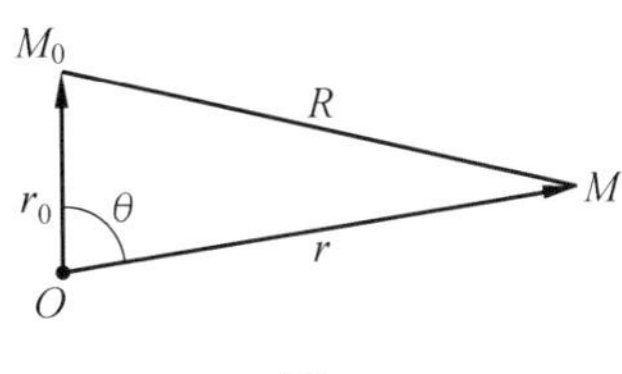

图 5

或

$$\rho=\frac{r_0}{r}<1$$

(在两种情况下,ρ 都是小于 1 的).

函数

$$\Psi(\rho,x)=\frac{1}{\sqrt{1+\rho^2-2\rho x}}$$

$$(0<\rho<1,-1\leqslant x\leqslant 1) \tag{2}$$

称为勒让德多项式的母函数.

把函数 $\Psi(\rho,x)$ 展开成 ρ 的幂级数

$$\Psi(\rho,x)=\sum_{n=0}^{\infty}\mathrm{P}_n(x)\rho^n \tag{3}$$

展开式(3)的系数 $\mathrm{P}_n(x)$ 是 n 次多项式,叫作勒让德多项式.

与这展开式对应的势的展开式如下

$$\frac{1}{R}=\begin{cases}\dfrac{1}{r_0}\displaystyle\sum_{n=0}^{\infty}\left(\frac{r}{r_0}\right)^n\mathrm{P}_n(\cos\theta) & (r<r_0)\\ \dfrac{1}{r}\displaystyle\sum_{n=0}^{\infty}\left(\frac{r_0}{r}\right)^n\mathrm{P}_n(\cos\theta) & (r>r_0)\end{cases} \tag{4}$$

若考虑当 ρ 的值充分小时的展开式

$$(1+\rho^2-2\rho x)^{-\frac{1}{2}}=1-\frac{1}{2}(\rho^2-2\rho x)+$$

$$\frac{3}{8}(\rho^2-2\rho x)^2+\cdots=$$

$$1+\rho x+\rho^{2}\left(\frac{3}{2}x^{2}-\frac{1}{2}\right)+\cdots+$$
$$\rho^{n}(\alpha_{0}x^{n}+\cdots)+\cdots=$$
$$\sum_{n=0}^{\infty}\mathrm{P}_{n}(x)\rho^{n} \tag{5}$$

则不难证明每一个函数 $\mathrm{P}_n(x)$ 是 n 次多项式. 事实上，含 ρ^n 的项是从形状如$(\rho^2-2\rho x)^k$(当 $k\leqslant n$) 的一些括弧中得到的，而且仅当$k=n$时，会含有 x^n 项. 若 $k<n$，则 ρ^n 的系数将含低于 n 次的 x 的乘幂. 因为多项式 $(\rho^2-2\rho x)^k$ 的公项的形状是

$$A_m\rho^{2m}(\rho x)^{k-m}=A_m\rho^{m+k}x^{k-m}\quad(A_m\text{ 是某一常数})$$

因而偶次的 x 乘幂仅含在偶次的 ρ 乘幂的系数中，而奇次的 x 乘幂仅含在奇次的 ρ 乘幂的系数中，所以每一个多项式 $\mathrm{P}_n(x)$ 或者只含有 x 的偶次乘幂，或者只含有 x 的奇次乘幂，这要看 n 是偶数或是奇数来决定.

由此推得

$$\mathrm{P}_n(-x)=(-1)^n\mathrm{P}_n(x) \tag{6}$$

当 $x=1$ 时，母函数 $\Psi(\rho,x)$ 等于

$$\frac{1}{1-\rho}=1+\rho+\rho^2+\cdots+\rho^n+\cdots=\sum_{n=0}^{\infty}\mathrm{P}_n(1)\rho^n \tag{7}$$

所以

$$\mathrm{P}_n(1)=1\quad(\text{对所有的整数值 } n) \tag{8}$$

由公式(6)(8) 推得

$$\mathrm{P}_n(-1)=(-1)^n \tag{9}$$

2. 递推公式

对 ρ 微分 $\Psi(\rho,x)$，不难得到下列关系式

$$(1-2\rho x+\rho^2)\frac{\partial\Psi}{\partial\rho}-(x-\rho)\Psi=0 \tag{10}$$

用级数(3)替代公式(10)中的 Ψ，并用级数

$$\frac{\partial\Psi}{\partial\rho}=\mathrm{P}_1(x)+2\mathrm{P}_2(x)\rho+3\mathrm{P}_3(x)\rho^2+\cdots$$

替代$\frac{\partial\Psi}{\partial\rho}$，把式(10)的左端改写为 ρ 的幂级数，所得的级数的 ρ^n 的系数根据式(10)，应该对所有的 x 都等于零

$$(n+1)\mathrm{P}_{n+1}(x)-x(2n+1)\mathrm{P}_n(x)+n\mathrm{P}_{n-1}(x)=0 \tag{11}$$

这恒等式是联系三个相连的勒让德多项式的递推公式.若考虑到

$$\mathrm{P}_0(x)=1,\mathrm{P}_1(x)=x$$

就可以利用这公式来计算 $\mathrm{P}_n(x)(n>2)$.

让我们来计算多项式 $\mathrm{P}_n(x)$ 的最高次项 x^n 的系数 a_n. 由公式(11)看出

$$a_{n+1}=\frac{2n+1}{n+1}a_n \tag{12}$$

以 $a_0=1$ 替入这公式，顺次地定得

$$a_1=1,a_2=\frac{3}{2},a_3=\frac{5}{2}$$

等，而且用数学归纳法得

$$a_n=\frac{1\cdot3\cdot5\cdot\cdots\cdot(2n-1)}{n!} \tag{13}$$

3. 勒让德方程

我们来证明：$\mathrm{P}_n(x)$ 是勒让德方程

$$\frac{\mathrm{d}}{\mathrm{d}x}\left[(1-x^2)\frac{\mathrm{d}y}{\mathrm{d}x}\right]+\lambda y=0$$

即

$$(1-x^2)y''-2xy'+\lambda y=0$$

在区间 $-1<x<1$ 当 $\lambda=n(n+1)$ 时的有界的解.

对 x 微分下列关系式

$$\Psi(\rho, x) = \sum_{n=0}^{\infty} \mathrm{P}_n(x)\rho^n$$

就得等式

$$(1 - 2x\rho + \rho^2)\frac{\partial \Psi}{\partial x} - \rho\Psi = 0 \tag{14}$$

把它与式(10)合并,将有

$$\rho\frac{\partial \Psi}{\partial \rho} - (x - \rho)\frac{\partial \Psi}{\partial x} = 0 \tag{15}$$

同前面所做的一样,由这公式可得第二个递推公式

$$n\mathrm{P}_n(x) - x\mathrm{P}'_n(x) + \mathrm{P}'_{n-1}(x) = 0 \tag{16}$$

把由式(14)与(15)求得的 $\rho\Psi$ 及 $\rho\dfrac{\partial \Psi}{\partial \rho}$ 的表达式替入如下的恒等式

$$\rho\frac{\partial}{\partial \rho}(\rho\Psi) = \rho\left(\rho\frac{\partial \Psi}{\partial \rho} + \Psi\right) \tag{17}$$

就得到

$$\rho\frac{\partial}{\partial \rho}(\rho\Psi) - (1 - \rho x)\frac{\partial \Psi}{\partial x} = 0 \tag{18}$$

把上式右端展开为一个对于 ρ 的幂级数,并令 ρ^n 的系数等于零,就得到第三个递推公式

$$n\mathrm{P}_{n-1}(x) - \mathrm{P}'_n(x) + x\mathrm{P}'_{n-1}(x) = 0 \tag{19}$$

由式(16)及(19)消去 $\mathrm{P}_{n-1}(x)$ 与 $\mathrm{P}'_{n-1}(x)$. 为此,把由式(16)所得的 $\mathrm{P}'_{n-1}(x)$ 的表达式替入式(19),再把所得的关系式对 x 微分,而且再用公式(16),因而得到一个方程如下

$$(1 - x^2)\mathrm{P}''_n(x) - 2x\mathrm{P}'_n(x) + n(n+1)\mathrm{P}_n(x) = 0 \tag{20}$$

可见勒让德多项式是下述的边界问题的固有函

数：

试求这样的 λ 值，当 λ 等于这值时，则勒让德方程

$$\frac{\mathrm{d}}{\mathrm{d}x}\left[(1-x^2)\frac{\mathrm{d}y}{\mathrm{d}x}\right]+\lambda y=0 \tag{21}$$

在区间 $-1<x<1$ 上具有一个在点 $x=\pm 1$ 上有界的而且满足就范化条件 $\mathrm{P}_n(1)=1$ 的非零解 —— 这解对应于固有值 $\lambda_n=n(n+1)$.

4. 勒让德多项式的正交性

勒让德方程

$$\frac{\mathrm{d}}{\mathrm{d}x}\left[(1-x^2)\frac{\mathrm{d}y}{\mathrm{d}x}\right]+\lambda y=0$$

是方程

$$\frac{\mathrm{d}}{\mathrm{d}x}\left[k(x)\frac{\mathrm{d}y}{\mathrm{d}x}\right]-q(x)y+\lambda\rho y=0 \tag{22}$$

当

$$q=0,\rho=1,k(x)=1-x^2$$

时的一个特殊情形，所以对它可以应用关于方程(22)的一般理论. 由一般理论推得：

1) 不同阶的勒让德多项式在区间 $(-1,1)$ 上互相正交

$$\int_{-1}^{1}\mathrm{P}_n(x)\mathrm{P}_m(x)\mathrm{d}x=0\quad(m\neq n) \tag{23}$$

2) 当 $\lambda=n(n+1)$ 时的勒让德方程的第二个线性无关的解在点 $x=\pm 1$ 上像 $\ln|1\mp x|$ 一样地变为无穷大.

正如我们所熟知的，正交多项式系是封闭①的．由此推得勒让德方程，当 $\lambda \neq n(n+1)$ 时，不会有非零的有界的解 $\mathrm{P}_n(x)$．事实上，假使对于 $\lambda \neq n(n+1)$ 有这样的解 $y_n(x)$ 存在，那么它将与一切的 $\mathrm{P}_n(x)$ 正交．由于正交多项式系 $\{\mathrm{P}_n(x)\}$ 的封闭性，推得

$$y_n(x) \equiv 0$$

5. 勒让德多项式的模数

让我们来计算这模数

$$N_n = \int_{-1}^{1} \mathrm{P}_n^2(x)\mathrm{d}x \tag{24}$$

试考察如下的多项式

$$Q(x) = \mathrm{P}_n(x) - \frac{a_n}{a_{n-1}} x \mathrm{P}_{n-1}(x) \tag{25}$$

上式的 a_n 是 $\mathrm{P}_n(x)$ 的 x^n 项的系数，a_{n-1} 是 $\mathrm{P}_{n-1}(x)$ 的 x^{n-1} 项的系数．多项式 $Q(x)$ 是 $n-2$ 次多项式，所以可

---

① 若不存在一个不恒等于零的连续函数，能与函数系 $\{\varphi_n\}$ 的所有的函数都正交，则这函数系 $\{\varphi_n\}$ 称为封闭的函数系．

倘使用正交函数系 $\{\varphi_n\}$ 的一些函数的线性组合能平均近似于在区间 (a,b) 的任一连续的函数 $f(x)$，而且能准确到任意程度，则这函数系 $\{\varphi_n\}$ 称为在区间 (a,b) 完备的函数系．换言之，不论怎样的 $\varepsilon > 0$，总可以找到函数 φ_n 的这样的线性组合

$$S_n = C_1\varphi_1 + C_2\varphi_2 + \cdots + C_n\varphi_n$$

使得

$$\int_a^b [f(x) - S_n(x)]^2 \mathrm{d}x < \varepsilon$$

对于完备的函数系 $\{\varphi_n\}$，下列关系式成立

$$\int_a^b f^2(x)\mathrm{d}x = \sum_{n=1}^{\infty} N_n f_n^2$$

上式的 f_n 是函数 $f(x)$ 的傅里叶系数

$$f_n = \frac{1}{N_n}\int_a^b f(\xi)\varphi_n(\xi)\mathrm{d}\xi$$

以表示为

$$Q(x)=\sum_{k=0}^{n-2}A_kP_k(x)$$

上式的系数 A_k 可以比较 $P_k(x)$ 的最高次项的系数，由 $k=n-2$ 开始，逐步定出.

由此推得，$Q(x)$ 正交于 $P_n(x)$，有

$$\int_{-1}^{1}P_n(x)Q(x)\mathrm{d}x=0 \tag{26}$$

所以

$$N_n=\int_{1}^{1}P_n(x)\left[\frac{a_n}{a_{n-1}}xP_{n-1}(x)+Q(x)\right]\mathrm{d}x=$$

$$\frac{a_n}{a_{n-1}}\int_{-1}^{1}xP_n(x)P_{n-1}(x)\mathrm{d}x$$

由第一个递推公式表示出

$$xP_n(x)=\frac{n+1}{2n+1}P_{n+1}(x)+\frac{n}{2n+1}P_{n-1}(x)$$

则有

$$N_n=\frac{n}{2n+1}\cdot\frac{a_n}{a_{n-1}}N_{n-1} \tag{27}$$

因为根据公式(12)有

$$\frac{a_n}{a_{n-1}}=\frac{2n-1}{n}$$

所以有

$$N_n=\frac{2n-1}{2n+1}N_{n-1} \tag{28}$$

考虑到

$$P_0(x)=1,N_0=2$$

我们由公式(28)逐步求出

$$N_1=\frac{2}{3},N_2=\frac{2}{5}$$

等，并用数学归纳法求得

$$N_n = \frac{2}{2n+1} \tag{29}$$

所以勒让德多项式 $P_n(x)$ 构成了模数为

$$N_n = \frac{2}{2n+1}$$

的正交系

$$\int_{-1}^{1} P_m(x) P_n(x) dx = \begin{cases} 0 & (n \neq m) \\ \dfrac{2}{2n+1} & (n = m) \end{cases} \tag{30}$$

6. 勒让德多项式的微分公式

我们来证明：勒让德多项式 $P_n(x)$ 可以表示为

$$P_n(x) = \frac{1}{2^n n!} \frac{d^n}{dx^n}[(x^2-1)^n] \tag{31}$$

这微分公式通常叫作罗达立格公式.

为了证明公式(31)，只需证明：

1) $\overline{P}_n(x) = \frac{1}{2^n n!} \frac{d^n}{dx^n}[(x^2-1)^n]$ 是勒让德方程的解；

2) $\overline{P}_n(1) = 1$.

引用记号

$$u = (x^2-1)^n$$

并计算出

$$u' = 2nx(x^2-1)^{n-1}$$

将有

$$(x^2-1)u' - 2nxu = 0$$

把这方程微分 $m+1$ 次，则得

$$(x^2-1)u^{(m+2)} - (2n-2m-2)xu^{(m+1)} + [m(m+1) - 2n(m+1)]u^{(m)} = 0$$

令 $m=n$，而且应该注意这方括弧内的式子等于 $-n(n+1)$，则得

$$(1-x^2)u^{(n+2)}-2xu^{(n+1)}+n(n+1)u^{(n)}=0$$

即这函数

$$\overline{P}_n=\frac{1}{2^n n!}\frac{d^n u}{dx^n}$$

满足勒让德方程

$$(1-x^2)\overline{P}''_n-2x\overline{P}'_n+n(n+1)\overline{P}_n=0$$

所以

$$\overline{P}_n(x)=C_nP_n(x)\quad (C_n\text{ 为某一常数})$$

现在来证

$$\overline{P}_n(1)=1$$

考察下列导函数

$$\begin{aligned}\frac{d^m}{dx^m}[(x^2-1)^n]=\frac{d^m}{dx^m}[(x+1)^n(x-1)^n]=&\\ &c_0(x+1)^{n-m}(x-1)^n+\\ &c_1(x+1)^{n-m+1}(x-1)^{n-1}+\cdots+\\ &c_n(x+1)^n(x-1)^{n-m}\end{aligned}$$

若 $m<n$ 时，则所有的项在点 $x=\pm1$ 上都等于零

$$\left\{\frac{d^m}{dx^m}(x^2-1)^n\right\}_{x=\pm1}=0\quad (m<n)$$

若 $m=n$ 时，则

$$\left\{\frac{d^n}{dx^n}[(x^2-1)^n]\right\}_{x=1}=2^n\cdot n!$$

所以

$$\overline{P}_n(1)=1$$

令 $x=1$，则得

$$C_n=1$$

即

$$\overline{P}_n(x) \equiv P_n(x)$$

因而证明了公式

$$P_n(x) = \frac{1}{2^n n!} \frac{d^n}{dx^n}[(x^2-1)^n]$$

用这公式可以证明勒让德多项式的下述重要的性质：

勒让德多项式 $P_n(x)$ 在区间$(-1,1)$ 内具有 n 个零点，而它的 k 阶导函数 $\frac{d^k}{dx^k}P_n(x)(k \leqslant n)$ 在区间$(-1,1)$ 内具有 $n-k$ 个零点，而且在这区间的端点上不等于零.

事实上，函数$(x^2-1)^n$ 在区间$(-1,1)$ 的端点上等于零，而它的一阶导函数在这区间的端点上亦等于零，而且根据关于导函数的零点的定理，在这区间内至少有一零点. $(x^2-1)^n$ 的二阶导函数在这区间内至少有两个零点，而且在区间的端点上也等于零(图 6). 我们继续进行这样的推理，就得到结论：n 阶导函数在区间$(-1,1)$ 内至少有 n 个零点，而且恰好是 n 个零点，这因为它是 n 次多项式. 这样已证明本引理的结论的第一部分. 根据同一的定理，导函数 $\frac{d}{dx}P_n(x)$ 应该在这区间内至少有 $n-1$ 个零点，但因为这导函数是 $n-1$ 次多项式，所以它在这区间内恰好有 $n-1$ 个零点. 可以同样地证明函数 $\frac{d^k}{dx^k}P_n(x)$ 在这区间内有 $n-k$ 个零点. 本引理证毕.

7. 勒让德多项式的积分公式及其有界性

勒让德多项式 $P_n(\mu)$ 对于变量 $-1 \leqslant \mu \leqslant 1$ 的一切值都是有界函数.

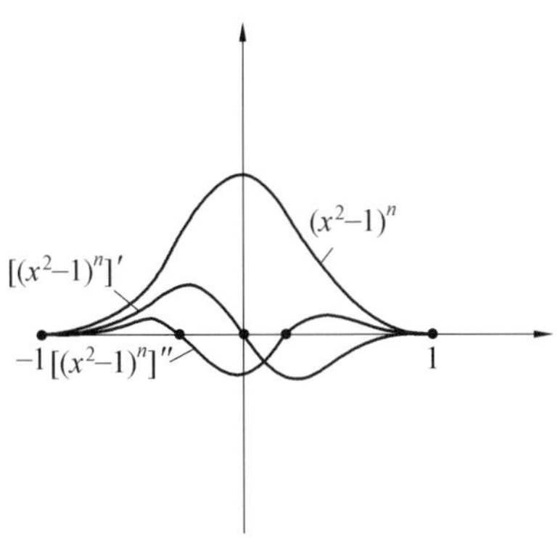

图 6

考察下列积分

$$I=\int_0^{\pi}\frac{\mathrm{d}\varphi}{a-\mathrm{i}b\cos\varphi}\quad(a\text{ 与 }b\text{ 是常数})$$

并求它的值

$$I=a\int_0^{\pi}\frac{\mathrm{d}\varphi}{a^2+b^2\cos^2\varphi}+\mathrm{i}b\int_0^{\pi}\frac{\cos\varphi\mathrm{d}\varphi}{a^2+b^2\cos^2\varphi}=$$

$$a\int_0^{\pi}\frac{\mathrm{d}\varphi}{a^2+b^2\cos^2\varphi}+\mathrm{i}b\int_{-\frac{\pi}{2}}^{\frac{\pi}{2}}\frac{\sin\psi\mathrm{d}\psi}{a^2+b^2\sin^2\psi}=I_1+I_2$$

$$\left(\psi=\varphi-\frac{\pi}{2}\right)\tag{32}$$

因为 I_2 的被积函数是奇函数，所以积分 I_2 等于零. 计算出积分 I_1，则得

$$I_1=\begin{cases}\dfrac{\pi}{\sqrt{a^2+b^2}} & (a>0)\\ -\dfrac{\pi}{\sqrt{a^2+b^2}} & (a<0)\end{cases}\tag{32'}$$

然后令

$$a=1-x\mu,b=x\sqrt{1-\mu^2}$$
$$(0<x<1;-1\leqslant\mu\leqslant1)$$

求得

$$\frac{1}{\pi}\int_0^{\pi}\frac{d\varphi}{1-x(\mu+i\sqrt{1-\mu^2}\cos\varphi)}=\frac{1}{\sqrt{1+x^2-2x\mu}} \tag{33}$$

这式的右端是勒让德多项式的母函数,我们用它定出勒让德多项式

$$\frac{1}{\sqrt{1+x^2-2x\mu}}=\sum_{n=0}^{\infty}x^n P_n(\mu)$$

将式(33)的积分的被积函数展开成级数

$$\frac{1}{1-x(\mu+i\sqrt{1-\mu^2}\cos\varphi)}=\sum_{n=0}^{\infty}x^n(\mu+i\sqrt{1-\mu^2}\cos\varphi)^n \tag{34}$$

因为

$$|x(\mu+i\sqrt{1-\mu^2}\cos\varphi)|=x\sqrt{\mu^2\sin^2\varphi+\cos^2\varphi}\leqslant x<1$$

所以级数(34)是均匀收敛的,而且可以把它逐项积分

$$\frac{1}{\pi}\int_0^{\pi}\frac{1}{1-x(\mu+i\sqrt{1-\mu^2}\cos\varphi)}d\varphi=\sum_{n=0}^{\infty}x^n\frac{1}{\pi}\int_0^{\pi}(\mu+i\sqrt{1-\mu^2}\cos\varphi)^n d\varphi$$

再由公式(3)与(17)得

$$\frac{1}{\sqrt{1+x^2-2x\mu}}=\sum_{n=0}^{\infty}x^n P_n(\mu)=\sum_{n=0}^{\infty}x^n\frac{1}{\pi}\int_0^{\pi}(\mu+i\sqrt{1-\mu^2}\cos\varphi)^n d\varphi$$

由此得到勒让德多项式用积分表出的表示式如下

$$P_n(\mu)=\frac{1}{\pi}\int_0^{\pi}(\mu+i\sqrt{1-\mu^2}\cos\varphi)^n d\varphi$$

$$(-1\leqslant\mu\leqslant1) \tag{35}$$

若$-1\leqslant\mu\leqslant1$,则有

$$|\mu+\mathrm{i}\sqrt{1-\mu^2}\cos\varphi|=\sqrt{\mu^2\sin^2\varphi+\cos^2\varphi}\leqslant1$$

所以下列关于 $P_n(\mu)$ 的不等式必成立

$$|P_n(\mu)|\leqslant\frac{1}{\pi}\int_0^\pi\mathrm{d}\varphi=1\quad(-1\leqslant\mu\leqslant1)$$

而且仅当 $\mu=\pm1$ 时取等号.

因而证明了勒让德多项式在 μ 介于 -1 与 1 间的全部变化区间上的有界性

$$|P_n(\mu)|\leqslant1 \tag{36}$$

8. 伴随函数

除了勒让德多项式 $P_n(x)$ 之外,还有伴随函数 $P_n^{(m)}(x)$ 也很重要,它是方程

$$\frac{\mathrm{d}}{\mathrm{d}x}\left[(1-x^2)\cdot\frac{\mathrm{d}z}{\mathrm{d}x}\right]+\left(\lambda-\frac{m^2}{1-x^2}\right)z=0 \tag{37}$$

在区间$(-1,1)$的有界的解,方程(37)又可写为

$$(1-x^2)z''-2xz'+\left(\lambda-\frac{m^2}{1-x^2}\right)z=0 \tag{37'}$$

伴随函数能用勒让德多项式定出

$$P_n^{(m)}(x)=(1-x^2)^{\frac{m}{2}}\frac{\mathrm{d}^m}{\mathrm{d}x^m}P_n(x) \tag{38}$$

让我们来证明这公式.

用变量置换

$$z=(1-x^2)^{\frac{m}{2}}Y(x)$$

把这伴随函数的方程(37′)化为下列形状

$$(1-x^2)Y''-2(m+1)xY'+[\lambda-m(m+1)]Y=0 \tag{39}$$

现在来证 n 阶的勒让德多项式的 m 阶的导函数满足方程(39).事实上,把勒让德方程(21)对 x 微分 m

次，化简后就得

$$(1-x^2)\frac{d^{m+2}y}{dx^{m+2}}-2(m+1)x\frac{d^{m+1}y}{dx^{m+1}}+$$

$$[\lambda-m(m+1)]\frac{d^m y}{dx^m}=0 \tag{40}$$

把这结果与公式(39)比较，就看出：函数

$$Y(x)=\frac{d^m y(x)}{dx^m}$$

是方程(39)的一个特解，所以，表达式

$$Z=(1-x^2)^{\frac{m}{2}}Y(x)=(1-x^2)^{\frac{m}{2}}\frac{d^m}{dx^m}y(x) \tag{41}$$

满足伴随函数的方程，而且它在 $x=\pm 1$ 处是有界的.

当

$$\lambda=n(n+1)$$

与

$$y=P_n(x)$$

时，我们得到关于 m 阶的伴随函数的公式(41). 由这公式看出 $P_n^{(m)}(x)$ 仅当 $m\leqslant n$ 时才能异于零.

根据前面所讲的一般的定理：伴随函数构成正交函数系，现计算伴随函数的模数，同时将顺便证明它的正交性.

把方程(40)乘以 $(1-x^2)^m$，而且表出这结果如下

$$\frac{d}{dx}\left[(1-x^2)^{m+1}\frac{d^{m+1}}{dx^{m+1}}P_n\right]=$$

$$-[\lambda-m(m+1)](1-x^2)^m\frac{d^m P_n}{dx^m}$$

经替换

$$m'=m+1$$

后即得

$$\frac{\mathrm{d}}{\mathrm{d}x}\left[(1-x^2)^{m'}\frac{\mathrm{d}^{m'}\mathrm{P}_n}{\mathrm{d}x^{m'}}\right]=$$

$$-[\lambda-m'(m'-1)](1-x^2)^{m'-1}\frac{\mathrm{d}^{m'-1}\mathrm{P}_n}{\mathrm{d}x^{m'-1}} \quad (42)$$

引用下列记号

$$L_{n,k}^{m}=\int_{-1}^{1}\mathrm{P}_n^{(m)}(x)\mathrm{P}_k^{(m)}(x)\mathrm{d}x=$$

$$\int_{-1}^{1}(1-x^2)^m\frac{\mathrm{d}^m\mathrm{P}_n}{\mathrm{d}x^m}\frac{\mathrm{d}^m\mathrm{P}_k}{\mathrm{d}x^m}\mathrm{d}x$$

右端经分部积分后得

$$L_{n,k}^{m}=\left[\frac{\mathrm{d}^{m-1}\mathrm{P}_k}{\mathrm{d}x^{m-1}}\frac{\mathrm{d}^m\mathrm{P}_n}{\mathrm{d}x^m}(1-x^2)^m\right]_{-1}^{1}-$$

$$\int_{-1}^{1}\frac{\mathrm{d}^{m-1}\mathrm{P}_k}{\mathrm{d}x^{m-1}}\frac{\mathrm{d}}{\mathrm{d}x}\left[(1-x^2)^m\frac{\mathrm{d}^m\mathrm{P}_n}{\mathrm{d}x^m}\right]\mathrm{d}x$$

替代项等于零，可是积分项由于微分方程(42)能变换为下面的形状

$$L_{n,k}^{m}=[n(n+1)-m(m-1)]\cdot$$

$$\int_{-1}^{1}(1-x^2)^{m-1}\frac{\mathrm{d}^{m-1}}{\mathrm{d}x^{m-1}}\mathrm{P}_n\frac{\mathrm{d}^{m-1}}{\mathrm{d}x^{m-1}}\mathrm{P}_k\mathrm{d}x=$$

$$(n+m)(n-m+1)L_{n,k}^{m-1}$$

继续进行类似的变换，则得到公式

$$L_{n,k}^{m}=(n+m)(n+m-1)\cdots$$

$$(n+1)n\cdots(n-m+1)L_{n,k}^{0}=$$

$$\frac{(n+m)!}{n!}\cdot\frac{n!}{(n-m)!}L_{n,k}^{0}=$$

$$\frac{(n+m)!}{(n-m)!}L_{n,k}^{0}$$

用等式(30)有

$$L_{n,k}^{0}=\int_{-1}^{1}\mathrm{P}_n(x)\mathrm{P}_k(x)\mathrm{d}x=$$

$$\begin{cases} 0 & (k \neq n) \\ \dfrac{2}{2n+1} & (k = n) \end{cases}$$

根据前一个式子,最后得

$$\int_{-1}^{1} \mathrm{P}_n^{(m)}(x)\mathrm{P}_k^{(m)}(x)\mathrm{d}x = \begin{cases} 0 & (k \neq n) \\ \dfrac{2}{2n+1}\dfrac{(n+m)!}{(n-m)!} & (k = n) \end{cases} \tag{43}$$

即伴随函数互相正交,而且具有模数如下

$$\int_{-1}^{1} [\mathrm{P}_n^{(m)}(x)]^2 \mathrm{d}x = \frac{2}{2n+1} \cdot \frac{(n+m)!}{(n-m)!} \tag{43'}$$

9. 伴随函数系的封闭性

我们来证:伴随函数系$\{\mathrm{P}_n^{(m)}(x)\}$已经毫无遗漏地包括方程(37)的一切有界的解.

事实上,当$\lambda = n(n+1)$时,与$\mathrm{P}_n^{(m)}(x)$线性无关的解在点$x = \pm 1$上为无穷大.当$\lambda \neq n(n+1)$时的有界的解应该与所有的$\mathrm{P}_n^{(m)}(x)$都正交.

为了证明方程(37)没有与$\mathrm{P}_n^{(m)}(x)$不同的有界的解起见,只需证明伴随函数系$\{\mathrm{P}_n^{(m)}(x)\}$是封闭的,就是说,不恒等于零的连续函数,同时能与这函数系的一切的函数都正交,是不可能存在的.

引理 若任一函数$f(x)$在闭区间$[-1,1]$连续,而在这区间的端点$x=-1$及$x=1$上等于零,则$f(x)$可以用任一阶数m的伴随函数系的一些多项式来均匀近似到任意准确程度.

先应指出:勒让德多项式的导函数$\dfrac{\mathrm{d}^m}{\mathrm{d}x^m}\mathrm{P}_n(x)$是$n-m$次的多项式.既然$x$的任一多项式可以表示为这些多项式的线性组合,那么根据维尔斯特拉斯定理,

任何一个在闭区间[-1,1]上连续的函数 $\overline{f}(x)$ 都可用$\frac{\mathrm{d}^m}{\mathrm{d}x^m}\mathrm{P}_n(x)$的线性组合来均匀地近似到任意的准确程度

$$|\overline{f}(x)-\sum_{n=m}^{n_0}c_n\frac{\mathrm{d}^m}{\mathrm{d}x^m}\mathrm{P}_n(x)|<\varepsilon\quad(n_0>N(\varepsilon))\tag{44}$$

以$(1-x^2)^{\frac{m}{2}}$乘这不等式,则得

$$|f_1(x)-\sum_{n=m}^{n_0}c_nP_n^{(m)}(x)|<\varepsilon\quad(n_0>N(\varepsilon))\tag{45}$$

上式中的

$$f_1(x)=(1-x^2)^{\frac{m}{2}}\overline{f}(x)\tag{46}$$

就是说,可以用伴随函数的线性组合来均匀地近似于一个能表示为形式(46)的任一函数 $f_1(x)$,而且准确到任意程度(在式(46)中,$\overline{f}(x)$ 是在闭区间[-1,1]上连续的函数).

若一函数 $f_1(x)$ 在闭区间[-1,1]上连续,而且在点 $x=-1$ 及 $x=1$ 的小邻域内恒等于零,即当 $|1-\delta|\leqslant|x|\leqslant1$ 时

$$f_1(x)=0$$

那么我们说:函数 $f_1(x)$ 是属于类型 H_1 的.因为对于类型 H_1 的任一函数 $f_1(x)$,则函数

$$\overline{f}(x)=\frac{f_1(x)}{(1-x^2)^{\frac{m}{2}}}$$

在闭区间[-1,1]上连续,所以对于类型 H_1 的函数,本引理已证明.

现在考虑在闭区间[-1,1]上连续而在端点上等

于零的一个函数 $f(x)$，显然，可以用类型 H_1 中的一个函数 $f_1(x)$ 来均匀近似函数 $f(x)$，而且能使近似的准确程度达到 $\frac{\varepsilon}{2}$，有

$$|f(x)-f_1(x)|<\frac{\varepsilon}{2}$$

用伴随函数系的一个多项式来近似 $f_1(x)$，使它准确到 $\frac{\varepsilon}{2}$，有

$$|f_1(x)-\sum\nolimits_1(x)|<\frac{\varepsilon}{2}$$

$$\left(\sum\nolimits_1(x)=\sum_{n=m}^{n_0}c_n\mathrm{P}_n^{(m)}(x)\right)$$

则得不等式

$$|f(x)-\sum\nolimits_1(x)|<\varepsilon$$

这就证明了引理.

用本引理极容易证明伴随函数系的完备性，因而证明它的封闭性.

提醒一下：倘使可以用函数系 $\{\varphi_n(x)\}$ 的一些函数的线性组合，平均近似于任何一个在闭区间 $[a,b]$ 上连续的函数 $F(x)$，而且能准确到任意的程度

$$\int_a^b\left[F(x)-\sum_{n=1}^{n_0}c_n\varphi_n(x)\right]^2\mathrm{d}x<\varepsilon\quad(n_0>N(\varepsilon))$$

那么这函数系 $\{\varphi_n(x)\}$ 就叫作在这闭区间 $[a,b]$ 上是完备的.

显而易见，可以采用在 $[-1,1]$ 上连续而在 $x=\pm1$ 等于零的一个函数 $f(x)$，使它平均近似于任何一个在闭区间 $[-1,1]$ 上连续的函数 $F(x)$，而准确到任意的程度

$$\int_{-1}^{1}[F(x)-f(x)]^2\mathrm{d}x<\varepsilon'$$

取伴随函数的线性组合,使它均匀地近似于函数 $f(x)$,有

$$|f(x)-\sum\nolimits_1(x)|<\varepsilon''$$

而且利用不等式

$$(a+b)^2\leqslant 2(a^2+b^2)$$

则得

$$\int_{-1}^{1}[F(x)-\sum\nolimits_1(x)]^2\mathrm{d}x\leqslant$$

$$2\int_{-1}^{1}[F(x)-f(x)]^2\mathrm{d}x+$$

$$2\int_{-1}^{1}[f(x)-\sum\nolimits_1(x)]^2\mathrm{d}x<$$

$$\varepsilon\quad(2\varepsilon'+4(\varepsilon'')^2\leqslant\varepsilon)$$

这就证明了伴随函数系的完备性,因而证明了其封闭性.

§8　调和多项式与球函数

1. 调和多项式

满足拉普拉斯方程

$$\Delta u=u_{xx}+u_{yy}+u_{zz}=0 \tag{1}$$

的多项式叫作调和多项式.

不难证明一次与二次的齐次调和多项式的形式如下

$$u_1(x,y,z)=Ax+By+Cz$$

$$u_2(x,y,z)=Ax^2+By^2-(A+B)z^2+$$

$$Cxy + Dxz + Eyz$$

上式的 A,B,C,D,E 是任意的常数.

让我们定出 n 次的线性无关的齐次调和多项式

$$u_n = \sum_{p+q+r=n} \alpha_{p,q,r} x^p y^q z^r \qquad (2)$$

的个数. n 次的齐次整函数有 $\frac{(n+1)(n+2)}{2}$ 个系数.

事实上,等式(2)的右端可以表示如下

$$\alpha_{0,0,n} z^n + (\alpha_{1,0,n-1} x + \alpha_{0,1,n-1} y) z^{n-1} \cdots +$$
$$(\alpha_{n-1,0,1} x^{n-1} + \alpha_{n-2,1,1} x^{n-2} y + \cdots + \alpha_{0,n-1,1} y^{n-1}) z +$$
$$(\alpha_{n,0,0} x^n + \alpha_{n-1,1,0} x^{n-1} y + \cdots + \alpha_{0,n,0} y^n) z^0$$

z^n 的系数只有一个,z^{n-1} 的系数有两个,……,z 的系数有 n 个,而 z^0 的系数有 $n+1$ 个,所以系数的总数等于

$$1 + 2 + \cdots + n + (n+1) = \frac{(n+1)(n+2)}{2} \qquad (3)$$

方程(1)附加到系数上的条件共有 $\frac{n(n-1)}{2}$ 个线性齐次关系式,所以如此是因为 Δu_n 是次数为 $n-2$ 的齐次多项式. 可见调和多项式 u_n 应当有不比

$$\frac{(n+1)(n+2)}{2} - \frac{n(n-1)}{2} = 2n+1$$

个数少的线性无关的系数. 但是倘使上述的 $\frac{n(n-1)}{2}$ 个关系式是线性相关的,那么线性无关系数的个数也许超过 $2n+1$ 个.

现证:仅有 $2n+1$ 个系数是线性无关的. 齐次多项式的系数 $\alpha_{p,q,r}$ 可以表示为

$$\alpha_{p,q,r} = \frac{1}{p!\ q!\ r!} \frac{\partial^n u_n}{\partial x^p \partial y^q \partial z^r}$$

若 u_n 是调和多项式,则当 $r \geqslant 2$ 时的 $\alpha_{p,q,r}$ 可以用系数

$\alpha_{p,q,0}$ 与 $\alpha_{p,q,1}$ 表出，而 $\alpha_{p,q,0}$ 与 $\alpha_{p,q,1}$ 的个数恰好等于 $2n+1$ 个.

事实上

$$\alpha_{p,q,r}=\frac{1}{p!\ q!\ r!}\ \frac{\partial^{n-2}}{\partial x^{p}\partial y^{q}\partial z^{r-2}}\left[\frac{\partial^{2}u_{n}}{\partial z^{2}}\right]=$$

$$\frac{1}{p!\ q!\ r!}\ \frac{\partial^{n-2}}{\partial x^{p}\partial y^{q}\partial z^{r-2}}\left[-\frac{\partial^{2}u_{n}}{\partial x^{2}}-\frac{\partial^{2}u_{n}}{\partial y^{2}}\right]=$$

$$\beta_1\alpha_{p+2,q,r-2}+\beta_2\alpha_{p,q+2,r-2}$$

把系数 $\alpha_{p+2,q,r-2}$ 与 $\alpha_{p,q+2,r-2}$ 用相仿的方法处理，最后我们就能把 $\alpha_{p,q,r}$ 用 $\alpha_{p,q,0}$ $(p+q=n)$ 与 $\alpha_{p,q,1}$ $(p+q+1=n)$ 类型的系数表示出，可是 $\alpha_{p,q,0}$ 类型的系数的个数是 $n+1$ 个，而 $\alpha_{p,q,1}$ 类型的系数个数是 n 个，所以线性无关的系数的总数恰好是 $2n+1$ 个，因而线性无关的 n 次调和多项式的个数恰好也是 $2n+1$ 个.

齐次调和多项式叫作球体函数.

2. 球(面) 函数

用分离变量法来解决球体区域的拉普拉斯方程时，最简单的方法是引入球(面) 函数.

我们要找下列方程

$$\Delta u=\frac{1}{r^{2}}\frac{\partial}{\partial r}\left(r^{2}\frac{\partial u}{\partial r}\right)+\frac{1}{r^{2}\sin\theta}\frac{\partial}{\partial\theta}\left(\sin\theta\frac{\partial u}{\partial\theta}\right)+\frac{1}{r^{2}\sin^{2}\theta}\frac{\partial^{2}u}{\partial\varphi^{2}}=0\qquad(4)$$

的解，令

$$u(r,\theta,\varphi)=R(r)\mathrm{Y}(\theta,\varphi)$$

我们得到一个为了确定 $R(r)$ 的欧拉方程

$$r^{2}R''+2rR'-\lambda R=0\qquad(4')$$

而且得到为了确定 $\mathrm{Y}(\theta,\varphi)$ 的方程

$$\Delta_{\theta,\varphi}\mathrm{Y}+\lambda\mathrm{Y}=\frac{1}{\sin\theta}\frac{\partial}{\partial\theta}\left(\sin\theta\frac{\partial\mathrm{Y}}{\partial\theta}\right)+$$

$$\frac{1}{\sin^2\theta}\frac{\partial^2 Y}{\partial\varphi^2}+\lambda Y=0 \tag{5}$$

及函数 Y 在整个球面上的有界性附加条件.

特别地,$Y(\theta,\varphi)$ 应满足如下条件

$$\begin{cases} Y(\theta,\varphi+2\pi)=Y(\theta,\varphi) \\ |Y(0,\varphi)|<\infty,\ |Y(\pi,\varphi)|<\infty \end{cases} \tag{5'}$$

方程(5)的有连续二阶导函数的有界的解,叫球(面)函数.

我们也用变量分离法,就是令

$$Y(\theta,\varphi)=\Theta(\theta)\Phi(\varphi)$$

的办法来求关于 $Y(\theta,\varphi)$ 的问题的解.

函数 $\Phi(\varphi)$ 满足下列方程

$$\Phi''+\mu\Phi=0$$

及周期性的条件

$$\Phi(\varphi+2\pi)=\Phi(\varphi)$$

关于 $\Phi(\varphi)$ 的问题仅当 $\mu=m^2$(m 为整数)时才能有解,它们的线性无关的解是函数 $\cos m\varphi$ 与 $\sin m\varphi$. 函数 $\Theta(\theta)$ 是从如下的方程

$$\frac{1}{\sin\theta}\frac{\mathrm{d}}{\mathrm{d}\theta}\left(\sin\theta\frac{\mathrm{d}\Theta}{\mathrm{d}\theta}\right)+\left(\lambda-\frac{\mu}{\sin^2\theta}\right)\Theta=0$$

在 $\theta=0$ 及 $\theta=\pi$ 的有界性条件下确定的.

引入新变量

$$t=\cos\theta$$

而且采用符号

$$X(t)\big|_{t=\cos\theta}=X(\cos\theta)=\Theta(\theta)$$

就得到关于 $X(t)$ 的伴随函数方程

$$\frac{\mathrm{d}}{\mathrm{d}t}\left[(1-t^2)\frac{\mathrm{d}X}{\mathrm{d}t}\right]+\left(\lambda-\frac{m^2}{1-t^2}\right)X=0$$

$$(-1<t<1) \tag{6}$$

仅当 $\lambda=n(n+1)$ 时，方程(6) 才能具有有界解

$$X(t)\big|_{t=\cos\theta}=\mathrm{P}_n^{(m)}(t)\big|_{t=\cos\theta}=\mathrm{P}_n^{(m)}(\cos\theta)=\Theta(\theta)$$

此处

$$m\leqslant n$$

把所得的 n 阶的球函数的基本系写出，让我们作如下的规定：把含有 $\cos k\varphi$ 的这些函数添写一个负的上标数，把含 $\sin k\varphi$ 的函数添写一个正的上标数. 于是有

$$\begin{cases}\mathrm{Y}_n^{(0)}(\theta,\varphi)=\mathrm{P}_n(\cos\theta)\quad(m=0)\\ \mathrm{Y}_n^{(-1)}(\theta,\varphi)=\mathrm{P}_n^{(1)}(\cos\theta)\cos\varphi,\mathrm{Y}_n^{(1)}(\theta,\varphi)=\\ \mathrm{P}_n^{(1)}(\cos\theta)\sin\varphi\quad(m=1)\\ \vdots\\ \mathrm{Y}_n^{(-k)}(\theta,\varphi)=\mathrm{P}_n^{(k)}(\cos\theta)\cos k\varphi,\mathrm{Y}_n^{(k)}(\theta,\varphi)=\\ \mathrm{P}_n^{(k)}(\cos\theta)\sin k\varphi\\ (m=k)\quad(k=1,2,\cdots,n)\end{cases}\tag{7}$$

n 阶的互异的球函数 $\mathrm{Y}_n^{(m)}$ 的个数是 $2n+1$ 个，这些 $2n+1$ 个球函数(7) 的线性组合

$$\mathrm{Y}_n(\theta,\varphi)=\sum_{m=0}^{n}(A_{nm}\cos m\varphi+B_{nm}\sin m\varphi)\mathrm{P}_n^{(m)}(\cos\theta)\tag{7'}$$

也是球函数. 线性组合(7′) 又可改写为

$$\mathrm{Y}_n(\theta,\varphi)=\sum_{m=-n}^{n}C_{mn}\mathrm{Y}_n^{(m)}(\theta,\varphi)$$

此处

$$C_{mn}=\begin{cases}A_{nm}\quad(m\leqslant 0)\\ B_{nm}\quad(m>0)\end{cases}$$

函数

$$\mathrm{Y}_n^{(0)}=\mathrm{P}_n(\cos\theta)$$

不依赖于变量 φ，叫作球带函数. 因为 $P_n(t)$ 在区间 $(-1,1)$ 内恰有 n 个零点，所以在球面

$$v=r^n\sin^k\theta\cos k\varphi\cos^{n-k-2q}\theta$$

这里的 q 是从 0 变到$\frac{n-k}{2}$. 函数 v 可以表为三个多项式的乘积的形式

$$v=u_1\cdot u_2\cdot u_3$$

此处

$$u_1=r^k\sin^k\theta\cos k\varphi=\mathrm{Re}[r\sin\theta e^{i\varphi}]^k=\mathrm{Re}[(x+iy)^k]$$

$$u_2=r^{n-k-2q}\cos^{n-k-2q}\theta=z^{n-k-2q}$$

$$u_3=r^{2q}=(x^2+y^2+z^2)^q$$

由此很明显的看出函数 $r^n Y_n^{(k)}(\theta,\varphi)$ 是次数

$$k+n-k-2q+2q=n$$

的齐次多项式.

显然，球函数是球体函数(7)与(7′)在单位半径的球面上之值.

3. 球函数系的正交性

现证：与不同的 λ 值对应的球函数在球面 Σ 上互相正交. 设 Y_1 与 Y_2 满足如下方程

$$\Delta_{\theta,\varphi}Y_1+\lambda_1Y_1=0,\Delta_{\theta,\varphi}Y_2+\lambda_2Y_2=0 \tag{8}$$

此处的

$$\Delta_{\theta,\varphi}=\frac{1}{\sin\theta}\frac{\partial}{\partial\theta}\left(\sin\theta\frac{\partial}{\partial\theta}\right)+\frac{1}{\sin^2\theta}\frac{\partial^2}{\partial\varphi^2}$$

不难看出，下列公式成立

$$\iint_\Sigma Y_2\Delta_{\theta,\varphi}Y_1\mathrm{d}\Omega=-\iint_\Sigma\left\{\frac{\partial Y_1}{\partial\theta}\frac{\partial Y_2}{\partial\theta}+\frac{1}{\sin^2\theta}\frac{\partial Y_1}{\partial\varphi}\cdot\frac{\partial Y_2}{\partial\varphi}\right\}\mathrm{d}\Omega$$

$$(\mathrm{d}\Omega=\sin\theta\mathrm{d}\theta\mathrm{d}\varphi) \tag{8′}$$

用分部积分法极容易得到这公式.

在球面[①]上则有

$$\text{grad }u=\frac{\partial u}{\partial\theta}i_\theta+\frac{1}{\sin\theta}\frac{\partial u}{\partial\varphi}i_\varphi$$

$$\text{div }\mathbf{A}=\frac{1}{\sin\theta}\left[\frac{\partial}{\partial\theta}(\sin\theta A_\theta)+\frac{\partial A_\varphi}{\partial\varphi}\right]$$

所以

$$\Delta_{\theta,\varphi}u=\text{div grad }u$$

而公式(8′)可以写为下列形式

$$\iint\limits_{\Sigma}\mathrm{Y}_2\Delta_{\theta,\varphi}\mathrm{Y}_1\mathrm{d}\Omega=-\iint\limits_{\Sigma}\text{grad }\mathrm{Y}_1\cdot\text{grad }\mathrm{Y}_2\cdot\mathrm{d}\Omega$$

交换在公式(8′)的函数 Y_1 与 Y_2 的地位,把所有的公式与公式(8′)相减,则有

$$J=\iint\limits_{\Sigma}\{\mathrm{Y}_2\Delta_{\theta,\varphi}\mathrm{Y}_1-\mathrm{Y}_1\Delta_{\theta,\varphi}\mathrm{Y}_2\}\mathrm{d}\Omega=0\qquad(9)$$

公式(8′)与公式(9)是关于球函数的运算子的格林公式.

由公式(9)极易推得函数 Y_1 与 Y_2 的正交性.事实上,利用方程(5),由公式(9)推得

$$J=(\lambda_2-\lambda_1)\iint\limits_{\Sigma}\mathrm{Y}_1\mathrm{Y}_2\mathrm{d}\Omega=0$$

当 $\lambda_1\neq\lambda_2$ 时,就推得

$$\iint\limits_{\Sigma}\mathrm{Y}_1\mathrm{Y}_2\mathrm{d}\Omega=0$$

即

$$\int_0^{2\pi}\int_0^{\pi}\mathrm{Y}_1(\theta,\varphi)\mathrm{Y}_2(\theta,\varphi)\sin\theta\mathrm{d}\theta\mathrm{d}\varphi=0$$

---

① 本段中所谓球面是指单位球的球面.——译者注

因而就证明了对应于不同的 λ 值的球函数(在球面上)的正交性.

当 $\lambda=n(n+1)$ 时,我们在前面已经得到 $2n+1$ 个 n 阶的球函数系.现在来证明:这些球函数在球面上也是互相正交的.

设 $Y_n^{(k_1)}$ 与 $Y_n^{(k_2)}$ 是两个球函数,把它们的乘积取积分,则得

$$\iint_\Sigma Y_n^{(k_1)} Y_n^{(k_2)}\,d\Omega=$$

$$\int_0^{2\pi}\int_0^{\pi} Y_n^{(k_1)}(\theta,\varphi) Y_n^{(k_2)}(\theta,\varphi)\sin\theta\,d\theta\,d\varphi=$$

$$\int_0^{2\pi}\cos k_1\varphi\cos k_2\varphi\,d\varphi\int_0^{\pi} P_n^{(k_1)}(\cos\theta)P_n^{(k_2)}(\cos\theta)\sin\theta\,d\theta=$$

$$\int_0^{2\pi}\cos k_1\varphi\cos k_2\varphi\,d\varphi\int_{-1}^{1} P_n^{(k_1)}(t)P_n^{(k_2)}(t)\,dt=$$

$$\begin{cases} 0 & (k_1\neq k_2)\\ \dfrac{2\pi}{2n+1}\dfrac{(n+k)!}{(n-k)!} & (k_1=k_2=k\neq 0)\\ 2\pi\cdot\dfrac{2}{2n+1} & (k_1=k_2=0)\end{cases}\tag{8''}$$

这就是说,由公式(7)定得的这些球函数在区域 $0\leqslant\theta\leqslant\pi$,$0\leqslant\varphi\leqslant 2\pi$ 上构成了正交系,而且它们的模数是

$$\int_0^{2\pi}\int_0^{\pi}[Y_n^{(k)}(\theta,\varphi)]^2\sin\theta\,d\theta\,d\varphi=\frac{2}{2n+1}\pi\varepsilon_k\frac{(n+k)!}{(n-k)!}\tag{8'''}$$

上式的 $\varepsilon_0=2$,当 $k>0$ 时,$\varepsilon_k=1$.

假定任一函数 $f(\theta,\varphi)$ 都可以按照这些球函数展开为一个级数,再假定这级数可以逐项积分,则得

$$f(\theta,\varphi)=\sum_{n=0}^{\infty}\sum_{m=0}^{n}(A_{nm}\cos m\varphi+B_{nm}\sin m\varphi)\mathrm{P}_n^{(m)}(\cos\theta)=\sum_{n=0}^{\infty}\mathrm{Y}_n(\theta,\varphi)$$

上式的 A_{nm} 与 B_{nm} 是由下列公式确定的傅里叶系数

$$\begin{cases}A_{nm}=\dfrac{\displaystyle\int_0^{2\pi}\int_0^{\pi}f(\theta,\varphi)\mathrm{P}_n^{(m)}(\cos\theta)\cos m\varphi\sin\theta\mathrm{d}\theta\mathrm{d}\varphi}{N_{nm}}\\[2ex] B_{nm}=\dfrac{\displaystyle\int_0^{2\pi}\int_0^{\pi}f(\theta,\varphi)\mathrm{P}_n^{(m)}(\cos\theta)\sin m\varphi\sin\theta\mathrm{d}\theta\mathrm{d}\varphi}{N_{nm}}\end{cases}$$

$$\left(N_{nm}=\frac{2\pi\varepsilon_m}{2n+1}\frac{(n+m)!}{(n-m)!},\varepsilon_m=\begin{cases}2 & (m=0)\\1 & (m>0)\end{cases}\right)$$

拉普拉斯方程的内边界问题的通解，可以表示如下

$$u(r,\theta,\varphi)=\sum_{n=0}^{\infty}\left(\frac{r}{a}\right)^n\mathrm{Y}_n(\theta,\varphi)$$

而外边界问题的通解可以表示如下

$$u(r,\theta,\varphi)=\sum_{n=0}^{\infty}\left(\frac{a}{r}\right)^{n+1}\mathrm{Y}_n(\theta,\varphi)$$

若在半径为 a 的球面上给出边界条件

$$u\Big|_{\Sigma}=f(\theta,\varphi)$$

则我们得

$$f(\theta,\varphi)=\sum_{n=0}^{\infty}\mathrm{Y}_n(\theta,\varphi)$$

4. 球函数系的完备性

现在来证明公式(7)所定出的球函数系的完备性. 先来证明：具有连续的二阶导函数的任一函数

$f(\theta,\varphi)$ 可以用球函数系的多项式来均匀近似.

试考察这样的函数的傅里叶级数展开式

$$f(\theta,\varphi)=\sum_{m=0}^{\infty}[A_m(\theta)\cos m\varphi+B_m(\theta)\sin m\varphi]$$

利用 f 的二阶导函数的有界性,很容易估计出这展开式的系数 A_m 与 B_m,有

$$|A_m|<\frac{M}{m^2},\ |B_m|<\frac{M}{m^2}$$

此处

$$M=\max|f_{\varphi\varphi}|$$

由此推得:关于傅里叶级数的余项,下面的均匀的估计式成立

$$|f(\theta,\varphi)-\sum_{m=0}^{m_0}[A_m(\theta)\cos m\varphi+B_m(\theta)\sin m\varphi]|=$$

$$|R_{m_0}|<2M\sum_{m=m_0}^{\infty}\frac{1}{m^2}<\varepsilon' \tag{10}$$

此处 $\varepsilon'>0$ 是任一正数.

既然傅里叶级数的系数 $A_m(\theta)$ 与 $B_m(\theta)$ 是 θ 的连续函数,而且当 θ 等于 0 或 π 时,这些系数等于零,所以可以用 m 阶的伴随函数的线性组合来均匀地近似这些系数

$$\left|A_m(\theta)-\sum_{k=0}^{n}a_k\mathrm{P}_k^{(m)}(\cos\theta)\right|<\frac{\varepsilon'}{2m_0+1}$$

$$\left|B_m(\theta)-\sum_{k=0}^{n}b_k\mathrm{P}_k^{(m)}(\cos\theta)\right|<\frac{\varepsilon'}{2m_0+1} \tag{11}$$

于是由不等式(10) 与(11) 将推出

$$|f(\theta,\varphi)-\sum_{m=0}^{m_0}\sum_{k=0}^{n}[a_k\mathrm{P}_k^{(m)}(\cos\theta)\cos m\varphi+$$

$$b_k\mathrm{P}_k^{(m)}(\cos\theta)\sin m\varphi]|<2\varepsilon' \tag{12}$$

这证明了:任何一个二次可微的函数 $f(\theta,\varphi)$ 都可以用球函数系的一个多项式来均匀近似. 由此推得:任一连续函数都可以用球函数系的一个多项式来均匀近似而且准确到任意程度,所以也可以用球函数系的一个多项式来平均地近似[①]. 这就证明了由式(7) 所确定的球函数系的完备性. 由这函数系的完备性推得其封闭性.

这样,我们已经证得:当 $\lambda \neq n(n+1)$ 时,球函数方程没有有界的解,而且当 $\lambda = n(n+1)$ 时,一切的 n 阶的球函数都由公式(7′) 表出.

5. 按照球函数展开的展开式

球函数是方程

$$\frac{1}{\sin\theta}\frac{\partial}{\partial\theta}\left(\sin\theta\frac{\partial u}{\partial\theta}\right)+\frac{1}{\sin^2\theta}\frac{\partial^2 u}{\partial\varphi^2}+\lambda u=0 \text{ 或 } \Delta_{\theta,\varphi}u+\lambda u=0 \tag{13}$$

在球面 $\Sigma(0 \leqslant \varphi \leqslant 2\pi, 0 \leqslant \theta \leqslant \pi)$ 而且在有界性的附加条件下的固有函数.

为了使二次连续可微的任意的一个函数 $f(\theta,\varphi)$ 可以按照球函数展开为级数在理论上有所根据起见,把它转变为对应的积分方程. 为了这目的,在解的对于 $\theta=0,\pi$ 的有界性附加条件下,构造出方程

$$\Delta_{\theta,\varphi}u=\frac{1}{\sin\theta}\frac{\partial}{\partial\theta}\left(\sin\theta\frac{\partial u}{\partial\theta}\right)+\frac{1}{\sin^2\theta}\frac{\partial^2 u}{\partial\varphi^2}=0 \tag{14}$$

的源函数.

前面已经说明:在球面上有

$$\Delta_{\theta,\varphi}u=(\operatorname{div}\operatorname{grad}u)_{\theta,\varphi} \tag{15}$$

① "所以 …… 来平均地近似"一句话为原书所没有的,译者是根据原著者来函指示而添上去的.

可以把方程(14)看作关于温度在球面上的稳定分布的方程,或看作稳定的电流在球面上分布的方程.

由此,可以了解,不可能构造出齐次方程

$$\Delta_{\theta,\varphi}u=0 \tag{16}$$

的仅有一个奇点的解,因为为了使稳定温度有存在的可能性,点源与点汇的总和必须等于零.

我们引入广义的源函数,在我们的情况下,它是方程

$$\Delta_{\theta,\varphi}u=q\quad\left(q=\frac{1}{4\pi}\right) \tag{17}$$

除了极点 $\theta=0$ 外,处处正则的解,这解在极点 $\theta=0$ 处必须有对数型奇性.方程(17)的右端表示在球面上均匀分布的热量的负源(点汇),所以

$$\iint_{\Sigma}q\,\mathrm{d}\sigma=1 \tag{18}$$

假定所求的源函数 u 是只含有一个变量 θ 的函数,则得关于 u 的常微分方程,解出这方程后,求得

$$u=-q\ln\sin\theta+c\ln\tan\frac{\theta}{2} \tag{19}$$

为了使 u 仅在点 $\theta=0$ 上是奇点,则得

$$c=-q$$

及

$$u=-2q\ln\sin\frac{\theta}{2}-q\ln 2$$

因为 $u_1=$常数是齐次方程的解,所以源函数 G 除了一个任意常数不计外,是确定的.所以我们可以把它写为

$$G=-\frac{1}{2\pi}\ln\sin\frac{\theta}{2} \tag{20}$$

若源在某一点 M_0 上,则源函数的形状如下

$$G(M,M_0)=-\frac{1}{2\pi}\ln\sin\frac{\gamma_{MM_0}}{2} \tag{21}$$

此处 γ_{MM_0} 是点 $M_0(\theta_0,\varphi_0)$ 与点 $M(\theta,\varphi)$ 间的角距离[①].

现在再求非齐次方程

$$\Delta_{\theta,\varphi}u=\frac{1}{\sin\theta}\frac{\partial}{\partial\theta}\left(\sin\theta\frac{\partial u}{\partial\theta}\right)+\frac{1}{\sin^2\theta}\frac{\partial^2u}{\partial\varphi^2}=-F(\theta,\varphi) \tag{22}$$

的解.这方程仅在条件

$$\iint_{\Sigma}F\,\mathrm{d}\sigma=0 \tag{23}$$

被满足时才能有在 Σ 上处处正则的解,条件(23)表示其正源与负源的总和应当等于零.

现证:方程(22)满足条件(23)的一切的解都能表示成如下形式

$$u(M)=\iint_{\Sigma}G(M,P)F(P)\mathrm{d}\sigma_P+A$$

此处 A 是某一常数,而 $G(M,P)$ 是由公式(21)定出的源函数.设点 M 是我们放置在球面北极($\theta=0$)上的一定点,而点 M_1 是与点 M 在一直径上相对的一点.点 M 与点 M_1 是方程(22)的奇点.所以,在这两点上作两个小圆 K_ε^M 及 $K_\varepsilon^{M_1}$,且考察如下的积分

$$I=\iint_{\Sigma_1=\Sigma-K_\varepsilon^M-K_\varepsilon^{M_1}}(u\Delta G-G\Delta u)\mathrm{d}\sigma$$

把 Δu 与 ΔG 的表达式替入上式的左端,则有

---

① 角 γ 是由公式

$$\cos\gamma=\cos\theta\cos\theta_0+\sin\theta\sin\theta_0\cos(\varphi-\varphi_0)$$

确定的.

$$I=\int_0^{2\pi}\int_{\varepsilon}^{\pi-\varepsilon}\left[u\frac{\partial}{\partial\theta}\left(\sin\theta\frac{\partial G}{\partial\theta}\right)-G\frac{\partial}{\partial\theta}\left(\sin\theta\frac{\partial u}{\partial\theta}\right)\right]\mathrm{d}\theta\mathrm{d}\varphi+$$
$$\int_{\varepsilon}^{\pi-\varepsilon}\frac{\mathrm{d}\theta}{\sin\theta}\int_0^{2\pi}\left[u\frac{\partial^2 G}{\partial\varphi^2}-G\frac{\partial^2 u}{\partial\varphi^2}\right]\mathrm{d}\varphi$$

如果考虑到上式方括弧内的式子正好各是下列两式

$$\sin\theta\left[u\frac{\partial G}{\partial\theta}-G\frac{\partial u}{\partial\theta}\right],u\frac{\partial G}{\partial\varphi}-G\frac{\partial u}{\partial\varphi}$$

的导数,取积分后得

$$I=\int_0^{2\pi}\left[\sin\theta\left(u\frac{\partial G}{\partial\theta}-G\frac{\partial u}{\partial\theta}\right)\right]_{\varepsilon}^{\pi-\varepsilon}\mathrm{d}\varphi$$

其次,注意到

$$\frac{\partial G}{\partial\theta}=-\frac{1}{2\pi}\frac{\partial}{\partial\theta}\ln\sin\frac{\theta}{2}=-\frac{1}{4\pi}\cot\frac{\theta}{2}$$

将有

$$I=-\frac{1}{2\pi}\int_0^{2\pi}\left[\sin\frac{\theta}{2}\cos\frac{\theta}{2}\cot\frac{\theta}{2}\cdot u\right]_{\varepsilon}^{\pi-\varepsilon}\mathrm{d}\varphi+$$
$$\frac{1}{2\pi}\left[\sin\theta\ln\sin\frac{\theta}{2}\int_0^{2\pi}\frac{\partial u}{\partial\theta}\mathrm{d}\varphi\right]_{\varepsilon}^{\pi-\varepsilon}=I_1+I_2$$

由此看出

$$\lim_{\varepsilon\to 0}I_1=u(M)\text{ 与}\lim_{\varepsilon\to 0}I_2=0$$

所以

$$u(M)=\iint_{\Sigma}G(M,P)F(P)\mathrm{d}\sigma_P+A \tag{24}$$

此处的

$$A=\frac{1}{4\pi}\iint_{\Sigma}u\,\mathrm{d}\sigma$$

是某一常数.

本问题的解,除了相加的常数外,是确定的.所以,在条件

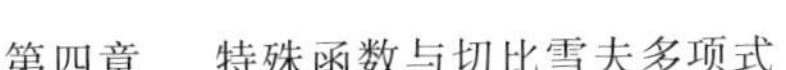

$$\iint_{\Sigma} u\,\mathrm{d}\sigma = 0$$

下的解是由公式

$$u(M) = \iint_{\Sigma} G(M,P)F(P)\,\mathrm{d}\sigma_P$$

确定.

将公式(24)应用到球函数方程

$$\Delta_{\theta,\varphi} u = -\lambda u$$

就得结论:

由公式(7)确定的球函数系是一个带有自公式(21)确定的对称核 $G(M,P)$ 的积分方程

$$u(M) = \lambda \iint_{\Sigma} G(M,P)u(P)\,\mathrm{d}\sigma_P$$

的所有的线性无关的固有函数的集合.

带有对称核的积分方程的一般理论,可以应用到这方程上.由此推出,可微二次的任一函数 $f(\theta,\varphi)$ 可以按照球函数展开为一个均匀绝对收敛的级数如下

$$f(\theta,\varphi) = \sum_{n=0}^{\infty} \mathrm{Y}_n(\theta,\varphi) = \sum_{n=0}^{\infty} \sum_{m=0}^{n} (A_{nm}\cos m\varphi + B_{nm}\sin m\varphi)\mathrm{P}_n^{(m)}(\cos\theta) \tag{25}$$

此处

$$\mathrm{Y}_n(\theta,\varphi) = \sum_{m=0}^{n} (A_{nm}\cos m\varphi + B_{nm}\sin m\varphi)\mathrm{P}_n^{(m)}(\cos\theta) \tag{26}$$

其中 A_{nm} 与 B_{nm} 是傅里叶系数.

§9 球函数应用的一些例题

1. 球在均匀场内的极化

当作球函数应用的一个例题，我们来考虑在均匀场内介电球的极化问题.

设在均匀的而且各向同性的具有介电常数 ε_1 的媒质内的静电场中，放置一个介电常数为 ε_2 而半径为 a 的球(图 7). 我们将找出所构造成的场以如下和式表示的势

$$u=\begin{cases}u_1=u_0+v_1 & (\text{在球外})\\ u_2=u_0+v_2 & (\text{在球内})\end{cases}$$

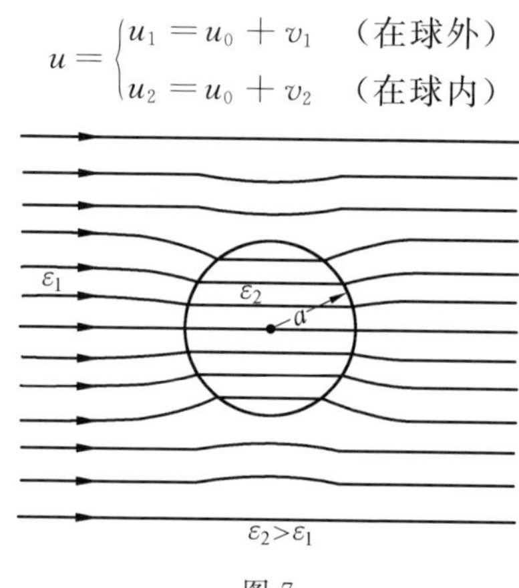

图 7

上式的 u_0 是未受电扰的电场(当没有介电球时)的势，而 v 是由于在场内放置的球所引起的电扰. 势 u 满足如下方程

$$\Delta u=0$$

及附加条件

$$u_1=u_2$$

在 S 上

$$\varepsilon_1 \frac{\partial u_1}{\partial n} = \varepsilon_2 \frac{\partial u_2}{\partial n}$$

在 S 上. 上式的 S 是这球的表面，而 u_1 与 u_2 是函数 u 在球外与在球内之值. 由此推知：势 v 将由下列诸条件确定

$$\Delta v = 0 \tag{1}$$

$$v_1 = v_2 \tag{2}$$

在 S 上

$$\varepsilon_1 \frac{\partial v_1}{\partial n} - \varepsilon_2 \frac{\partial v_2}{\partial n} = -(\varepsilon_1 - \varepsilon_2) \frac{\partial u_0}{\partial n} \tag{3}$$

在 S 上. 这因为对于函数 u_0，我们有

$$\Delta u_0 = 0$$

$$(u_0)_1 = (u_0)_2$$

在 S 上

$$\left(\frac{\partial u_0}{\partial n}\right)_1 = \left(\frac{\partial u_0}{\partial n}\right)_2$$

在 S 上. 在等式(3) 的右端是 θ 与 φ 的一个已知函数，我们将它按照球函数系展开

$$\left.\frac{\partial u_0}{\partial n}\right|_S = \sum_{n=0}^{\infty} Y_n(\theta, \varphi)$$

令

$$v_1 = \sum_{n=0}^{\infty} \left(\frac{a}{r}\right)^{n+1} \overline{Y}_n(\theta, \varphi), v_2 = \sum_{n=0}^{\infty} \left(\frac{r}{a}\right)^{n} \overline{\overline{Y}}_n(\theta, \varphi)$$

再利用边界条件(2) 与(3)，则得

$$\overline{Y}_n = \overline{\overline{Y}}_n$$

及

$$\varepsilon_1 \sum_{n=0}^{\infty} \left.\frac{-(n+1)}{r}\left(\frac{a}{r}\right)^{n+1} \overline{Y}\right|_{r=a} -$$

$$\varepsilon_2 \sum_{n=0}^{\infty} \frac{n}{a}\left(\frac{r}{a}\right)^{n-1} \overline{Y}_n \Big|_{r=a} =$$

$$-(\varepsilon_1 - \varepsilon_2) \sum_{n=0}^{\infty} Y_n$$

由此得

$$\overline{Y}_n = Y_n \frac{(\varepsilon_1 - \varepsilon_2)a}{\varepsilon_1(n+1) + \varepsilon_2 n} \tag{4}$$

现在让我们考虑一个特殊情形. 一个球放置于均匀的而沿着 z 轴的方向平行的外场 E_0,这场的势等于

$$u_0 = -E_0 z = -E_0 r\cos\theta$$

所以

$$\frac{\partial u_0}{\partial n}\Big|_S = \frac{\partial u_0}{\partial r}\Big|_{r=a} = -E_0 \cos\theta = Y_1(\theta)$$

公式(4) 给出:

当 $n \neq 1$ 时

$$\overline{Y}_n = 0$$

$$Y_1 = -E_0 \cos\theta \frac{(\varepsilon_1 - \varepsilon_2)a}{2\varepsilon_1 + \varepsilon_2}$$

关于电扰场的势有

$$u_1 = -E_0 z\left[1 + \frac{\varepsilon_1 - \varepsilon_2}{2\varepsilon_1 + \varepsilon_2}\left(\frac{a}{r}\right)^3\right] \quad (\text{在球外})(r > a)$$

$$u_2 = -E_0 z \frac{3\varepsilon_1}{2\varepsilon_1 + \varepsilon_2} \quad (\text{在球内})(r < a)$$

由此推得

$$E_1 = -\frac{\partial u_1}{\partial z} = \left[1 - \frac{\varepsilon_1 - \varepsilon_2}{2\varepsilon_1 + \varepsilon_2} \frac{2a^3}{r^3}\right] E_0$$

$$E_2 = -\frac{\partial u_2}{\partial z} = \frac{3\varepsilon_1}{2\varepsilon_1 + \varepsilon_2} E_0$$

即在球内的场是平行而且均匀的.

如果

$$\varepsilon_2 > \varepsilon_1$$

则等势面虽然仍旧是垂直于这场的方向的平面，但将分布得比在未受电扰的场中稀疏些. 而力线，即等势面的正交轨线，则将被引入这个具有较大的介电常数的球中去. 如果

$$\varepsilon_1 > \varepsilon_2$$

则情况正相反.

若利用$\frac{1}{r}$按照球函数的展开式，则用同样的方法也可以得到当有点源存在时的球的极化问题的解.

应该指出，当研究磁场或热场以及含有球形包含物的稳定的电流场（而这包含物的物理特性是与媒质的特性不同）也会遇到与前面类似的问题. 关于热场问题，应该把边界问题(3)中的ε_1与ε_2改换为热传导系数k_1与k_2，关于磁场问题则改换为磁导率μ_1与μ_2，而关于最后一个问题则改换为电导率λ_1与λ_2.

2. 球的固有振动

让我们考虑关于半径为r_0的球的带有第一种零边界条件的固有振动问题，这问题引导到另一个问题：求方程

$$\Delta v + \lambda v = 0 \tag{5}$$

在球面上的边界条件

$$v = 0 \tag{6}$$

下的固有值及固有函数.

置这球坐标系的原点在这球心上，将方程(5)改写如下

$$\frac{1}{r^2}\frac{\partial}{\partial r}\left(r^2\frac{\partial v}{\partial r}\right) + \frac{1}{r^2}\Delta_{\theta,\varphi}v + \lambda v = 0 \tag{5'}$$

此处

$$\Delta_{\theta,\varphi}v=\frac{1}{\sin\theta}\frac{\partial}{\partial\theta}\left(\sin\theta\frac{\partial v}{\partial\theta}\right)+\frac{1}{\sin^2\theta}\frac{\partial^2 v}{\partial\varphi^2}$$

我们将用分离变量法求解. 令

$$v(r,\theta,\varphi)=R(r)\mathrm{Y}(\theta,\varphi) \tag{6'}$$

把表达式(6′)替入方程(5)后,则得

$$\frac{\dfrac{\mathrm{d}}{\mathrm{d}r}\left(r^2\dfrac{\mathrm{d}R}{\mathrm{d}r}\right)}{R}+\lambda r^2+\frac{\Delta_{\theta,\varphi}\mathrm{Y}}{\mathrm{Y}}=0 \tag{7}$$

由此推得

$$\Delta_{\theta,\varphi}\mathrm{Y}+\mu\mathrm{Y}=0 \tag{8}$$

$$\frac{1}{r^2}\frac{\mathrm{d}}{\mathrm{d}r}\left(r^2\frac{\mathrm{d}R}{\mathrm{d}r}\right)+\left(\lambda-\frac{\mu}{r^2}\right)R=0 \tag{9}$$

在球的极点上的自然有界性条件

$$|\mathrm{Y}|_{\theta=0,\pi}<\infty \tag{10}$$

及对 φ 的周期性条件($\mathrm{Y}(\theta,\varphi+2\pi)=\mathrm{Y}(\theta,\varphi)$)的假定下,来解方程(8),我们得固有值

$$\mu=n(n+1) \tag{11}$$

与每一个固有值对应的是 $2n+1$ 个球函数如下

$$\begin{cases}\mathrm{Y}_n^{(-j)}(\theta,\varphi)=\mathrm{P}_n^{(j)}(\cos\theta)\cos j\varphi\\ \mathrm{Y}_n^{(j)}(\theta,\varphi)=\mathrm{P}_n^{(j)}(\cos\theta)\sin j\varphi\quad(j=0,1,2,\cdots,n)\end{cases} \tag{12}$$

现在再来研究方程(9). 若考虑到等式(11)及在 $r=r_0$ 的边界条件与在 $r=0$ 的自然有界性条件,则得关于函数 $R(r)$ 的如下的固有值问题

$$\frac{1}{r^2}\frac{\mathrm{d}}{\mathrm{d}r}\left(r^2\frac{\mathrm{d}R}{\mathrm{d}r}\right)+\left(\lambda-\frac{n(n+1)}{r^2}\right)R=0 \tag{9'}$$

$$R(r_0)=0 \tag{13}$$

$$|R(0)|<\infty \tag{14}$$

用置换

$$R(r)=\frac{y(r)}{\sqrt{r}} \tag{15}$$

方程(9′)就化为 $n+\frac{1}{2}$ 阶的贝塞尔方程

$$y''+\frac{1}{r}y'+\left[\lambda-\frac{\left(n+\frac{1}{2}\right)^2}{r^2}\right]y=0 \tag{16}$$

其通解的形状如下

$$y(r)=AJ_{n+\frac{1}{2}}(\sqrt{\lambda}r)+BN_{n+\frac{1}{2}}(\sqrt{\lambda}r) \tag{17}$$

由有界性条件(14)推出

$$B=0$$

由边界条件(13)得

$$AJ_{n+\frac{1}{2}}(\sqrt{\lambda}r_0)=0$$

因为我们所找的是这方程的非零解，所以

$$A\neq 0$$

因此得

$$J_{n+\frac{1}{2}}(\sqrt{\lambda}r_0)=0$$

用 $\upsilon_1^{(n)},\upsilon_2^{(n)},\cdots,\upsilon_m^{(n)},\cdots$ 的记号表示超越方程

$$J_{n+\frac{1}{2}}(\upsilon)=0 \tag{18}$$

的根，我们就得到固有值

$$\lambda_{m,n}=\left(\frac{\upsilon_m^{(n)}}{r_0}\right)^2 \tag{19}$$

$2n+1$ 个固有函数与每一个固有值 $\lambda_{m,n}$ 对应. 引用下列记号

$$\psi_n(x)=\sqrt{\frac{\pi}{2x}}J_{n+\frac{1}{2}}(x) \tag{20}$$

于是方程(5)在边界值条件(6)下的固有函数能表示为下列形式

$$v_{n,m,j}(r,\theta,\varphi)=\psi_n\left(\frac{v_m^{(n)}}{r_0}r\right)Y_n^{(j)}(\theta,\varphi)$$

$$(j=-n,\cdots,-1,0,1,\cdots,n) \tag{21}$$

现在来考虑波动方程

$$\Delta v+k^2v=0 \tag{22}$$

在半径 r_0 的球面上的边界条件

$$v=f(\theta,\varphi) \tag{23}$$

下的第一内边界问题.

从前面的讲述中很清楚地看出:这问题的解能表为下列的形式

$$v(r,\theta,\varphi)=\sum_{n=0}^{\infty}\sum_{j=-n}^{n}f_{nj}\frac{\psi_n(kr)}{\psi_n(kr_0)}Y_n^{(j)}(\theta,\varphi) \tag{24}$$

此处的 f_{nj} 是函数 $f(\theta,\varphi)$ 按照球函数$\{Y_n^{(j)}(\theta,\varphi)\}$展开的展开式系数

$$f(\theta,\varphi)=\sum_{n=0}^{\infty}\sum_{j=-n}^{n}f_{nj}Y_n^{(j)}(\theta,\varphi) \tag{25}$$

若 k^2 等于一个固有值

$$k^2=\lambda_{m_0n_0}=\left(\frac{v_{m_0}^{(n_0)}}{r_0}\right)^2$$

那么边界问题(22)(23)不是对于任何函数 $f(\theta,\varphi)$ 都能有解答的.公式(24)指出:在这样的情况下,这边界问题的有解的必要与充分条件是系数 f_{n_0j} 等于零

$$f_{n_0j}=0$$

即

$$\int_0^{\pi}\int_0^{2\pi}f(\theta,\varphi)Y_{n_0}^{(j)}(\theta,\varphi)\sin\theta\mathrm{d}\theta\mathrm{d}\varphi=0$$

倘使这条件已满足,则用公式(24)可以定得其解(在公式中没有对应于 $n=n_0$ 的项),但是这解不是唯一确定的,因为可以把对应于 $k^2=\lambda_{m_0n_0}$ 的那些固有函数的

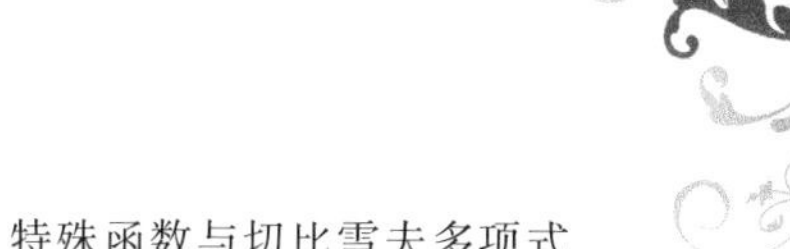

任意一个线性组合加到这解上，而仍然是这边界问题的解.

3. 球的外边界问题

考虑球的外边界问题

$$\Delta v + k^2 v = 0 \quad (k^2 > 0)$$

$$v\Big|_{r=r_0} = f(\theta,\varphi)$$

$$v = O\left(\frac{1}{r}\right) \quad (r \to \infty)$$

$$\lim_{r\to\infty} r\left(\frac{\partial v}{\partial r} + \mathrm{i}kv\right) = 0 \quad \text{（辐射条件）}$$

这问题仅有唯一的解.

把所求的函数与函数 $f(\theta,\varphi)$ 都按照球函数展开为级数

$$v(r,\theta,\varphi) = \sum_{n=0}^{\infty}\sum_{j=-n}^{n} R_n(r)\,\mathrm{Y}_n^{(j)}(\theta,\varphi)$$

$$f(\theta,\varphi) = \sum_{n=0}^{\infty}\sum_{j=-n}^{n} f_{nj}\,\mathrm{Y}_n^{(j)}(\theta,\varphi)$$

这展开式的系数 $R_n(r)$ 显然能满足方程

$$R''_n + \frac{1}{r}R'_n + \left(k^2 - \frac{n(n+1)}{r^2}\right)R_n = 0$$

及边界条件

$$R_n(r_0) = f_n$$

与当 $r \to \infty$ 时的辐射条件

$$R_n(r) = O\left(\frac{1}{r}\right)$$

$$\lim_{r\to\infty} r(R'_n + \mathrm{i}kR_n) = 0$$

这方程的通解的形状是

$$R_n(r) = A_n\zeta_n^{(1)}(kr) + B_n\zeta_n^{(2)}(kr)$$

此处

$$\zeta_n^{(1)}(\rho)=\sqrt{\frac{\pi}{2\rho}}\mathrm{H}_{n+\frac{1}{2}}^{(1)}(\rho)$$

$$\zeta_n^{(2)}(\rho)=\sqrt{\frac{\pi}{2\rho}}\mathrm{H}_{n+\frac{1}{2}}^{(2)}(\rho)\quad(\rho=kr)$$

考虑到汉克尔函数 $\mathrm{H}_n^{(1)}(\rho)$ 与 $\mathrm{H}_n^{(2)}(\rho)$ 的渐近公式

$$\mathrm{H}_n^{(1)}(\rho)=\sqrt{\frac{2}{\pi\rho}}\mathrm{e}^{\mathrm{i}\left[\rho-\frac{\pi n}{2}-\frac{\pi}{4}\right]}+\cdots$$

$$\mathrm{H}_n^{(2)}(\rho)=\sqrt{\frac{2}{\pi\rho}}\mathrm{e}^{-\mathrm{i}\left[\rho-\frac{\pi n}{2}-\frac{\pi}{4}\right]}+\cdots$$

(上式中的那些点"…"表示对$\frac{1}{\rho}$的高阶无穷小的项),就得 $\zeta_n^{(1)}$ 与 $\zeta_n^{(2)}$ 的如下的渐近公式

$$\zeta_n^{(1)}(kr)=\frac{\mathrm{e}^{\mathrm{i}\left[kr-\frac{\pi n}{2}-\frac{\pi}{4}\right]}}{r}+\cdots$$

$$\zeta_n^{(2)}(kr)=\frac{\mathrm{e}^{-\mathrm{i}\left[kr-\frac{\pi n}{2}-\frac{\pi}{4}\right]}}{r}+\cdots$$

由此看出,只有函数 $\zeta_n^{(2)}$ 能满足辐射条件,所以

$$\mathrm{A}_n=0$$

利用在 $r=r_0$ 的边界条件,即得

$$B_{nj}=\frac{f_{nj}}{\zeta_n^{(2)}(kr_0)}$$

这样,我们得到函数 $v(r,\theta,\varphi)$ 的形状如下

$$v(r,\theta,\varphi)=\sum_{n=0}^{\infty}\sum_{j=-n}^{n}\frac{f_{nj}\zeta_n^{(2)}(kr)}{\zeta_n^{(2)}(kr_0)}\mathrm{Y}_n^{(j)}(\theta,\varphi)$$

上式中的

$$f_{nj}=\frac{\int_0^{\pi}\int_0^{2\pi}f(\theta,\varphi)\mathrm{Y}_n^{(j)}(\theta,\varphi)\sin\theta\mathrm{d}\theta\mathrm{d}\varphi}{\mathrm{N}_{nj}}$$

而

$$N_{nj}=\int_0^{\pi}\int_0^{2\pi}[Y_n^{(j)}]^2\sin\theta\mathrm{d}\theta\mathrm{d}\varphi=$$

$$\frac{2\pi\varepsilon_j}{2n+1}\frac{(n+j)!}{(n-j)!}$$

$$\left(\varepsilon_j=\begin{cases}2 & (j=0)\\ 1 & (j>0)\end{cases}\right)$$

是球函数 $Y_n^{(j)}(\theta,\varphi)$ 的模数.

第三部分　切比雪夫－埃尔米特多项式与切比雪夫－拉盖尔多项式

§10　切比雪夫－埃尔米特多项式

在量子力学中关于线性谐振子的问题引导到下列方程

$$\frac{\mathrm{d}^2y}{\mathrm{d}x^2}-2x\frac{\mathrm{d}y}{\mathrm{d}x}+\lambda y=0 \tag{1}$$

这方程又可写成如下的形式

$$\frac{\mathrm{d}}{\mathrm{d}x}\left[\mathrm{e}^{-x^2}\frac{\mathrm{d}y}{\mathrm{d}x}\right]+\lambda\mathrm{e}^{-x^2}y=0 \tag{2}$$

切比雪夫－埃尔米特多项式是当作方程(2)对于固有值在无穷直线 $-\infty<x<\infty$ 上的下述边界条件下的边界问题的解而定得的,其边界条件是:当 $x\to\infty$ 时,这解趋向于与 x 的有限次乘幂同阶的无穷大.

我们将求这问题以幂级数表示的解

$$y=\sum_{n=0}^{\infty}a_nx^n \tag{3}$$

把式(3) 替入方程(1),就有

$$\sum_{n=0}^{\infty}\{a_{n+2}(n+2)(n+1)-2na_n+\lambda a_n\}x^n=0$$

由此得到系数的递推公式

$$a_{n+2}=\frac{2n-\lambda}{(n+2)(n+1)}a_n \tag{4}$$

由公式(4) 推出:级数(3) 当 $a_1=0$ 时仅包含 x 的偶数次乘幂,但当 $a_0=0$ 时仅包含 x 的奇次乘幂. 系数 a_0 与 a_1 是决定方程(1) 的特解的任意常数.

当 $\lambda=2n$ 时,方程(1) 具有形状如下的 n 次多项式的解

$$\begin{cases}\overline{\mathrm{H}}_n(x)=a_0+a_2x^2+\cdots+a_nx^n & (n\text{ 是偶数})\\ \overline{\mathrm{H}}_n(x)=a_1x+a_3x^3+\cdots+a_nx^n & (n\text{ 是奇数})\end{cases} \tag{5}$$

这些解除了就范乘数未确定外,就是切比雪夫 — 埃尔米特多项式,也就是所考虑的边界问题的固有函数.

若 $\lambda\neq 2n$ 时(λ 不是非负的偶数),那么幂级数(3) 有无穷个不等于零的系数,而且这些系数都是同号的,只有前面有限项的系数可能是例外. 在这种情况下就有任意大的第 n 项 a_nx^n,它们的绝对值当 $n\to\infty$ 必大于 x 的任一乘幂,所以这样的幂级数不满足边界条件,因此不可能是这边界问题的解. 因而证实:切比雪夫 — 埃尔米特多项式是这边界问题的唯一的解.

引入母函数

$$\Psi(x,t)=\mathrm{e}^{2tx-t^2} \tag{6}$$

并考察它对变量 t 的泰勒级数展开式

$$\Psi(x,t)=\mathrm{e}^{x^2}\mathrm{e}^{-(t-x)^2}=\sum_{n=0}^{\infty}\mathrm{H}_n(x)\frac{t^n}{n!} \tag{7}$$

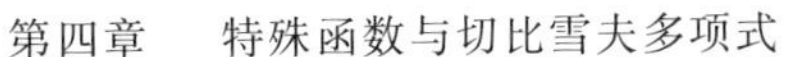

也可以确定切比雪夫－埃尔米特多项式. 不难看出，这展开式的系数 $H_n(x)$ 是 n 次多项式.

现证：若不计较比例乘数，多项式 $H_n(x)$ 是与公式(5) 所确定的多项式 $\overline{H}_n(x)$ 一样的.

事实上，由关系式

$$\frac{\partial\Psi}{\partial x}=2t\Psi$$

与关系式

$$\frac{\partial\Psi}{\partial t}+2(t-x)\Psi=0$$

依次给出

$$H'_n(x)=2nH_{n-1}(x) \tag{8}$$

与

$$H_{n+1}(x)-2xH_n(x)+2nH_{n-1}(x)=0 \tag{9}$$

由公式(8)(9) 推出 $H_n(x)$ 满足方程

$$H''_n(x)-2xH'_n(x)+2nH_n(x)=0$$

这就是说，切比雪夫－埃尔米特多项式 $H_n(x)$ 除了在公式(5) 中的比例乘数不确定外，是与多项式 $\overline{H}_n(x)$ 一样的.

由等式(7) 推出下列切比雪夫－埃尔米特多项式的微分公式

$$H_n(x)=\left(\frac{\partial^n\Psi}{\partial t^n}\right)_{t=0}=(-1)^n e^{x^2}\frac{d^n}{dx^n}e^{-x^2} \tag{10}$$

由此推得一个特殊情况

$$a_n=2^n$$

利用这公式计算出一些多项式 $H_n(x)$ 如下

$$H_0(x)=1$$

$$H_1(x)=2x$$

$$H_2(x)=4x^2-2$$
$$H_3(x)=8x^3-12x$$
$$H_4(x)=16x^4-48x^2+12$$

现证:切比雪夫—埃尔米特多项式在 $-\infty<x<\infty$ 构成权量为 e^{-x^2} 的正交系

$$\int_{-\infty}^{\infty}H_m(x)H_n(x)e^{-x^2}dx=\begin{cases}0 & (m\neq n)\\ 2^n n!\sqrt{\pi} & (m=n)\end{cases}\tag{11}$$

事实上

$$J=\int_{-\infty}^{\infty}H_m(x)H_n(x)e^{-x^2}dx=$$
$$(-1)^n\int_{-\infty}^{\infty}H_m(x)\frac{d^n}{dx^n}(e^{-x^2})dx$$

为了确定起见,假定 $m\leqslant n$. 分部积分并且用公式(8),又因任何多项式乘以 e^{-x^2} 的乘积或者乘上 e^{-x^2} 的任意高阶导函数的乘积在无穷远处都是等于零,所以我们得

$$J=(-1)^{n-1}2m\int_{-\infty}^{\infty}H_{m-1}(x)\frac{d^{n-1}}{dx^{n-1}}(e^{-x^2})dx=\cdots=$$
$$(-1)^{n-m}2^m m!\int_{-\infty}^{\infty}\frac{d^{n-m}}{dx^{n-m}}(e^{-x^2})dx$$

若 $m<n$,则

$$J=(-1)^{n-m}2^m m!\left.\frac{d^{n-m-1}}{dx^{n-m-1}}(e^{-x^2})\right|_{-\infty}^{\infty}=0$$

若 $m=n$,则

$$J=2^n n!\int_{-\infty}^{\infty}e^{-x^2}dx=2^n n!\sqrt{\pi}$$

上面最末的一个等式之所以成立,是因为

$$\int_{-\infty}^{\infty}e^{-x^2}dx=\sqrt{\pi}$$

因而证明了关系式(11).

在应用时往往采用在区间 $-\infty < x < \infty$ 上构成就范正交系的函数

$$\psi_n(x) = \frac{\mathrm{H}_n(x)\mathrm{e}^{-\frac{x^2}{2}}}{\sqrt{2^n n!\sqrt{\pi}}}$$

这些函数满足方程

$$\psi''_n + [(2n+1) - x^2]\psi_n = 0$$

§11　切比雪夫－拉盖尔多项式

切比雪夫－拉盖尔(Laguerre)多项式可以定义为方程

$$xy'' + (1-x)y' + \lambda y = 0 \quad (0 < x < \infty) \qquad (1)$$

或其自共轭形式

$$(x\mathrm{e}^{-x}y')' + \lambda\mathrm{e}^{-x}y = 0 \quad (0 < x < \infty) \qquad (1')$$

在下述边界条件下的解,这条件是:这解在 $x=0$ 处有界,而且当 $x\to\infty$ 时,它趋于无穷大的阶数不高于 x 的有限次乘幂.

我们自然要找方程(1)的 x 的幂级数形状表出的解

$$y = \sum_{n=0}^{\infty} a_n x^n \qquad (2)$$

把这式代入方程(1)将有

$$\sum_{n=0}^{\infty}[a_{n+1}(n+1)n + a_{n+1}(n+1) - na_n + \lambda a_n]x^n = 0$$

即

$$\sum_{n=0}^{\infty}[a_{n+1}(n+1)^2-a_n(n-\lambda)]x^n=0$$

由此得级数(2)的系数的递推公式

$$a_{n+1}=\frac{n-\lambda}{(n+1)^2}a_n \tag{3}$$

系数 a_0 是确定方程(1)的特解的任意常数.当$\lambda=n$时,方程(1)有 n 次多项式的形状的解.我们这样选择 a_0,使最高次项的系数等于$(-1)^n$,就得切比雪夫－拉盖尔多项式 $\mathrm{L}_n(x)$.在此时

$$a_0=n!$$

开始的五个 $\mathrm{L}_n(x)$ 的表达式列举如下

$$\mathrm{L}_0(x)=1$$

$$\mathrm{L}_1(x)=-x+1$$

$$\mathrm{L}_2(x)=x^2-4x+2$$

$$\mathrm{L}_3(x)=-x^3+9x^2-18x+6$$

$$\mathrm{L}_4(x)=x^4-16x^3+72x^2-96x+24$$

切比雪夫－拉盖尔多项式具有如下的母函数

$$\Psi(x,t)=\frac{\mathrm{e}^{-\frac{xt}{1-t}}}{1-t} \tag{4}$$

把它展为对 t 的幂级数,则得

$$\Psi(x,t)=\frac{\mathrm{e}^{-\frac{xt}{1-t}}}{1-t}=\sum_{n=0}^{\infty}\overline{\mathrm{L}}_n(x)\frac{t^n}{n!} \tag{5}$$

此处 $\overline{\mathrm{L}}_n(x)$ 是展开式的系数,等于

$$\overline{\mathrm{L}}_n(x)=\left[\frac{\partial^n\Psi(x,t)}{\partial t^n}\right]_{t=0}$$

或

$$\overline{\mathrm{L}}_n(x)=\mathrm{e}^x\frac{\mathrm{d}^n}{\mathrm{d}x^n}(x^n\mathrm{e}^{-x}) \tag{6}$$

由此看出,$\overline{\mathrm{L}}_n(x)$ 是 n 次多项式.

让我们来证：

$$\overline{\mathrm{L}}_n(x) \equiv \mathrm{L}_n(x)$$

为此目的，我们将证：

1）多项式 $\overline{\mathrm{L}}_n(x)$ 满足切比雪夫－拉盖尔方程；

2）x^n 的系数等于 $\overline{a}_n = (-1)^n$.

性质 2）极易由公式(6) 推得. 让我们来证明性质 1）.

令

$$\overline{\mathrm{L}}_n(x) = \mathrm{e}^x \frac{\mathrm{d}^n z}{\mathrm{d}x^n}$$

上式中的

$$z = x^n \mathrm{e}^{-x}$$

算出

$$\frac{\mathrm{d}z}{\mathrm{d}x} = -z + \frac{nz}{x}$$

后，则得关于 z 的方程

$$xz' + (x-n)z = 0$$

把这恒等式微分 $n+1$ 次，则得

$$xz^{(n+2)} + (x+1)z^{(n+1)} + (n+1)z^{(n)} = 0$$

即函数

$$u = \frac{\mathrm{d}^n z}{\mathrm{d}x^n}$$

满足如下的方程

$$xu'' + (x+1)u' + (n+1)u = 0 \tag{7}$$

现在计算出 $\overline{\mathrm{L}}_n$ 的导函数

$$\overline{\mathrm{L}}'_n = \mathrm{e}^x(u + u') \tag{8}$$

$$\overline{\mathrm{L}}''_n = \mathrm{e}^x(u'' + 2u' + u) \tag{9}$$

利用式(8)(9)，再利用式(7)，求得

$$x\overline{\mathrm{L}}''_n + (1-x)\overline{\mathrm{L}}'_n =$$
$$\mathrm{e}^x[xu'' + (1+x)u' + u] = -n\overline{\mathrm{L}}_n$$

即 $\overline{\mathrm{L}}_n(x)$ 满足这方程

$$x\overline{\mathrm{L}}''_n + (1-x)\overline{\mathrm{L}}'_n + n\overline{\mathrm{L}}_n = 0$$

因而证得

$$\overline{\mathrm{L}}_n(x) \equiv \mathrm{L}_n(x)$$

所以对于切比雪夫－拉盖尔多项式，下列微分公式

$$\mathrm{L}_n(x) = \mathrm{e}^x \frac{\mathrm{d}^n}{\mathrm{d}x^n}(\mathrm{e}^{-x}x^n) \tag{10}$$

成立.

利用 $\mathrm{L}_n(x)$ 的方程(1)，不难证明 $\mathrm{L}_n(x)$ 与 $\mathrm{L}_m(x)$ 当 $m \neq n$ 时是以权量 e^{-x} 互相正交.可是我们将由微分公式出发，来证明其正交性，因为这样可以同时计算出 $\mathrm{L}_n(x)$ 的模数.

考察如下积分

$$J = \int_0^{\infty} \mathrm{L}_m(x)\mathrm{L}_n(x)\mathrm{e}^{-x}\mathrm{d}x =$$
$$\int_0^{\infty} \mathrm{L}_m(x) \frac{\mathrm{d}^n}{\mathrm{d}x^n}(x^n\mathrm{e}^{-x})\mathrm{d}x$$

设 $m \leqslant n$，分部积分 m 次，而且考虑到由于类型 $x^k\mathrm{e}^{-x}(k>0)$ 的乘数的存在，一切的替代都等于零，所以得

$$J = (-1)^m \int_0^{\infty} \frac{\mathrm{d}^m\mathrm{L}_m}{\mathrm{d}x^m} \frac{\mathrm{d}^{n-m}}{\mathrm{d}x^{n-m}}(x^n\mathrm{e}^{-x})\mathrm{d}x$$

若 $m<n$，则再分部积分一次，由于等式

$$\frac{\mathrm{d}^{m+1}}{\mathrm{d}x^{m+1}}\mathrm{L}_m = 0$$

则得

$$J = 0$$

即

$$\int_0^{\infty} \mathrm{L}_m(x)\mathrm{L}_n(x)\mathrm{e}^{-x}\mathrm{d}x = 0$$

若 $m=n$,则

$$J=(-1)^n\int_0^{\infty}(-1)^n n!\ x^n\mathrm{e}^{-x}\mathrm{d}x=$$

$$n!\ \Gamma(n+1)=(n!\ )^2$$

于是证得

$$\int_0^{\infty} \mathrm{L}_m(x)\mathrm{L}_n(x)\mathrm{e}^{-x}\mathrm{d}x = \begin{cases}0 & (m\neq n)\\ (n!\ )^2 & (m=n)\end{cases} \tag{11}$$

即切比雪夫－拉盖尔多项式 $\mathrm{L}_n(x)$ 构成了方程(1)的固有函数的带有权量 e^{-x} 的正交系,这些固有函数是与固有值 $\lambda=n$ 对应的.

就范多项式具有下列形式

$$l_n(x)=\frac{\mathrm{L}_n(x)}{n!}=\frac{1}{n!}\mathrm{e}^x\ \frac{\mathrm{d}^n}{\mathrm{d}x^n}(x^n\mathrm{e}^{-x}) \tag{12}$$

正交就范函数

$$\psi_n=\frac{\mathrm{e}^{-\frac{x}{2}}}{n!}\mathrm{L}_n(x) \tag{13}$$

是与切比雪夫－拉盖尔多项式相对应的,这些函数满足方程

$$(x\psi')'+\left(\frac{1}{2}-\frac{x}{4}\right)\psi+\lambda\psi=0 \tag{14}$$

而且满足边界条件:在 $x=0$ 处,ψ 是有界的,当 $x\to\infty$ 时,$\psi\to 0$.

也时常遇到下列函数

$$\mathrm{S}_n=x^{-\frac{1}{2}}\psi_n \tag{15}$$

这些函数满足自共轭微分方程

$$(x^2\mathrm{S}')'-\frac{x^2-2x-1}{4}\mathrm{S}+\lambda x\mathrm{S}=0 \tag{16}$$

并且满足边界条件：当 $x \to \infty$ 时，这解必趋向于零. 在上述两种情况下的固有值都是正整数

$$\lambda = n$$

而正交条件具有下列形状

$$\int_0^{\infty} \psi_n(x)\psi_m(x)\mathrm{d}x = \begin{cases} 0 & (m \neq n) \\ 1 & (m = n) \end{cases} \tag{17}$$

$$\int_0^{\infty} S_n(x)S_m(x)x\mathrm{d}x = 0 \quad (m \neq n) \tag{18}$$

当研究在库仑力场的电子运动，及研究现代物理等其他问题时，除了多项式 $L_n(x)$ 外，时常遇到切比雪夫－拉盖尔广义多项式

$$y(x) = Q_n^{(s)}(x) \quad (s \leqslant n) \tag{19}$$

这些多项式能满足微分方程

$$xy'' + (s+1-x)y' + \left(\lambda - \frac{s+1}{2}\right)y = 0 \tag{20}$$

方程(20) 又可改写成下列自共轭形式

$$(x^{s+1}\mathrm{e}^{-x}y')' + x^s\mathrm{e}^{-x}\left(\lambda - \frac{s+1}{2}\right)y = 0 \tag{21}$$

其边界条件具有下列形式

$$\begin{cases} y(x)\ \text{是有限的} & (\text{当 } x = 0 \text{ 时}) \\ y(x)\ \text{的(无穷)阶相当于 } x^n & (\text{当 } x \to \infty \text{ 时}) \end{cases} \tag{22}$$

借助于幂级数

$$y = \sum_{n=0}^{\infty} a_n x^n \tag{23}$$

来解方程(20)，则得递推公式

$$a_{n+1} = \frac{n + \frac{s+1}{2} - \lambda}{n(n+s)} a_n \tag{24}$$

若

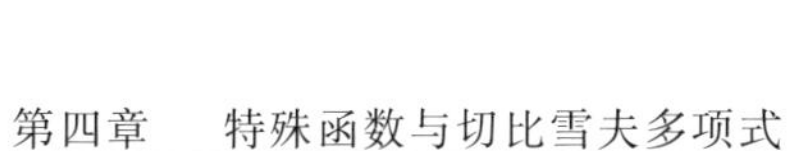

$$\lambda = n + \frac{s+1}{2} \quad (n \text{ 为正整数}) \tag{25}$$

则级数(23)只具有有限项,我们就得到一个多项式形式的解.

系数 a_0 是确定这解的模数的任意常数.这样地选择 a_0,使最高项 x^n 的系数等于$(-1)^n$,有

$$a_n = (-1)^n \tag{26}$$

则得广义的切比雪夫－拉盖尔多项式,这多项式显然是方程(21)的能满足条件(22)及(26)的唯一的解.

多项式 $Q_n^{(s)}(x)$ 的母函数是函数

$$\Psi(x,t) = \frac{e^{-\frac{xt}{1-t}}}{(1-t)^{s+1}} \tag{27}$$

这因为函数 $\Psi(x,t)$ 的麦克劳林级数具有如下形式

$$\Psi(x,t) = \sum_{n=0}^{\infty} Q_n^{(s)}(x) \frac{t^n}{n!} \tag{28}$$

当 $s=0$,则由公式(28)得出关于切比雪夫－拉盖尔多项式的公式(5).

让我们来证明下列微分公式对于 $Q_n^{(s)}(x)$ 是正确的

$$Q_n^{(s)}(x) = \frac{e^x}{x^s} \frac{d^n}{dx^n}(e^{-x} x^{n+s}) \tag{29}$$

由公式

$$T_n^{(s)}(x) = \frac{e^x}{x^s} \frac{d^n}{dx^n}(e^{-x} x^{n+s})$$

可以看出 $T_n^{(s)}(x)$ 是 n 次多项式,其 x^n 的系数等于$(-1)^n$.

现在来证明:这多项式 $T_n^{(s)}(x)$ 满足方程(20).

引入一个函数

$$z = x^{n+s} e^{-x}$$

就看出对于这函数,关系式

$$xz' + (x - n - s)z = 0$$

成立,把它对 x 微分 $n + 1$ 次,则得

$$xz^{(n+2)} + (x + 1 - s)z^{(n+1)} + (n + 1)z^{(n)} = 0$$

即函数

$$u = \frac{\mathrm{d}^n z}{\mathrm{d}x^n}$$

满足方程

$$xu'' + (x + 1 - s)u' + (n + 1)u = 0$$

计算 $T_n^{(s)}(x)$ 的导函数,并考虑关于 u 的方程,将有

$$x\frac{\mathrm{d}T_n^{(s)}}{\mathrm{d}x} = xT_n^{(s)} - sT_n^{(s)} + \mathrm{e}^x x^{-s+1}u'$$

$$x\frac{\mathrm{d}^2 T_n^{(s)}}{\mathrm{d}x^2} = (x - s - 1)\frac{\mathrm{d}T_n^{(s)}}{\mathrm{d}x} + T_n^{(s)} + \mathrm{e}^x \mathrm{e}^{-s}[xu'' + (x - s + 1)u'] = (x - s - 1)\frac{\mathrm{d}T_n^{(s)}}{\mathrm{d}x} - nT_n^{(s)}$$

就是,当

$$\lambda = n + \frac{s + 1}{2}$$

时,多项式

$$y = T_n^{(s)}(x)$$

满足方程(20)

由此立刻推得

$$T_n^{(s)}(x) \equiv Q_n^{(s)}(x)$$

现证:广义多项式在区间 $0 < x < \infty$ 以权量 $x^s \mathrm{e}^{-x}$ 而正交.

考察这积分

$$J = \int_0^\infty Q_m^{(s)}(x)Q_n^{(s)}(x)\mathrm{e}^{-x}x^s\mathrm{d}x =$$

$$\int_0^{\infty} Q_m^{(s)}(x)\ \frac{\mathrm{d}^n}{\mathrm{d}x^n}(\mathrm{e}^{-x}x^{n+s})\mathrm{d}x$$

设 $m \leqslant n$，分部积分 m 次，并应注意所有的替代都等于零，则得

$$J=(-1)^n\int_0^{\infty}\frac{\mathrm{d}^m}{\mathrm{d}x^m}Q_m^{(s)}(x)\ \frac{\mathrm{d}^{n-m}}{\mathrm{d}x^{n-m}}(\mathrm{e}^{-x}x^{n+s})\mathrm{d}x$$

若 $m<n$，再分部积分一次，由于等式

$$\frac{\mathrm{d}^{m+1}Q_m^{(s)}(x)}{\mathrm{d}x^{m+1}}=0$$

则得

$$J=0$$

即

$$\int_0^{\infty}Q_m^{(s)}(x)Q_n^{(s)}(x)\mathrm{e}^{-x}x^s\mathrm{d}x=0$$

若 $m=n$，则

$$J=n!\int_0^{\infty}\mathrm{e}^{-x}x^{n+s}\mathrm{d}x=n!\ \Gamma(n+s+1)$$

即

$$\int_0^{\infty}[Q_n^{(s)}(x)]^2\mathrm{e}^{-x}x^s\mathrm{d}x=n!\ \Gamma(n+s+1)$$

这样

$$\int_0^{\infty}Q_m^{(s)}(x)Q_n^{(s)}(x)\mathrm{e}^{-x}x^s\mathrm{d}x=\begin{cases}0 & (m\neq n)(s>-1)\\ n!\ \Gamma(n+s+1) & (m=n)\end{cases}\tag{30}$$

切比雪夫－拉盖尔广义多项式 $Q_n^{(s)}(x)$ 是对应于如下的正交就范函数系

$$\Phi_n^{(s)}(x)=\frac{x^{\frac{s}{2}}\mathrm{e}^{-\frac{x}{2}}Q_n^{(s)}(x)}{\sqrt{n!\ \Gamma(n+s+1)}}\tag{31}$$

$$\left(\int_0^{\infty}\Phi_n^{(s)}(x)\Phi_m^{(s)}(x)\mathrm{d}x=\begin{cases}0 & (m\neq n)\\ 1 & (m=n)\end{cases}\right)$$

这些函数 Φ_n 是方程

$$\frac{\mathrm{d}}{\mathrm{d}x}\left(x\frac{\mathrm{d}\Phi}{\mathrm{d}x}\right)+\left(\lambda-\frac{x}{4}-\frac{s^2}{4x}\right)\Phi=0 \tag{32}$$

对应于固有值

$$\lambda=n+\frac{s+1}{2}$$

的解.

边界条件当然由前面得出,有时采用下述就范多项式系比较方便

$$Q_n^{*(s)}(x)=\frac{Q_n^{(s)}(x)}{\sqrt{n!\ \Gamma(n+s+1)}} \tag{33}$$

§12　关于薛定谔方程的一些最简单的问题[①]

1. 薛定谔(Schrödinger)方程

在量子力学中,处于势场内的粒子的性态由薛定谔方程

$$\mathrm{i}\,\hbar\frac{\partial\psi}{\partial t}=-\frac{\hbar^2}{2\mu}\Delta\psi+U(x,y,z,t)\psi \tag{1}$$

来描述,此处 $\hbar=1.05\times10^{-27}$ 尔格·秒是普朗克恒量,$i=\sqrt{-1}$,μ 是粒子的质量,U 是粒子在力场内的势能,$\psi=\psi(x,y,z,t)$ 是波函数.

---

① 在这里所考虑的薛定谔方程的问题,对切比雪夫-埃尔米特多项式及切比雪夫-拉盖尔多项式的应用提供了例子.下面所作的叙述并不企图对有关薛定谔方程的问题作全面的阐明.按照大学的教学大纲,学习数学物理课程之后才学习量子力学.

若力不依赖于时间，$U=U(x,y,z)$，则具有已给的能量状态的稳定态是可能的，亦即，有形式如下的解存在

$$\psi=\psi^0(x,y,z)\mathrm{e}^{-\frac{\mathrm{i}E}{\hbar}t} \tag{2}$$

此处 E 是粒子的总能量. 将这表达式代入方程(1) 中，我们得到第二个薛定谔方程

$$\Delta\psi^0+\frac{2\mu}{\hbar^2}(E-U)\psi^0=0 \tag{3}$$

上式中的 E 起着下文将要讲的固有值的作用. 下面我们把 ψ^0 写作 ψ，有

$$\Delta\psi+\frac{2\mu}{\hbar^2}(E-U)\psi=0 \tag{4}$$

在没有力场的情况下，$U=0$，方程(4) 就有形式

$$\Delta\psi+\frac{2\mu E}{\hbar^2}\psi=0 \tag{5}$$

不难看出，此方程与经典物理中的波动方程

$$\Delta\psi+k^2\psi=0 \tag{6}$$

类似，上式中的

$$k=\frac{\omega}{c}=\frac{2\pi}{\lambda}$$

是波数，λ 是波长. 但是由于方程(5) 和方程(6) 中的函数的物理意义不同，这种类似纯粹是外表的与形式的.

在薛定谔方程中，具有直接的物理意义的并不是函数 ψ 本身，而是 $|\psi|^2$，它在统计上的解释是：式子 $|\psi|^2\mathrm{d}x\mathrm{d}y\mathrm{d}z$ 表示粒子在空间中的点 x,y,z 的体积元素 $\mathrm{d}x\mathrm{d}y\mathrm{d}z$ 内出现的概率.

因此，我们在以前为了数学上简化的目的而不止一次把固有函数就范化到单位，现在获得了重要的意义. 就范条件

$$\iiint |\psi|^2 \mathrm{d}x\mathrm{d}y\mathrm{d}z = 1 \tag{7}$$

表示出:这粒子必然是在空间内的某地方,因而在全空间内有一个地方找到这粒子的概率等于1(可靠事件).

我们来考察关于薛定谔方程的一些最简单的问题.

2. 谐振子

谐振子的薛定谔方程具有形式

$$\frac{\hbar^2}{2\mu}\frac{\mathrm{d}^2\psi}{\mathrm{d}x^2} + (E-U)\psi = 0$$

此处 $U=\frac{\mu\omega_0^2}{2}x^2$,$\omega_0$ 是振子的固有频率(圆频率).我们的问题是要找出稳定态,亦即,在附加条件

$$\int_{-\infty}^{\infty} |\psi|^2 \mathrm{d}x = 1 \tag{8}$$

下,从方程

$$\psi'' + \frac{2\mu}{\hbar^2}\left(E - \frac{\mu\omega_0^2}{2}x^2\right)\psi = 0 \tag{9}$$

找出能量 E 的固有值谱,及对应的那些固有函数 ψ.

引入记号

$$\begin{cases} \lambda = \dfrac{2E}{\hbar\omega_0} \\ x_0 = \sqrt{\dfrac{\hbar}{\mu\omega_0}} \\ \xi = \dfrac{x}{x_0} \end{cases} \tag{10}$$

并作显而易见的变换后,我们对于函数

$$\psi = \psi(\xi)$$

就得到方程

$$\frac{d^2\psi}{d\xi^2}+(\lambda-\xi^2)\psi=0 \tag{11}$$

而带有附加的就范条件如下

$$\int_{-\infty}^{\infty}|\psi|^2 d\xi=\frac{1}{x_0} \tag{12}$$

此问题之解是下列的这些函数

$$\psi_n(\xi)=\frac{1}{\sqrt{x_0}}\frac{e^{-\frac{1}{2}\xi^2}H_n(\xi)}{\sqrt{2^n n!\sqrt{\pi}}}$$

其对应的固有值是

$$\lambda_n=2n+1$$

化回原来的符号,我们得到

$$\psi_n(x)=\frac{1}{\sqrt{x_0}}\frac{e^{-\frac{1}{2}\left(\frac{x}{x_0}\right)^2}H_n\left(\frac{x}{x_0}\right)}{\sqrt{2^n n!\sqrt{\pi}}} \tag{13}$$

$$E_n=\hbar\omega_0\left(n+\frac{1}{2}\right)\quad(n=0,1,2,\cdots) \tag{14}$$

在经典力学中,振子的能量

$$E=\frac{p_x^2}{2\mu}+\frac{\mu\omega_0^2}{2}x^2$$

(此处的 p_x 是粒子的动量)可以取连续的值.从量子力学的观点看来,如公式(14)所指示的,振子的能量仅能取一些分立的值 E_n.在这情况下,我们说,这能量是量子化了.确定量子级的数 n,叫作主量子数.当 $n=0$ 即在最低的量子态时,振子的能量不是零而是等于

$$E_0=\frac{1}{2}\hbar\omega_0$$

3. 转子

我们来求有自由轴的转子(即能绕静止的中心旋转而距这中心保持同一距离的粒子)的能量的固有

值.

对于粒子的所有位置,转子的势能 U 保持同一个常数值,于是可以取它等于零:$U=0$.

在坐标原点为静止中心的球面坐标系(r,θ,φ)中的转子的薛定谔方程

$$\Delta\psi+\frac{2\mu}{\hbar^2}E\psi=0$$

可以写成如下形式

$$\frac{1}{r^2\sin\theta}\frac{\partial}{\partial\theta}\left(\sin\theta\frac{\partial\psi}{\partial\theta}\right)+\frac{1}{r^2\sin^2\theta}\frac{\partial^2\psi}{\partial\varphi^2}+\frac{2\mu}{\hbar^2}E\psi=0 \tag{15}$$

此处利用了条件

$$\frac{\partial\psi}{\partial r}=0$$

引用转动惯量

$$I=\mu r^2$$

以代替 μ,则得到

$$\frac{1}{\sin\theta}\frac{\partial}{\partial\theta}\left(\sin\theta\frac{\partial\psi}{\partial\theta}\right)+\frac{1}{\sin^2\theta}\frac{\partial^2\psi}{\partial\varphi^2}+\lambda\psi=0$$

或

$$\Delta_{\theta,\varphi}\psi+\lambda\psi=0 \tag{16}$$

此处的

$$\lambda=\frac{2I}{\hbar^2}E \tag{17}$$

因此,我们得到了方程

$$\Delta_{\theta,\varphi}\psi+\lambda\psi=0$$

对于固有值的下列边界问题:即它带有在点 $\theta=0$ 和点 $\theta=\pi$ 的有界性的自然边界条件,并带有如下的就范条件

$$\int_0^{\pi}\int_0^{2\pi} |\psi|^2 \sin\theta \mathrm{d}\theta \mathrm{d}\varphi = 1 \tag{18}$$

我们已经知道，这个问题的解是一些就范球函数

$$\psi_{lm}(\theta,\varphi) = \sqrt{\frac{(2l+1)(l-m)!}{2\varepsilon_m \pi (l+m)!}} \mathrm{Y}_l^{(m)}(\theta,\varphi)$$

$$\left(\varepsilon_m = \begin{cases} 2 & (m=0) \\ 1 & (m \neq 0) \end{cases}\right) \tag{19}$$

$$\mathrm{Y}_l^{(m)}(\theta,\varphi) = \mathrm{P}_l^{(m)}(\cos\theta) \frac{\cos m\varphi}{\sin m\varphi} \quad (m=0,1,\cdots,l)$$

其对应的固有值是

$$\lambda = l(l+1) \tag{20}$$

将 λ 用它按公式(17)所得的值来代替，我们得到转子能量的量子化的值

$$E_{lm} = l(l+1)\frac{\hbar^2}{2I} \tag{21}$$

4. 电子在库仑场中的运动

电子在核的库仑场中的运动问题是原子力学中最简单的问题之一，它具有巨大的实际兴趣，因为这一问题的解答不仅提供出氢光谱的理论，并且也提供出对于具有一个价电子的原子（类氢原子，例如钠原子）的光谱的近似理论.

在氢原子内，电子是处在核（质子）的库仑静电场中，于是势能 $U(x,y,z)$ 等于

$$U = -\frac{e^2}{r} \tag{22}$$

此处 r 是电子到核的距离，$-e$ 是电子的电荷，$+e$ 是核的电荷.

在此种情况下，薛定谔方程具有形式

$$\Delta\psi + \frac{2\mu}{\hbar^2}\left(E + \frac{e^2}{r}\right)\psi = 0 \tag{23}$$

我们的问题就是要找出 E 的这样一些数值，使方程(23) 在整个空间内有连续解，而且使这解能满足就范条件

$$\iiint_{-\infty}^{\infty} |\psi(x,y,z)|^2 \mathrm{d}x\mathrm{d}y\mathrm{d}z = 1 \tag{24}$$

设核不动，引用原点在核上的球坐标系，则有

$$\frac{1}{r^2}\frac{\partial}{\partial r}\left(r^2\frac{\partial\psi}{\partial r}\right)+\frac{1}{r^2}\Delta_{\theta,\varphi}\psi+\frac{2\mu}{\hbar^2}\left(E+\frac{e^2}{r}\right)\psi=0 \tag{25}$$

我们来求其如下形状的解

$$\psi(r,\theta,\varphi)=\chi(r)\mathrm{Y}_l^{(m)}(\theta,\varphi) \tag{26}$$

注意到球函数 $\mathrm{Y}_l^{(m)}(\theta,\varphi)$ 的微分方程

$$\Delta_{\theta,\varphi}\mathrm{Y}_l^{(m)}(\theta,\varphi)+l(l+1)\mathrm{Y}_l^{(m)}(\theta,\varphi)=0$$

我们就得到

$$\frac{\mathrm{d}^2\chi}{\mathrm{d}r^2}+\frac{2}{r}\frac{\mathrm{d}\chi}{\mathrm{d}r}+\left[\frac{2\mu}{\hbar^2}\left(E+\frac{e^2}{r}\right)-\frac{l(l+1)}{r^2}\right]\chi=0 \tag{27}$$

引用数值

$$a=\frac{\hbar^2}{\mu e^2}=0.529\times10^{-8}\ \mathrm{cm}$$

作为长度单位，并引用数值

$$E_0=\frac{\mu e^4}{\hbar^2}=\frac{e^2}{a}$$

作为能量单位.

令

$$\rho=\frac{r}{a},\varepsilon=\frac{E}{E_0}\quad(\varepsilon<0) \tag{28}$$

则可以把方程(27) 改写成形式

$$\frac{\mathrm{d}^2\chi}{\mathrm{d}\rho^2}+\frac{2}{\rho}\frac{\mathrm{d}\chi}{\mathrm{d}\rho}+\left(2\varepsilon+\frac{2}{\rho}-\frac{l(l+1)}{\rho^2}\right)\chi=0 \quad (29)$$

利用代换

$$\chi=\frac{1}{\sqrt{\rho}}y \quad (30)$$

方程(29)就化为形式

$$\frac{\mathrm{d}^2y}{\mathrm{d}\rho^2}+\frac{1}{\rho}\frac{\mathrm{d}y}{\mathrm{d}\rho}+\left(2\varepsilon+\frac{2}{\rho}-\frac{s^2}{4\rho^2}\right)y=0 \quad (31)$$

此处的

$$s=2l+1$$

引用数值

$$x=\rho\sqrt{-8\varepsilon} \quad (32)$$

作为自变量，我们由式(31)得到方程

$$xy''+y'-\left(\frac{x}{4}+\frac{s^2}{4x}\right)y+\lambda y=0 \quad (33)$$

或

$$\frac{\mathrm{d}}{\mathrm{d}x}\left(x\frac{\mathrm{d}y}{\mathrm{d}x}\right)-\left(\frac{x}{4}+\frac{s^2}{4x}\right)y+\lambda y=0 \quad (33')$$

此处

$$\lambda=\frac{1}{\sqrt{-2\varepsilon}} \quad (34)$$

这方程是我们在 §11 的式(32)中已经研究过的.

在那里已找到的固有值应该在本题中等于

$$\lambda=n_r+\frac{s+1}{2}$$

而固有函数可用广义的切比雪夫－拉盖尔多项式 $Q_{n_r}^{*(s)}$ 表示如下

$$y_{n_r}(x)=x^{\frac{s}{2}}e^{-\frac{x}{2}}Q_{n_r}^{*(s)}(x) \quad (35)$$

此处的 $Q_{n_r}^{*(s)}(x)$ 由 §2 中的公式(33)确定.

考虑到

$$s=2l+1$$

我们得到

$$\lambda=n_r+l+1=n \quad (n=1,2,\cdots) \tag{36}$$

整数 n 叫作主量子数，n_r 是径量子数，l 是角量子数.

用公式(34)与(28)的 λ 的表达式来替代 λ，我们得到量子化的能量值

$$E_n=-\frac{\mu e^4}{2\hbar^2 n^2} \tag{37}$$

它们仅与主量子数 n 有关.

令 E 等于一个量子

$$\hbar\omega=h\upsilon$$

的能量

$$E=-h\upsilon$$

此处

$$\upsilon=\frac{\omega}{2\pi}$$

是频率，那么将有

$$\upsilon=\frac{\mu e^4}{2\hbar^2 n^2 h}=\frac{R}{n^2} \tag{38}$$

此处

$$R=\frac{\mu e^4}{2\hbar^2 h}$$

即所谓里德伯恒量.

我们来求谱线的频率. 所观察到的谱线频率 υ_{nn_1} 是对应于从能态 E_n 到能态 E_{n_1} 的(量子性)跳变.

在这量子跳变中所辐射的量子的频率 υ_{nn_1} 等于

$$\upsilon_{nn_1}=R\left(\frac{1}{n_1^2}-\frac{1}{n^2}\right) \tag{39}$$

设 $n_1=1$ 并给 n 以数值 $n=2,3,\cdots$，则我们得到一系列的线，由它们组成所谓赖曼系

$$\upsilon_{nn_1}=R\left(1-\frac{1}{n^2}\right)$$

其次，数值 $n_1=2$ 与 $n=3,4,\cdots$ 给出巴耳末系

$$\upsilon_{nn_1}=R\left(\frac{1}{2^2}-\frac{1}{n^2}\right)$$

而数值 $n_1=3$ 与 $n=4,5,\cdots$ 给出帕邢系

$$\upsilon_{nn_1}=R\left(\frac{1}{3^2}-\frac{1}{n^2}\right)$$

现在我们再来确定氢原子的固有函数. 此时，由于公式(26)，只需找出径函数 $\chi(\rho)$ 就够了.

利用公式(35)(32)(30)(34)(36)，我们可写为

$$\chi_{nl}(\rho)=A_n\left(\frac{2\rho}{n}\right)^l e^{-\frac{\rho}{n}}Q_{n-l-1}^{*(2l+1)}\left(\frac{2\rho}{n}\right) \tag{40}$$

此处 A_n 是就范化乘数，它们由条件

$$\int_0^\infty \rho\chi_{nl}^2(\rho)\mathrm{d}\rho=1 \tag{41}$$

确定.

算出 A_n 后，我们得到就范化了的径函数的下述表达式

$$\chi_{nl}(\rho)=\frac{2}{n}\left(\frac{2\rho}{n}\right)^l e^{-\frac{\rho}{n}}Q_{n-l-1}^{*(2l+1)}\left(\frac{2\rho}{n}\right) \tag{42}$$

由公式(26) 和(19)，就范固有函数具有形式

$$\psi_{mnl}=\sqrt{\frac{(2l+1)(l-m)!}{2\varepsilon_m\pi(l+m)!}}\,\mathrm{Y}_l^{(m)}(\theta,\varphi)\chi_{nl}(\rho)$$

此处 $\chi_{nl}(\rho)$ 由公式(42) 确定.

数 $m(m=0,\pm1,\pm2,\cdots,\pm l)$ 叫作磁量子数.

因为 n_r 恒不为负($n_r=0,1,2,\cdots$)，故当 n 为已给时，由公式

$$n = n_r + l + 1$$

推得:量子数 l 不可能大于 $n-1(l=0,1,2,\cdots,n-1)$. 因此,当主量子数 n 已给定值时,数 l 一共可能取 n 个数值 $l=0,1,2,\cdots,n-1$,而每一个 l 值对应着 $2l+1$ 个 m 值. 由此可见,对于每一个已给的能量值 E_n,亦即每一个已给的数值 n,对应着

$$\sum_{l=0}^{n-1}(2l+1) = 1+3+5+\cdots+(2n-1) = n^2$$

个不同的固有函数.

我们所找到的能量 E_n 的负固有值分立谱,是一个在零处有凝聚点的无穷数集.

对于薛定谔方程所考虑的问题的第二个特征,是存在正固有值的连续谱(任何正数 E 是方程(23)的固有值). 在此种情况下,电子已经不被核所束缚,但是它仍处在核的场中(离子化氢原子).

第五章 平方逼近与均匀逼近中的切比雪夫多项式

§1 用最小二乘法逼近函数

在测量工作中常用最小二乘法来处理测得的数据，亦可用这方法来求逼近多项式．譬如在$[a,b]$的一些点

$$a \leqslant x_0 \leqslant x_1 \leqslant x_2 \leqslant \cdots \leqslant x_n \leqslant b$$

上给出函数$f(x)$的数值为$f(x_0)$，$f(x_1)$，…，$f(x_n)$．若用内插多项式来逼近这个函数$f(x)$，势必要导出一个n次多项式来，在科学技术提出的实际问题中，n可以是几十或上百，那么导出一个几十次的多项式是很麻烦的，而且有时也没必要，因为在应用问题中，$f(x_0)$，$f(x_1)$，…，$f(x_n)$时常是测量得到的数值，它们本身就不是$f(x)$在这些点的精确数值，所以我们就想直接用一个低于n次的m次多项式

$$\varphi_m(x)=a_0+a_1x+a_2x^2+\cdots+a_mx^m \qquad (1)$$

来逼近函数 $f(x)$，确定 $\varphi_m(x)$ 的系数

$a_0,a_1,\cdots,a_m$. 但因在 $a_0,a_1,\cdots,a_m$ 的线性方程组

$$\begin{cases}a_0+a_1x_0+a_2x_0^2+\cdots+a_mx_0^m-f(x_0)=0\\a_0+a_1x_1+a_2x_1^2+\cdots+a_mx_1^m-f(x_1)=0\\\vdots\\a_0+a_1x_n+a_2x_n^2+\cdots+a_mx_n^m-f(x_n)=0\end{cases}$$

中方程个数 $n+1$ 多于未知数的个数 $m+1$ 是无解的，可是这些数值 $f(x_0),f(x_1),\cdots,f(x_n)$ 对于表达函数 $f(x)$ 而言，我们也很难预先知道那些不重要而丢掉它们，以便减少方程组中的方程个数. 用最小二乘法来处理这个问题是这样的. 令

$$\begin{cases}\varepsilon_0=a_0+a_1x_0+a_2x_0^2+\cdots+a_mx_0^m-f(x_0)\\\varepsilon_1=a_0+a_1x_1+a_2x_1^2+\cdots+a_mx_1^m-f(x_1)\\\vdots\\\varepsilon_n=a_0+a_1x_n+a_2x_n^2+\cdots+a_mx_n^m-f(x_n)\end{cases} \qquad (2)$$

在式(2)中 $\varepsilon_0,\varepsilon_1,\cdots,\varepsilon_n$ 是 $a_0,a_1,\cdots,a_m$ 的已知函数，虽然不能取一组 $a_0,a_1,\cdots,a_m$ 使式(2)右边都是零，但我们可以取 $a_0,a_1,\cdots,a_m$ 使得偏差平方和

$$\sigma_{mn}(a_0,a_1,\cdots,a_m)=\sum_{\upsilon=0}^{n}\varepsilon_\upsilon^2=\sum_{\upsilon=0}^{n}[\varphi_m(x_\upsilon)-f(x_\upsilon)]^2 \qquad (3)$$

取极小值，由 $\sigma_{mn}(a_0,a_1,\cdots,a_m)$ 的表达式可知，$\sigma_{mn}(a_0,a_1,\cdots,a_m)$ 是 $a_0,a_1,\cdots,a_m$ 的连续函数，而且终究有

$$0\leqslant\sum_{\upsilon=0}^{n}\varepsilon_\upsilon^2$$

所以一定存在一组数 $a_0,a_1,\cdots,a_m$ 使得 $\sigma_{mn}(a_0,a_1,\cdots,$

a_m）取极小值，而以这组数为系数的 m 次多项式

$$\varphi_m(x)=a_0+a_1x+a_2x^2+\cdots+a_mx^m$$

就是我们用最小二乘法求出来的 $f(x)$ 的逼近多项式，而

$$\Delta_{mn}=\sqrt{\frac{\sum_{v=0}^{n}\varepsilon_v^2}{n+1}}=\sqrt{\frac{\sum_{v=0}^{n}[f(x_v)-\varphi_m(x_v)]^2}{n+1}} \tag{4}$$

叫作平均平方误差.

现在我们给出 $\varphi_m(x)$ 的系数 $a_0,a_1,\cdots,a_m$ 的求法，由条件(3)，我们使 $a_0,a_1,\cdots,a_m$ 应满足方程

$$\frac{\partial\sigma_{mn}}{\partial a_k}=2\sum_{v=0}^{n}[a_0+a_1x_v+a_2x_v^2+\cdots+a_mx_v^m-f(x_v)]x_v^k=0$$
$$(k=0,1,2,\cdots,m)$$

即

$$\begin{cases}a_0(n+1)+a_1\sum_{v=0}^{n}x_v+a_2\sum_{v=0}^{n}x_v^2+\cdots+\\a_m\sum_{v=0}^{n}x_v^m=\sum_{v=0}^{n}f(x_v)\\a_0\sum_{v=0}^{n}x_v+a_1\sum_{v=0}^{n}x_v^2+a_2\sum_{v=0}^{n}x_v^3+\cdots+\\a_m\sum_{v=0}^{n}x_v^{m+1}=\sum_{v=0}^{n}x_vf(x_v)\\\vdots\\a_0\sum_{v=0}^{n}x_v^m+a_1\sum_{v=0}^{n}x_v^{m+1}+a_2\sum_{v=0}^{n}x_v^{m+2}+\cdots+\\a_m\sum_{v=0}^{n}x_v^{2m}=\sum_{v=0}^{n}x_v^mf(x_v)\end{cases} \tag{5}$$

方程组是 $a_0,a_1,\cdots,a_m$ 的 $m+1$ 个未知数的 $m+1$ 个方程，称为正规方程. 在应用最小二乘法逼近函数时，不必要通过微分手续，可直接写出正规方程. 写出正规方程的具体办法就是首先把

$$\alpha_0=n+1,\alpha_1=\sum_{\upsilon=0}^{n}x_\upsilon,\alpha_2=\sum_{\upsilon=0}^{n}x_\upsilon^2,\cdots,$$

$$\alpha_k=\sum_{\upsilon=0}^{n}x^k,\cdots,\alpha_m=\sum_{\upsilon=0}^{n}x_\upsilon^m,\alpha_{m+1}=\sum_{\upsilon=0}^{n}x_\upsilon^{m+1},$$

$$\alpha_{m+2}=\sum_{\upsilon=0}^{n}x_\upsilon^{m+2},\cdots,\alpha_{2k}=\sum_{\upsilon=0}^{n}x_\upsilon^{2k},\cdots,\alpha_{2m}=\sum_{\upsilon=0}^{n}x_\upsilon^{2m}$$

$$\beta_0=\sum_{\upsilon=0}^{n}f(x_\upsilon),\beta_1=\sum_{\upsilon=0}^{n}x_\upsilon f(x_\upsilon),$$

$$\beta_2=\sum_{\upsilon=0}^{n}x_\upsilon^2 f(x_\upsilon),\cdots,\beta_k=\sum_{\upsilon=0}^{n}x_\upsilon^k f(x_\upsilon),\cdots,$$

$$\beta_m=\sum_{\upsilon=0}^{n}x_\upsilon^m f(x_\upsilon)$$

$3m+2$ 个数求出来，那么正规方程的第 k 个($0\leqslant k\leqslant m$) 方程就是

$$a_0\alpha_k+a_1\alpha_{k+1}+a_2\alpha_{k+2}+\cdots+a_m\alpha_{k+m}=\beta_k$$
$$(k=0,1,\cdots,m)$$

由这个方程就可解式(1) 的 $\varphi_m(x)$ 的系数 $a_0,a_1,a_2,\cdots,a_m$.

在实际解题过程中，数据 $f(x_0),f(x_1),\cdots,f(x_n)$ 可以是测量到的数，而且我们又知道某些数据测量得精确，而另外一些数据测量得粗糙，当然我们希望粗糙的数据起的坏影响小些，而精确的数据起的作用大一些. 那么就在式(3) 中每项按其精确度高低分别乘上大小不同的正系数 λ_υ，而且要求

$$\sum_{\upsilon=0}^{n}\lambda_{\upsilon}=1$$

于是式(3)变成

$$\sigma_{mn}(a_0,a_1,\cdots,a_m)=\sum_{\upsilon=0}^{n}\lambda_{\upsilon}\varepsilon_{\upsilon}^{2}=$$

$$\sum_{\upsilon=0}^{n}\lambda_{\upsilon}[f(x_{\upsilon})-\varphi_m(x_{\upsilon})]^2 \tag{6}$$

系数 $\lambda_{\upsilon}(\upsilon=0,1,2,\cdots,n)$ 叫作权系数.

例　每隔一小时测量一次气温得出如下数据：

时间 t	0	1	2	3	4	5	6	7	8	9	10	11	12
温度 C_t	15°	14°	14°	14°	14°	15°	16°	18°	20°	22°	23°	25°	28°

时间 t	13	14	15	16	17	18	19	20	21	22	23	24
温度 C_t	31°	32°	31°	29°	27°	25°	24°	22°	20°	18°	17°	16°

现在我们用最小二乘法找出一个多项式来近似地表示这一天的温度变化规律. 由图 1 我们看出温度曲线在[0,24]上有两个极点,所以起码要用 3 次多项式逼近它. 为简单起见,我们就用 3 次多项式来逼近.

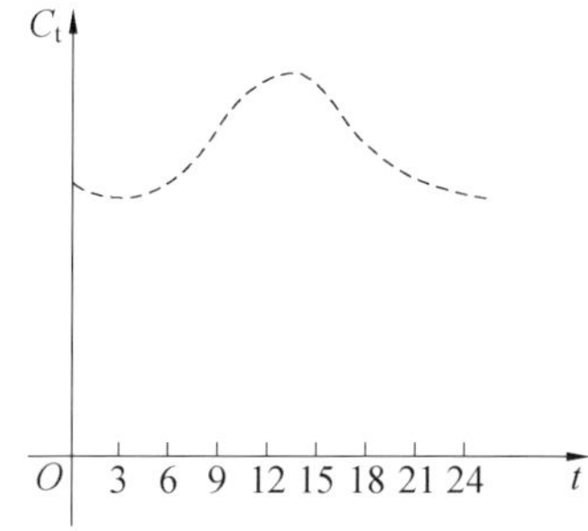

图 1

为了使计算过程简单些,作变换

$$x=t-12$$

$$D_t = C_t - 14$$

首先直接计算出

$$\beta_0 = 180, \beta_1 = 452, \beta_2 = 4\ 322, \beta_3 = 25\ 244$$

其次因 x 对零对称，所以

$$\alpha_1 = \sum_{x=-12}^{12} x = 0, \beta_3 = \beta_5 = 0$$

最后用高阶差级数可算出

$$\alpha_0 = \sum_{x=-12}^{12} 1 = 25$$

$$\alpha_2 = \sum_{x=-12}^{12} x^2 = 2\sum_{x=0}^{12} x^2 = 1\ 300$$

$$\alpha_4 = 2\sum_{x=0}^{12} x^4 = 121\ 420$$

$$\alpha_6 = 2\sum_{x=0}^{12} x^6 = 13\ 471\ 900$$

所以可直接写出正规方程

$$\begin{cases} 25a_0 + 1\ 300a_2 = 180 \\ 1\ 300a_1 + 121\ 420a_3 = 452 \\ 1\ 300a_0 + 121\ 420a_2 = 4\ 322 \\ 121\ 420a_1 + 13\ 471\ 900a_3 = 25\ 244 \end{cases}$$

以上方程组实际上是两个二阶线性方程组. 分别解这两个二阶线性方程得

$$a_0 = \frac{2\ 498}{207}$$

$$a_1 = \frac{1\ 453\ 929}{1\ 332\ 045}$$

$$a_2 = -\frac{2\ 519}{26\ 910}$$

$$a_3 = -\frac{816}{102\ 465}$$

所以我们得到C_t的最小二乘法意义下的3次逼近多项式

$$Q_3(t)=14+\frac{2\ 498}{207}+\frac{1\ 453\ 929}{1\ 332\ 045}(t-12)-\frac{2\ 519}{26\ 910}(t-12)^2-\frac{816}{102\ 465}(t-12)^3$$

§2　平方逼近、平方逼近的切比雪夫公式

如果在闭区间$[a,b]$上取分点

$$x_\upsilon=a+\frac{\upsilon}{n}(b-a)\quad(\upsilon=0,1,2,\cdots,n)$$

$$\Delta x=x_{\upsilon+1}-x_\upsilon$$

即把$[a,b]$分成n等分相应于§1的式(3). 我们考虑

$$\sigma_{mn}(a_0,a_1,\cdots,a_m)=\sum_{\upsilon=0}^{n}[f(x_\upsilon)-\varphi_m(x_\upsilon)]^2\Delta x$$

当取的分点数越来越多,$n\to\infty$时

$$\lim_{n\to\infty}\sigma_{mn}(a_0,a_1,\cdots,a_m)=\sigma_m=\int_a^b[f(x)-\varphi_m(x)]^2\mathrm{d}x \tag{1}$$

相应§1的式(4)的平均平方误差

$$\Delta_m=\sqrt{\frac{\int_a^b[f(x)-\varphi_m(x)]^2\mathrm{d}x}{b-a}} \tag{2}$$

使得式(1)σ_m取极小值的$\varphi_m(x)$就是通常的平方逼近多项式,式(2)中Δ_m亦叫作平均平方误差.

在应用问题中不仅只用多项式平方逼近所给的函数,还可用一组线性无关函数的线性组合

$$Q_m = A_0 p_0(x) + A_1 p_1(x) + \cdots + A_m p_m(x) \quad (3)$$

带某一权函数 $\omega(x)$ 来平方逼近在 $[a,b]$ 上所给的函数 $f(x)$，即在 $[a,b]$ 上的一组分点 $x_0, x_1, x_2, \cdots, x_n$ 上给定函数值为 $f(x_0), f(x_1), \cdots, f(x_n)$. 选 $Q_m(x)$ 使得

$$\sigma_{mn} = \sum_{\upsilon=0}^{n} \omega(x_\upsilon)[f(x_\upsilon) - Q_m(x_\upsilon)]^2 \quad (4)$$

取极小，在连续的情形就选 $Q_m(x)$ 使得

$$\sigma_m = \int_a^b \omega(x)[f(x) - Q_m(x)]^2 \mathrm{d}x \quad (5)$$

取极小，那么 $Q_m(x)$ 的确定也就是确定式(3) 中的系数 $A_0, A_1, \cdots, A_m$ 不仅依赖于分点 x_υ 及函数值 $f(x_\upsilon)(\upsilon = 0,1,2,\cdots,m)$ 的给定，同时还直接决定于我们到底取什么样的线性无关函数组 $p_0(x), p_1(x), \cdots, p_m(x)$. 以下介绍，我们特别取线性无关函数组为具有正交性的函数组. 那么对于系数 $A_0, A_1, \cdots, A_m$ 有比较简便的求法，为了明确起见，首先简单地谈谈正交性.

在 $[a,b]$ 上一组线性无关的函数组 $\{p_k(x)\}$ $(k = 0,1,2,\cdots,m)$ 及其权函数 $\omega(x)$ 对于 $[a,b]$ 的某一串分割点 $x_0, x_1, \cdots, x_n$，$\{p_k(x)\}$ 中的任意两个函数都有

$$\sum_{\upsilon=0}^{n} \omega(x_\upsilon) p_i(x_\upsilon) p_j(x_\upsilon) = \begin{cases} 0 & (i \neq j, 0 \leqslant i \leqslant m) \\ \alpha_i \neq 0 & (i = j, 0 \leqslant j \leqslant m) \end{cases} \quad (6)$$

那么就叫 $\{p_k(x)\}(k = 0,1,2,\cdots,m)$ 为在 $[a,b]$ 上对分割点 $x_0, x_1, \cdots, x_n$ 带权函数 $\omega(x)$ 的正交函数组. 若式(6) 中 $\alpha_i = 1(i = 0,1,2,\cdots,m)$，则叫 $\{p_k(x)\}$ 是正交标准函数组. 在连续情况下，正交函数组就像通常定义的那样，如一组在 $[a,b]$ 上的线性无关函数组 $\{p_k(x)\}(k = 0,1,2,\cdots,m)$ 及其权函数 $\omega(x)$ 对于

$\{p_k(x)\}(k=0,1,2,\cdots,m)$ 中任何两个函数都有

$$\int_a^b \omega(x)p_i(x)p_j(x)\mathrm{d}x=\begin{cases}0 & (i\neq j,0\leqslant i\leqslant m)\\ \alpha_i\neq 0 & (i=j,0\leqslant j\leqslant m)\end{cases} \tag{7}$$

就称 $\{p_k(x)\}$ 是在 $[a,b]$ 上带权函数 $\omega(x)$ 的正交函数组. 同样也有正交标准函数组的定义.

在式(3)中，如果我们选取 $p_0(x),p_1(x),\cdots,p_m(x)$ 是正交函数组，那么，最优平方逼近 $Q_m(x)$ 的系数

$$A_k=\frac{\sum\limits_{\upsilon=0}^{n}\omega(x_\upsilon)p_k(x_\upsilon)f(x_\upsilon)}{\sum\limits_{\upsilon=0}^{n}\omega(x_\upsilon)p_k^2(x_\upsilon)}\quad(k=0,1,2,\cdots,m) \tag{8}$$

而 $Q_m(x)$ 可表成

$$Q_m(x)=\sum_{k=0}^{m}\left[\frac{\sum\limits_{\upsilon=0}^{n}\omega(x_\upsilon)p_k(x_\upsilon)f(x_\upsilon)}{\sum\limits_{\upsilon=0}^{n}\omega(x_\upsilon)p_k^2(x_\upsilon)}\right]p_k(x) \tag{9}$$

同样在连续情形，最优平方逼近的系数为

$$A_k=\frac{\int_a^b\omega(x)p_k(x)f(x)\mathrm{d}x}{\int_a^b\omega(x)p_k^2(x)\mathrm{d}x} \tag{10}$$

$$Q_m(x)=\sum_{k=0}^{m}\left[\frac{\int_a^b\omega(x)p_k(x)f(x)\mathrm{d}x}{\int_a^b\omega(x)p_k^2(x)\mathrm{d}x}\right]p_k(x) \tag{11}$$

我们只对式(10)加以证明，式(9)是类似的. 由正交性

$$\sigma_m = \int_a^b \omega(x)\left[f(x) - \sum_{v=0}^{m} A_v p_v(x)\right]^2 \mathrm{d}x =$$

$$\int_a^b \omega(x) f^2(x)\mathrm{d}x + \sum_{v=0}^{m} A_v^2 \int_a^b \omega(x) p_v^2(x)\mathrm{d}x -$$

$$2\sum_{v=0}^{m} A_v \int_a^b \omega(x) f(x) p_v(x)\mathrm{d}x$$

及极小性得

$$0 = \frac{\partial \sigma_m}{\partial A_i} = 2\left[A_v \int_a^b \omega(x) p_i^2(x)\mathrm{d}x - \int_a^b \omega(x) f(x) p_i(x)\mathrm{d}x\right]$$

故得式(10). 公式(9)(11) 就是切比雪夫公式.

§3 正交化和正交多项式

设在区间$[a,b]$上固定了权函数 $\omega(x)$，对任意个线性无关的函数列$\{\varphi_n(x)\}$，我们总可以把它正交化(对权 $\omega(x)$ 而言)，即由$\{\varphi_n(x)\}$ 作出一个新的函数列$\{p_n(x)\}$ 满足下列条件：

1) 每一个 $p_n(x)$ 为 $\varphi_0(x),\varphi_1(x),\cdots,\varphi_{n-1}(x)$，$\varphi_n(x)$ 的线性组合；

2) $\int_a^b \omega(x) p_i(x) p_j(x) = \begin{cases} 0 & (i \neq j) \\ \alpha_i \neq 0 & (i = j) \end{cases}$.

作法如下：取

$$p_0(x) = \varphi_0(x)$$

令

$$p_1(x) = \alpha_{10} p_0(x) + \varphi_1(x)$$

由正交条件

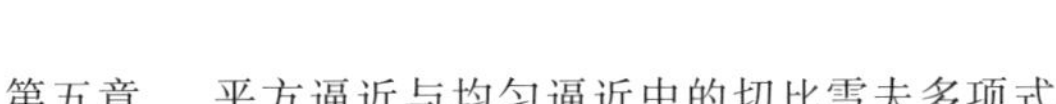

$$\int_a^b \omega(x) p_0(x) p_1(x) \mathrm{d}x = 0$$

得出

$$\alpha_{10} = -\frac{\int_a^b \omega(x) p_1(x) p_0(x) \mathrm{d}x}{\int_a^b \omega(x) p_0^2(x) \mathrm{d}x}$$

故 $p_1(x)$ 已求得. 以此类推,设彼此正交的 $p_0(x)$, $p_1(x), \cdots, p_{n-1}(x)$ 已求得

$$p_n(x) = \alpha_{n0} p_0(x) + \alpha_{n1} p_1(x) + \cdots + \alpha_{n,n-1} p_{n-1}(x) + \varphi_n(x)$$

则由正交性条件

$$(p_n(x), p_0(x)) = (p_n(x), p_1(x)) = \cdots = (p_n(x), p_{n-1}(x)) = 0$$

可得

$$\alpha_{ni} = -\frac{\int_a^b \omega(x) \varphi_n(x) p_i(x) \mathrm{d}x}{\int_a^b \omega(x) p_i^2(x) \mathrm{d}x} \quad (i = 0, \cdots, n-1)$$

在有限多个点上的函数列的正交化过程也相同,只需将积分改为有穷和.

当固定区间 $[a,b]$ 及权函数 $\omega(x)$,将函数列 $\{1, x, x^2, \cdots, x^n, \cdots\}$ 正交化而得多项式序列 $\{p_0(x), p_1(x), \cdots, p_n(x), \cdots\}$ 叫作在区间 $[a,b]$ 上以 $\omega(x)$ 为权的正交多项式. 它是唯一确定的,但允许差一非零常数因子.

如果

$$[a,b] = [-1,1], \omega(x) \equiv 1$$

则得到勒让德正交多项式

$$\mathrm{P}_n(x) = \frac{1}{2^n n!} \frac{\mathrm{d}^n}{\mathrm{d}x^n} (x^2 - 1)^n$$

Tschebyscheff 多项式

$$P_0(x)=1$$
$$P_1(x)=x$$
$$P_2(x)=\frac{3}{2}x^2-\frac{1}{2}$$
$$P_3(x)=\frac{5}{2}x^3-\frac{3}{2}x$$
$$P_4(x)=\frac{35}{8}x^4-\frac{15}{4}x^2+\frac{3}{8}$$
$$\vdots$$
$$\int_{-1}^{1}P_n^2(x)\mathrm{d}x=\frac{2}{2n+1}$$

如果

$$(a,b)=(-1,1),\omega(x)=(1-x^2)^{-\frac{1}{2}}$$

则得到第一类切比雪夫正交多项式

$$T_n(x)=\frac{1}{2^{n-1}}\cos(n\cos^{-1}x)$$
$$T_0(x)=1$$
$$T_1(x)=x$$
$$T_2(x)=\frac{1}{2}(2x^2-1)$$
$$T_3(x)=\frac{1}{4}(4x^3-3x)$$
$$T_4(x)=\frac{1}{8}(8x^4-8x^2+1)$$
$$\vdots$$

如果

$$[a,b]=[-1,1],\omega(x)=(1-x^2)^{\frac{1}{2}}$$

则得到第二类切比雪夫正交多项式

$$u_n(x)=\frac{\sin[(n+1)\cos^{-1}x]}{\sin(\cos^{-1}x)}$$

$$u_0(x)=1$$
$$u_1(x)=2x$$
$$u_2(x)=4x^2-1$$
$$u_3(x)=8x^3-4x$$
$$u_4(x)=16x^4-12x^2+1$$
$$\vdots$$

如果

$$[a,b]=[0,\infty],\omega(x)=\mathrm{e}^{-x}$$

则得到拉盖尔正交多项式

$$\mathrm{L}_n(x)=\mathrm{e}^x\ \frac{\mathrm{d}^n}{\mathrm{d}x^n}x^n\mathrm{e}^{-x}$$
$$\mathrm{L}_0(x)=1$$
$$\mathrm{L}_1(x)=-x+1$$
$$\mathrm{L}_2(x)=x^2-4x+2$$
$$\mathrm{L}_3(x)=-x^3+9x^2-18x+6$$
$$\mathrm{L}_4(x)=x^4-16x^3+72x^2-96x+24$$
$$\vdots$$
$$\int_0^{\infty}\mathrm{e}^{-x}[\mathrm{L}_n(x)]^2\mathrm{d}x=1$$

如果

$$(a,b)=(-\infty,+\infty),\omega(x)=\mathrm{e}^{-x^2}$$

则得到埃尔米特正交多项式

$$\mathrm{H}_n(x)=(-1)^n\mathrm{e}^{x^2}\ \frac{\mathrm{d}^n}{\mathrm{d}x^n}\mathrm{e}^{-x^2}$$
$$\mathrm{H}_0(x)=1$$
$$\mathrm{H}_1(x)=2x$$
$$\mathrm{H}_2(x)=4x^2-2$$
$$\mathrm{H}_3(x)=8x^3-12x$$
$$\mathrm{H}_4(x)=16x^4-48x^2+12$$

$$\vdots$$

$$\int_{-\infty}^{+\infty} e^{-x^2} H_n^2(x) dx = 2^n n! \sqrt{\pi}$$

在有穷多个分点$[0,1,\cdots,n]$上取

$$\omega(x) \equiv 1$$

得 n 个正交多项式

$$P_{kn}(x) = \sum_{s=0}^{k} (-1)^s \binom{k}{s} \binom{k+s}{s} \frac{x^{(s)}}{(n)^{(s)}}$$

$$(k=0,1,\cdots,n)$$

$$\sum_{x=0}^{n} P_{kn}^2(x) = \frac{(n+k+1)(k+n)^{(k)}}{(2k+1)(n)^{(k)}} \quad (k=0,1,\cdots,n)$$

此处

$$x^{(s)} = x(x-1)\cdots(x-(s-1))$$

§ 4　最优均匀逼近问题

由于计算工具的发展，尤其是快速数字电子计算机的使用，使得借助于多项式逼近函数的方法的用途越来越广，那么改进逼近工作的问题也就变得重要了，譬如对区间$[a,b]$，函数 $f(x)$ 以 $x_0 = \frac{b-a}{2}$ 为中心的泰勒展式 $P_n(x-x_0)$ 有关系式

$$f(x) = P_n(x-x_0) + \frac{f^{(n+1)}(\xi)(x-x_0)^{n+1}}{(n+1)!}$$

$$(\xi \in [a,b])$$

由上式看出用 $P_n(x-x_0)$ 逼近 $f(x)$ 的精确度很不均匀，在点 x_0 附近是较精确，但离 x_0 较远而靠近端点 a 或 b 时，误差就逐渐增大.

可是在科学技术提出的逼近问题中，实际情况是在给定题目同时就提出了对精确度的要求，而且在整个区间$[a,b]$，要求精确度都是一致的. 那么若直接用泰勒展式逼近函数$f(x)$时，就不得不提高逼近多项式的阶数，以便在离点x_0较远的端点a,b的附近，也能满足精确度. 但这就使得计算量繁重了，而且在点x_0附近逼近的精确度本来早就是满足要求的，再提高在点x_0附近的精确度就不需要了. 所引起的计算工作量的增加，纯粹是为了使在离点x_0较远的两个端点a,b附近的那些点的精确度得以提高. 因此我们提出要使逼近多项式$P_n(x)$在点x_0附近的精确度宁可差一些(但是还满足提出的要求)，而且使得在离x_0较远处精确一些，也就是说，使得误差分布得均匀一些，这样要求的目的也就是在所给的精确条件下，使得逼近多项式的次数不必太大，进一步提出在满足所给精确度条件下，要求逼近多项式的次数越低越好.

为了解决上面的问题，我们现在来讨论第二个问题. 就是在所有次数不超过固定次数n的多项式中找出一个在区间$[a,b]$上最精确地逼近$f(x)$的多项式.

首先引进几个定义：

在闭区间$[a,b]$上给定连续函数$f(x)$，而对于一个n次多项式$Q_n(x)$，若$f(x)-Q_n(x)$在$[a,b]$上，所有那些使得$f(x)-Q_n(x)$取极值的点叫作偏离点，使$f(x)-Q_n(x)$取正值的偏离点叫作正偏离点，取负值的点叫作负偏离点，而

$$\max_{a\leqslant x\leqslant b}|f(x)-Q_n(x)|$$

叫作用$Q_n(x)$逼近函数$f(x)$在$[a,b]$上的偏差，使得

$$|f(x)-Q_n(x)|=\max_{a\leqslant x\leqslant b}|f(x)-Q_n(x)|$$

的点叫作偏差点. 和偏离点一样,偏差点也有正负两种. 有一个多项式 $Q_n(x)$,就有一个 $\max\limits_{a\leqslant x\leqslant b}|f(x)-Q_n(x)|$ 与它对应,而

$$0\leqslant\max_{a\leqslant x\leqslant b}|f(x)-Q_n(x)| \tag{1}$$

在$\{\max\limits_{a\leqslant x\leqslant b}|f(x)-Q_n(x)|\}$集合中有个最小值,记作$\rho_n(f)$,而使得

$$\max_{a\leqslant x\leqslant b}|f(x)-F_n(x)|=\rho_n(f)$$

关系式满足的多项式 $F_n(x)$ 叫作在$[a,b]$上 $f(x)$ 的最优逼近多项式.

因为$\max\limits_{a\leqslant x\leqslant b}|f(x)-Q_n(x)|$连续的依赖于 $Q_n(x)$ 的系数 $A_0,A_1,\cdots,A_n$,且由式(1)知 $f(x)$ 在$[a,b]$上的 n 次最优逼近多项式是存在的.

另外,维尔斯特拉斯(Weierstrass)第一定理直接指出,如果 $f(x)$ 在闭区间$[a,b]$上连续,则可展成在$[a,b]$上一致收敛于 $f(x)$ 的多项式级数. 这就给我们的讨论在理论上给以保证.

关于苏联科学院数学研究所在函数逼近论方面的工作

第六章

原苏联科学院数学研究所的 C. A. 捷里亚可夫斯基院士在 1995 年撰文全面介绍了苏联科学院数学研究所的逼近论专家们多年来在函数逼近论的各个领域内所做的工作,这些领域包括:多项式的极值性质、一元周期函数与非周期函数逼近的正逆定理、线性逼近方法、多元函数逼近、函数类的宽度和求积公式等.在叙述这些成果的同时,作者还介绍了前人的有关结果.

§1 引 言

在综述苏联科学院 Steklov 数学研究所在函数逼近论方面的研究成果时,必然要涉及逼近论的产生以及逼近论发展成为数学分析的一个分支的过程.

函数逼近论的早期工作是上世纪中叶由伟大的俄国数学家切比雪夫院士在俄罗斯完成的.他的奠基性著作中包含了作为逼近论基础的一些基本问题的新提法,并且解决了一系列基本问题.

切比雪夫在1854年发表的文章中研究了用多项式在新提法下近似表示函数的问题,即求一个 n 阶多项式①

$$a_n x^n + a_{n-1} x^{n-1} + \cdots + a_0$$

使它和函数 $f(x)$ 在所考虑的区间上的偏差的最大值为最小.如果所考虑的区间是 $[a,b]$,则用现代术语可以说成是求在空间 $C[a,b]$ 的度量下和 $f(x)$ 偏差最小的多项式.因为切比雪夫第一个系统地研究了空间 $C[a,b]$ 的度量,所以也把这个度量叫作切比雪夫度量.应当指出,国外学者比我们更多地采用后一种提法.

切比雪夫引入了函数最佳逼近的概念.量

$$E_n(f)_C = E_n(f)_{C[a,b]} = \min \| f(x) - P_n(x) \|_{C[a,b]}$$

称为区间 $[a,b]$ 上的连续函数 $f(x)$ 在 $C[a,b]$ 度量下用 n 阶代数多项式的最佳逼近.这里的下确界取遍全体 n 阶多项式

$$P_n(x) = \sum_{k=0}^{n} a_k x^k$$

或者完全同样地,取遍所有的参数 $a_0, a_1, \cdots, a_n$.达到下确界的多项式称为最佳逼近多项式.类似地可以定义 n 阶三角多项式

① 以下谈到 n 阶多项式时,我们总是指阶数不超过 n 的多项式.

$$t_n(x)=a_0+\sum_{k=1}^{n}(a_k\cos kx+b_k\sin kx)$$

的最佳逼近、关于其他函数系的最佳逼近以及在其他的度量下,例如在空间 L_p 度量下的最佳逼近.

除了函数在 C 度量下用多项式的逼近外,切比雪夫还研究了用有理分式的最佳逼近、用多项式在 C 度量和 L_2 度量下的加权最佳逼近、用插值多项式逼近、求积公式以及依赖于几个参数的函数在 C 度量下最小化的一般问题.

在切比雪夫的成果中,我们要指出的是:第一,他找到了 C 度量下最佳逼近多项式的特征性质;第二,他求出了函数 x^n 在 $C[-1,1]$ 中用 $n-1$ 阶多项式最佳逼近的解,换句话说,他求出了在区间 $[-1,1]$ 上与零有最小偏差或者有最小范数的形如 $x^n+a_{n-1}x^{n-1}+\cdots+a_0$ 的多项式.切比雪夫证明,多项式 $2^{-(n-1)}T_n(x)$ 具有这一性质,其中

$$T_n(x)=\frac{1}{2}[(x+\sqrt{x^2-1})^n+(x-\sqrt{x^2-1})^n]=\cos n\arccos x$$

多项式 $T_n(x)$,$n=1,2,\cdots$,称为切比雪夫多项式.

继切比雪夫之后,在逼近论方面率先进行研究的是他的学生 E. I. Zolotarev,A. N. Korkin,A. A. Markov 和 V. A. Markov.他们和切比雪夫一样,也研究了函数用固定阶数的多项式的最佳逼近以及在逼近函数时起重要作用的多项式的性质.我们要指出 1889 年 A. A. Markov 证明的、在切比雪夫度量下关于代数多项式导数范数的一个估计式:如果 $P_n(x)$ 是 n 阶代数多项式,则有

$$\| P'_n(x) \|_{C[-1,1]} \leqslant n^2 \| P_n(x) \|_{C[-1,1]} \quad (1)$$

函数逼近论的另一个方向是从维尔斯特拉斯定理(1885年)开始的.该定理指出,闭区间$[a,b]$上的每一个连续函数可以在$C[a,b]$度量下用阶数足够高的多项式任意好地逼近.维尔斯特拉斯定理用最佳逼近可以表示为:如果f连续,则当$n\to\infty$时,$E_n(f)\to 0$.

20世纪初开始系统地研究当$n\to\infty$时与函数的最佳逼近序列递减速度有关的问题.这个时期的早期文献(Ch. J. Vallee Poussin)指出,$E_n(f)$递减的速度与$f(x)$的光滑程度有关,从而提出了研究这种关系的问题,这一研究从一开始就从两个方面进行,一方面是当函数具备某些条件时求$E_n(f)$趋于零的速度,这样的定理后来被称为逼近论的正定理;另一方面是从函数的最佳逼近序列研究函数的性质,这样的定理称为逼近论中的逆定理.

S. N. Bernstein和D. Jackson于1911～1912年得到的正定理和逆定理对函数逼近论的进一步发展产生了巨大的影响.由于正逆定理的互逆,从而可以用最佳逼近的递减速度描述函数类的特征.这方面最早的结果是由S. N. Bernstein得到的.例如他证明了函数$f(x)$在闭区间$[-1,1]$上解析的充要条件是下列估计式成立

$$E_n(f)_{C[-1,1]} \leqslant Aq^n \quad (2)$$

其中$0<q<1$,$A>0$,q、A均与n无关.

D. Jackson用函数$f(x)$的连续模或其导数$f^{(r)}(x)$的连续模估计它的最佳逼近,我们将叙述他对可微函数类得到的结果.下面的定义以后还要用到.

定义在区间$[a,b]$上的函数$f(x)$的连续模是函

数

$$\omega(f,\delta)\leqslant \sup|f(x')-f(x'')| \tag{3}$$

这里上确界取遍满足条件

$$|x'-x''|\leqslant\delta$$

的一切 $x',x''\in[a,b]$.

函数类 $W^rH(\omega)$, $r=0,1,2,\cdots$, 表示满足下列条件的函数 $f(x)$ 的全体，它们具有连续的 r 阶导数 ($f^{(0)}(x)=f(x)$), 并且 r 阶导数满足

$$\omega(f^{(r)},\delta)\leqslant\omega(\delta)$$

这里 $\omega(\delta)$ 是给定的连续模. 函数类 $W^0H(\omega)$ 记作 $H(\omega)$. 如果 $\omega(\delta)=\delta^\alpha$, $0<\alpha<1$, 即 $f^{(r)}(x)$ 满足常数为 1 的 α 阶李普希茨(Lipschitz) 条件

$$|f(x')-f(x'')|\leqslant|x'-x''|^\alpha$$

则在函数类的记号中用 H^α 代替 $H(\omega)$. 类 $W^{r-1}H^1$ 也记作 W^r, $r=1,2,\cdots$. 当我们考察定义在闭区间上的函数时，如果没有特别说明，我们将认为函数是定义在 $[-1,1]$ 上的，周期函数都是以 2π 为周期的. 对周期函数连续模的定义(3) 中的上确界取遍满足 $|x'-x''|\leqslant\delta$ 的一切 x',x''. W^r 和 $W^rH(\omega)$ 的三角共轭函数类分别记作 $\overline{W^r}$ 和 $\overline{W^rH(\omega)}$.

D. Jackson 证明，函数 $f(x)\in W^rH(\omega)$, $r\geqslant 0$, 用代数多项式的最佳逼近满足下列估计式①

$$E_n(f)_C\leqslant\frac{A_r}{n^r}\omega\left(\frac{1}{n}\right) \tag{4}$$

特别地，对 $f(x)\in W^rH^\alpha$, $0<\alpha\leqslant 1$, 有

① 这里及以后，A_r, $A_{r,m}$, $\cdots$ 表示与下标有关的正常数，A 表示绝对正常数.

$$E_n(f)_C \leqslant \frac{A_r}{n^{\alpha+r}} \quad (5)$$

他同时还得到了周期函数用三角多项式的最佳逼近的类似结果.

S. N. Bernstein 证明,如果周期函数 $f(x)$ 用三角多项式的最佳逼近满足估计式(5),其中 $r \geqslant 0$ 是整数,$0 < \alpha \leqslant 1$,则 $f^{(r)}(x)$ 满足小于 α 的任意阶的李普希茨条件. Ch. J. Vallee Poussin 加强了这一结果. 他证明,当 $\alpha < 1$ 时,从式(5)可得 $f(x) \in W^r H^\alpha$,即 $f^{(r)}(x)$ 满足 α 阶李普希茨条件,这一结果同 D. Jackson 定理一起说明,对周期函数 $f(x)$,条件 $f(x) \in W^r H^\alpha$,$\alpha < 1$,等价于估计式(5). $\alpha = 1$ 时,这一等价关系不成立的事实是 S. N. Bernstein 指出的.

现已证明,从$[-1,1]$上的函数 $f(x)$ 用代数多项式逼近的估计式(5)也可以得出类似的结果,但只能在每个区间$[a,b] \subset (-1,1)$上得到,而不能在整个区间$[-1,1]$上得到. 在整个区间$[-1,1]$上相应的结果一般是不成立的.

在证明逼近论的逆定理时主要用到逼近多项式的导数的估计式. S. N. Bernstein 曾使用了如下方法证明了下列估计式:

1)如果 $P_n(x)$ 是 n 阶代数多项式,则对 $x \in (-1,1)$ 有

$$|P'_n(x)| \leqslant \frac{n}{\sqrt{1-x^2}} \| P_n(x) \|_{C[-1,1]} \quad (6)$$

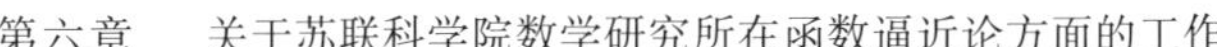

2）如果 $t_n(x)$ 是 n 阶三角多项式，则有①

$$\| t'_n(x) \|_C \leqslant n \| t_n(x) \|_C \tag{7}$$

后来，把各种关于导数的估计式都称为 S. N. Bernstein 不等式. 另外，A. A. Markov 证明不等式(1)时实际上就已经得出了不等式(6).

关于这一时期逼近论的其他研究成果和上述结果的进一步发展，这里我们不再叙述. 在后面的专题中还要提到他们.

科学院数学所的学者们的工作在逼近论的研究中总是占有显著的地位，这里最主要的是 S. N. Bernstein 院士、A. N. Kolmogorov 院士和 S. M. Nikolskyi 院士的著作. 关于他们在逼近论方面的工作已经有一些综述和评论[1-2]，我们这篇综述使用了这些材料.

在一篇综述中介绍科学院数学所的同志们的全部工作是不可能的. 本文只叙述他们对逼近论做出了重大贡献的那些成果. 在谈到他们的某项成果时，我们一般都先介绍前人的结果，但在此基础上由其他作者继续完成的工作就不再叙述了. 显然，数学所的学者们对逼近论的发展产生的重大影响，不仅在于他们自己的众多研究成果，而且还在于他们提出了新的问题以及他们引导青年科学工作者参加到逼近论的研究中来等.

---

① 1912 年发表的文献只对偶代数多项式和奇代数多项式证明了估计式(7). 那里得到的三角多项式导数的不等式是

$$\| t'_n(x) \|_C \leqslant 2n \| t_n(x) \|_C$$

不久又发表了式(7)的几种证明(L. Fejer, M. Riesz, F. Riesz). 在 S. N. Bernstein 的文献中给出了 E. Landau 的一个证明.)

§2　多项式的极值性质

在逼近论中一贯非常重视代数多项式和三角多项式的各种极值性质.

和多项式导数的估计有关的极值问题是逼近论中的基本问题. §1 中的 Markov 不等式和 S. N. Bernstein 不等式(1)(6) 和(7) 为这些研究奠定了基础. 这类不等式的应用是证明逼近论中逆定理的关键. 逆定理的进一步发展往往都需要某种形式的 Markov 不等式和 S. N. Bernstein 不等式.

S. N. Bernstein 加强了不等式(7)(§1),他对 n 阶三角多项式 $t_n(x)$ 证明了下列估计式

$$\| \sqrt{t'^2(x)+n^2t_n^2(x)} \|_C \leqslant n \| t_n(x) \|_C \quad (1)$$

在 §1 的不等式(7)中可以把多项式 $t_n(x)$ 的范数换成它的步长为 h 的增量 $t_n(x+h)-t_n(x)$ 的范数. 用这个办法得到了 S. M. Nikolskyi 不等式

$$\| t'_n(x) \|_C \leqslant \frac{n}{2} \| t_n\left(x+\frac{\pi}{n}\right)-t_n(x) \|_C \quad (2)$$

以及它的推广 S. B. Stechkin 不等式

$$\| t'_n(x) \|_C \leqslant \frac{n}{2\sin\frac{nh}{2}} \| t_n(x+h)-t_n(x) \|_C \quad (3)$$

这里 $0<h<\frac{2\pi}{n}$. 他们还对高阶导数证明了类似的估计式.

除了导数的估计式外,还在三角多项式空间中对

更一般的算子的估计式进行了研究,S. N. Bernstein 推广了 G. Szegö 的一个结果,研究了下列问题,设

$$t_n(x)=\sum_{k=0}^{n}(a_k\cos kx+b_k\sin kx)$$

$$f_n(x)=\sum_{k=0}^{n}\{\lambda_{n-k}[a_k\cos(kx+\alpha)+b_k\sin(kx+\alpha)]+\mu_{n-k}[b_k\cos(kx+\alpha)-a_k\sin(kx+\alpha)]\}$$

其中 $\lambda_0>0,\mu_0=\mu_n=0$. 我们注意到,当 $\lambda_{n-k}=k,\mu_k\equiv 0$ 且 $\alpha=\dfrac{\pi}{2}$ 时

$$f_n(x)=t'_n(x)$$

问:对数 λ_k,μ_k 和 α 加上什么条件可以得到下列估计式

$$\|f_n(x)\|_C\leqslant\lambda_0\|t_n(x)\|_C \tag{4}$$

式(4)中的等号是否和 §1 的式(7)一样,只对形如

$$t_n(x)=a_n\cos nx+b_n\sin nx$$

的多项式成立? S. N. Bernstein 证明这个命题成立的充要条件是多项式

$$r_n(x)=\lambda_0+2\sum_{k=1}^{n-1}(\lambda_k\cos kx-\mu_k\sin kx)+\lambda_n\cos nx$$

在点

$$x_k=\frac{k\pi+\alpha}{n}\quad(k=0,1,\cdots,2n-1)$$

取非负值. G. T. Sokolov 在此之前对这种类型的一些具体算子得到了估计式(4). Szegö 定理对应 $\mu_k\equiv 0$, $\lambda_n=0$ 和对一切 x 有 $r_n(x)\geqslant 0$ 的情况. S. T. Zavalisin, S. B. Stechkin 和 L. V. Taikov 继续了这方面的研究.

§1 的估计式(1)和(6)是对 $[-1,1]$ 上满足 $|P_n(x)|\leqslant 1$ 的 n 阶代数多项式做出的. 下面我们介

绍在[－1,1]上满足条件

$$|P_n(x)| \leqslant \sqrt{H(x)} \quad (5)$$

的多项式 $P_n(x)$ 的导数的估计式，这里 $H(x)$ 是在[－1,1]上恒正的 $m \leqslant 2n$ 阶代数多项式. $H(x)$ 可以写成下列和的形式

$$H(x) = M_n^2(x) + (1 - x^2)N_{n-1}^2(x)$$

这里 $M_n(x)$ 和 $N_{n-1}(x)$ 是精确的 n 阶和 $n-1$ 阶多项式，它们所有的根都在区间[－1,1]内并且交替排列. 如果条件(5)满足，则对导数 $P_n^{(r)}(x)$，$r=1,2,3,\cdots$，有下列估计式

$$\| P_n^{(r)} \|_C \leqslant |(M_n(x) + \mathrm{i}\sqrt{1-x^2}N_{n-1}(x))^{(r)}| \quad (-1 < x < 1) \quad (6)$$

S. N. Bernstein 证明了 $r=1$ 的情况，V. S. Videnskyi 证明了 $r>1$ 的情况.

切比雪夫和他的学生们早就求过代数多项式 $P_n(x)$ 和它的导数在不属于闭区间$[a,b]$的点处的值用这个多项式在区间$[a,b]$上，在切比雪夫度量下的范数的估计式. S. N. Bernstein 继续了这方面的研究，稍后他又把这方面的一些结果推广到多元多项式. N. I. Cherneih 给出导数 $P_n^{(r)}(x)$，$r=0,1,2,\cdots$，在 $L_p[c,d]$度量下的范数用多项式 $P_n(x)$ 在 $L_q[a,b]$度量下的范数估计的不等式，这里$[a,b] \subset [c,d]$，$1 \leqslant p \leqslant \infty$，$1 \leqslant q \leqslant \infty$. V. S. Videnskyi 得到了三角多项式 $t_n(x)$ 的导数在$[-\alpha,\alpha](0 < \alpha < \pi)$上用范数 $\| t_n(x) \|_{C[-\alpha,\alpha]}$ 给出的估计式，这个估计式在全体多项式的类中不能再改进. I. I. Privalov 和 D. Jackson 在此之前已得到关于阶的精确不等式.

S. N. Bernstein 证明，如果 n 阶三角多项式 $t_n(x)$

在开区间$(0,\alpha)$内达到最大值M，这里$\alpha<\frac{\pi}{n}$，则有估计式

$$M\leqslant\frac{1}{\sin n\alpha}\sqrt{t_n^2(0)+t_n^2(\alpha)-2t_n(0)t_n(\alpha)\cos n\alpha}$$

V. N. Temlyakov 找到了三角多项式在一个区间上模的最大值的下界估计，如果该区间的长度和该区间到多项式取得最大值的点之间的距离可比的话.

§1 的导数估计式(1)和(6)对切比雪夫多项式$T_n(x)$是精确的，$T_n(x)$的根全部位于闭区间$[-1,1]$内. V. I. Buslaev 指出，在一些类似的估计式中，因子n可以换成$A(m+1+\sum_{k=1}^{n-m}|z_k|^{-2})$，这里，$m$是多项式$P_n(x)$在复平面上单位圆$|z|\leqslant 1$内的根的个数，位于这个圆外的根记作$z_k$.

S. N. Bernstein 把§1的不等式(7)从三角多项式推广到指数型整函数，设B_σ是阶不超过σ的整函数类，即

$$\overline{\lim_{|z|\to\infty}}\frac{\log|f(z)|}{|z|}\leqslant\sigma$$

S. N. Bernstein 证明，如果$f(z)\in B_\sigma$并且在实轴上有界，则有

$$\sup_{-\infty<x<\infty}|f'(x)|\leqslant\sigma\sup_{-\infty<x<\infty}|f(x)| \qquad (7)$$

关于多项式导数的许多其他估计式也有类似的推广，这里我们不再介绍这些结果.

除了导数的估计式外，多项式在不同度量下的估计式在逼近论和分析的许多其他分支中也很有意义. 问题是要用多项式在L_p中的范数估计它在L_q中的范数，这里$q>p$. 在$q<p$时，阶的估计是平凡的.

在这方面已有著名的关于一元三角多项式的 D. Jackson 估计式

$$\| t_n(x) \|_C \leqslant An^{\frac{1}{p}} \| t_n(x) \|_{L_p}$$

S. M. Nikolskyi 在一般情况下对多元多项式研究了这个问题. 设 $1 \leqslant p < q \leqslant \infty$, $t_{n_1,\cdots,n_m}(x_1,\cdots,x_m)$ 是关于 x_1 为 n_1 阶,…… 关于 x_m 为 n_m 阶的 n 元三角多项式, 他得到如下估计式

$$\| t_{n_1,\cdots,n_m} \|_{L_q} \leqslant A_m(n_1,\cdots,n_m)^{\frac{1}{p}-\frac{1}{q}} \| t_{n_1,\cdots,n_m} \|_{L_p} \tag{8}$$

在同一文献中, S. M. Nikolskyi 还对以下范数给出估计

$$\| t_{n_1,\cdots,n_m} \|_{L_{p,k}} \leqslant A_m(n_{k+1},\cdots,n_m)^{\frac{1}{p}} \| t_{n_1,\cdots,n_m} \|_{L_p} \tag{9}$$

这里不等式左端的范数表示只对前 k 个变量取 L_p 范数, $k < m$. 这个估计式关于 $n_1,\cdots,n_m$ 的阶都是精确的.

K. I. Oskolkov[3] 研究了不同度量的另一种估计式. 设 $\mu(x)$ 是 $[0,2\pi]$ 上的不减函数且

$$\| f(x) \|_{L_p(\mathrm{d}\mu)} = \left(\int_0^{2\pi} | f(x) |^p \mathrm{d}\mu(x)\right)^{\frac{1}{p}}$$

$$(1 \leqslant p < \infty)$$

对 n 阶三角多项式有下列关于 n 的阶数不能再改进的估计式

$$\| t_n(x) \|_{L_p(\mathrm{d}\mu)} \leqslant A\left(n\omega\left(\mu,\frac{1}{n}\right)\right)^{\frac{1}{p}} \| t_n(x) \|_{L_p(\mathrm{d}\mu)} \tag{10}$$

这里 $\omega(\mu,\delta)$ 是函数 μ 在切比雪夫度量下的连续模.

我们还要指出 L. V. Takov 的工作, 在该文献中,

他求出了 n 阶三角多项式导数的如下估计式中的因子 B_p 的最佳值

$$\| t_n^{(r)}(x) \|_{L_p} \leqslant B_p n^r \| t_n(x) \|_C \quad (r=1,2,\cdots;p\geqslant 1)$$

对于代数多项式，以下估计推广了§1的Markov不等式和Bernstein不等式(1)和(6)，有

$$\| P'_n(x)(\sqrt{1-x^2}+\frac{1}{n})^{l+1} \|_{L_p[-1,1]} \leqslant$$

$$A_l n \| P_n(x)(\sqrt{1-x^2}+\frac{1}{n})^l \|_{L_p[-1,1]} \tag{11}$$

这里 l 是任意数. V. K. Diadeik 对 $p=\infty$ 证明了这个估计式，G. K. Liebiedi 则对 $1\leqslant p\leqslant\infty$ 给出了证明. 如果在式(11)中把 $1-x^2$ 换成 x 到闭区间 $[-1,1]$ 端点的距离，则可以得到与式(11)等价的估计式. S. M. Nikolskyi 把式(11)推广到多元多项式的情况. 设 G 是边界为 ∂G 的 m 维空间中的有界域，$g(x)$ 是点 $x=(x_1,\cdots,x_m)$ 到 ∂G 的距离，则对 m 元 n 阶代数多项式

$$P_n(x)=P_n(x_1,\cdots,x_m)=\sum_{|\boldsymbol{s}|\leqslant n} a_{\boldsymbol{s}} x_1^{s_1}\cdots x_m^{s_m}$$

其中 $\boldsymbol{s}$ 是整数向量，$s_i\geqslant 0$，$|\boldsymbol{s}|=s_1+\cdots+s_m$，有下列估计

$$\| \frac{\partial^{|\boldsymbol{r}|} P_n(x)}{\partial x_1^{r_1}\cdots\partial x_m^{r_m}}(\sqrt{g(x)}+\frac{1}{n})^{l+|\boldsymbol{r}|} \|_{L_p(G)} \leqslant$$

$$A_{\boldsymbol{r}lm}(G) n^{|\boldsymbol{r}|} \| P_n(x)(\sqrt{g(x)}+\frac{1}{n})^l \|_{L_p(G)}$$

这里 $\boldsymbol{r}$ 是整数向量，$r_i\geqslant 0$，l 是任意数. 在同一文献中，他还得到不同度量下的不等式

$$\| P_n(x)(\sqrt{g(x)}+\frac{1}{n})^{l-\frac{1}{q}} \|_{L_p(G)} \leqslant$$

$$A_{lm}(G) n^{\frac{1}{p}-\frac{1}{q}} \| P_n(x)(\sqrt{g(x)}+\frac{1}{n})^{l-\frac{1}{p}} \|_{L_p(G)}$$

这里 $1 \leqslant p < q \leqslant \infty$.

S. M. Nikolskyi 和 P. I. Lizorkin[4-8] 对调和多项式和球面多项式证明了一系列 Bernstein 不等式型的估计式. 设 $u_n(x_1, \cdots, x_m)$ 是 m 元 n 阶调和多项式

$$u_n(x_1, \cdots, x_m) = \sum_{|\boldsymbol{s}| \leqslant n} a_s x_1^{s_1} \cdots x_m^{s_m}$$

$\boldsymbol{s} = (s_1, \cdots, s_m)$, $|\boldsymbol{s}| = s_1 + \cdots + s_m$, 则当 $1 \leqslant p \leqslant \infty$ 时有

$$\left\| \frac{\partial u_n}{\partial x_j} \right\|_p \leqslant A_m n \| u_n \|_p \quad (j = 1, 2, \cdots, m) \tag{12}$$

这里 L_p 范数取在 m 维空间的单位球上. 从式(12) 可推出关于 $\boldsymbol{s}$ 阶混合偏导数的下述估计

$$\left\| \frac{\partial^{|s|} u_n}{\partial x_1^{s_1} \cdots \partial x_m^{s_m}} \right\|_p \leqslant A_{ms} n^{|s|} \| u_n \|_p \tag{13}$$

他们还得到球面多项式的任意阶差分的范数用多项式范数给出的估计式. V. A. Ivanov 和 P. I. Lizorkin[9] 也对这方面的结果做了一些推广(其中包括导数的范数用多项式在另一度量下的范数的估计式).

对于多元三角多项式的导数估计和在不同度量下的不等式在下述提法下进行了研究. 设 $\boldsymbol{r} = (r_1, \cdots, r_m)$, 其中所有的 $r_k > 0$ 且(为了确定)

$$r_1 = \cdots = r_\upsilon < r_{\upsilon+1} \leqslant r_{\upsilon+2} \leqslant \cdots \leqslant r_m \quad (1 \leqslant \upsilon \leqslant m)$$

把只含形如 $\exp \mathrm{i}(k_1 x_1 + \cdots + k_m x_m)$ 的调和项的 m 个变量的三角多项式的集合记作 $T(N, \boldsymbol{r})$, 其中 $k_1, \cdots, k_m$ 是满足条件

$$|k_1|^{r_1} \cdots |k_m|^{r_m} \leqslant N^{r_1} \quad (N \geqslant 2) \tag{14}$$

的非零整数. 要求对 $T(N, \boldsymbol{r})$ 中的多项式求出适当的估计式.

K. N. Babenko 首先研究了这一问题, 他对 r_k 都

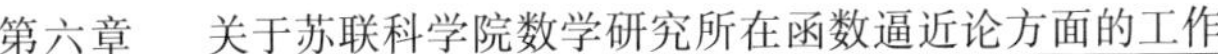

是整数的情况证明了类似于 Bernstein 不等式的估计：如果 $t_N(x_1,\cdots,x_m)\in T(N,\boldsymbol{r})$，则有

$$\left\| \frac{\partial^{r_1+\cdots+r_m} t_N}{\partial x_1^{r_1}\cdots\partial x_m^{r_m}} \right\|_C \leqslant A_{mr} N^{r_1} \log^{m-1} N \| t_N \|_C \tag{15}$$

S. A. Telyakovskyi 指出，在这个不等式中，因子 $N^{r_1}\log^{m-1}N$ 不能再减少. V. N. Temlyakov[10,11] 给出了下述关于 N 的阶精确的估计式：如果 $1\leqslant p<\infty$，$t_N(x_1,\cdots,x_m)\in T(N,\boldsymbol{r})$，则

$$\left\| \frac{\partial^{r_1+\cdots+r_m} t_N}{\partial x_1^{r_1}\cdots\partial x_m^{r_m}} \right\|_C \leqslant A_{mr} N^{r_1+\frac{1}{p}} \log^{(1-\frac{1}{p})(r-1)} N \| t_N \|_{L_p} \tag{16}$$

而在 $1\leqslant p\leqslant q<\infty, q>1$ 时有

$$\left\| \frac{\partial^{r_1+\cdots+r_m} t_N}{\partial x_1^{r_1}\cdots\partial x_m^{r_m}} \right\|_{L_q} \leqslant A_{mrp} N^{r_1+\frac{1}{p}-\frac{1}{q}} \| t_N \|_{L_p} \tag{17}$$

现在我们介绍属于多项式的其他极值问题的一些结果.

A. O. Gelfand 研究了同直到 m 阶的导数一起在 $[-1,1]$ 上与零有最小偏差的多项式

$$P_n(x)=x^n+a_n x^{n-1}+\cdots+a_0$$

的有关问题. 他得到了量

$$\sigma_{nm}=\min_{P_n}\max_{0\leqslant s\leqslant n}\frac{\| P_n^{(s)}(x)\|_C}{n(n-1)\cdots(n-s+1)}$$

的一些估计，从这些估计可得：如果 $n\to\infty$，且 $m=o(\sqrt{n})$，则有

$$\sigma_{nm}\approx 2^{-n+m+1}$$

我们指出，根据切比雪夫定理，$\sigma_{n0}=2^{-n+1}$. A. O. Gelfand 也求出了形如

$$x^{\alpha_n}+a_{n-1}x^{\alpha_{n-1}}+\cdots+a_0 x^{\alpha_0}$$

的、与零在所给区间上有最小偏差的"准多项式"在切比雪夫度量下范数的上界与下界估计，这里

$$\alpha_n > \alpha_{n-1} > \cdots > \alpha_0 \geqslant 0$$

对 n 阶三角多项式 $t_n(x)$ 系数模的和有明显的估计

$$|a_0| + \sum_{k=1}^{n}(|a_k| + |b_k|) \leqslant A\sqrt{n+1}\,\|t_n(x)\|_C$$

1914 年 S. N. Bernstein, G. H. Hardy 和 J. E. Littlewood 构造出了满足相反估计式的多项式 $t_n(x)$，即有①

$$|a_0| + \sum_{k=1}^{n}(|a_k| + |b_k|) \sim \sqrt{n}\,\|t_n(x)\|_C \quad (n \to \infty) \tag{18}$$

这个结果有一系列的推广. S. B. Stechkin 研究了下述问题. 设

$$P_n(z) = \sum_{k=0}^{n} C_k d^k \quad (0 < q < 2, d_k \geqslant 0)$$

且满足

$$\sum_{k=0}^{n} d_k^2 = \infty$$

令

$$M_n^{(q)} = \sup_{P_n} \sum_{k=0}^{n} d_k^{2-q} |C_k|^q$$

这里上确界取遍一切满足条件

$$\|P_n(z)\|_{C(|z|\leqslant 1)} = \max_{|z|=1} |P_n(z)| \leqslant 1$$

① 记号 $u_n \sim v_n$ 表示存在常数 A，使

$$\frac{1}{A}u_n \leqslant v_n \leqslant Au_n$$

的多项式.他证明当 $n \to \infty$ 时有

$$M_n^{(q)} \sim \left(\sum_{k=0}^{n} d_k^2\right)^{1-\frac{2}{q}} \tag{19}$$

B. S. Kashin[12] 证明,在 n 阶三角多项式空间的每个子空间都存在满足式(18)的多项式,只要这个子空间的维数大于 ε_n,$\varepsilon > 0$. B. S. Kashin[13] 还有这个问题在多元情况下的一些结果.

如果 $C_k \geqslant 0$ 固定,则如同 R. Salem 指出的那样,形如

$$t_n(x) = \sum_{k=1}^{n} C_k \mathrm{e}^{\mathrm{i}(kx+a_k)}$$

的多项式在 C 空间中范数的最小值满足下列估计式

$$\min_{a_k} \| t_n(x) \|_C \leqslant A\sqrt{\log(n+1)} \sqrt{\sum_{k=1}^{n} C_k^2}$$

S. N. Bernstein 指出,在这个估计式中,$\sqrt{\log(n+1)}$ 不能换成任何其他的当 $n \to \infty$ 时增长更慢的因子.

S. V. Bochkarev[14] 在赋 $C(|z|=1)$ 范的复多项式

$$P_n(z) = \sum_{k=0}^{n} C_k z^k$$

空间中构造了有有界基常数的基,即这样的基 $v_k(z)$,使对任何多项式 P_n 满足不等式

$$\| S_m(P_n) \|_{C(|z|=1)} \leqslant A \| P_n \|_{C(|z|=1)} \tag{20}$$

这里 $S_m(P_n)$ 是 P_n 关于系 $\{v_k(z)\}$ 的傅里叶级数部分和.借助于 Fejer 核

$$\phi_n(x) = \frac{\sin^2 \dfrac{nx}{2}}{2n\sin^2 \dfrac{x}{2}}$$

S. V. Bochkarev[15] 还在连续函数空间中构造了二进插值基

$$F_0(x)\equiv 1, F_k^{(n)}=2^{-n}\phi_{2^{n+1}}(x-(2k-1)2^{-n}\pi)$$

$$(n=0,1,2,\cdots;k=1,2,\cdots,2^n) \tag{21}$$

函数 $f(x)\in C[0,2\pi]$ 按这个基的展开式

$$a_0F_0(x)+\sum_{n=0}^{\infty}\sum_{k=1}^{2^n}a_{nk}F_k^{(n)}(x) \tag{22}$$

中的系数这样确定，级数(22) 的部分和 $S_k^{(n)}(x)$(其最后一项是$a_{nk}F_k^{(n)}(x)$) 在点$(2k-1)2^{-n}\pi$处插值于函数 $f(x)$. 所有随后部分和在这点也同样插值于 $f(x)$. 这样，在 C 空间中就存在这样的多项式基$\{P_n(x)\}$，其中多项式 P_n 的阶不超过 $4n$. 在综述文章[16] 中研究了组成基的多项式的最小阶问题.

我们还要指出与狄利克雷(Dirichlet) 核

$$D_n(x)=\frac{1}{2}+\sum_{k=1}^{n}\cos kx$$

用只含给定谱函数的多项式逼近有关的问题. S. B. Stechkin 证明，如果 U_{nm} 表示如下有界函数的集合，它们的下标为 $n+1,\cdots,n+m$ 的傅里叶系数等于 0，$S_n(f)$ 是 f 的傅里叶级数的 n 阶部分和，则

$$\sup\|S_n(f)\|_C=\frac{4}{\pi^2}\log\left(1+\frac{n}{m+1}\right)+O(1)$$

$$(n\to\infty) \tag{23}$$

这里的上确界取遍满足 $\|f\|_C\leqslant 1$ 的函数 $f\in U_{nm}$. V. N. Temlyakov[17] 建立了 L 度量下的类似估计以及某些其他类似形式的估计. K. I. Oskolkov 证明核 $D_n(x)$ 用多项式 $\sum\limits_{k=n+1}^{n+m}a_k\cos kx$ 在 L 度量下的最佳逼近

只与比值$\frac{n}{m+1}$有关.

§3　一元周期函数逼近理论的正逆定理

根据引言中所介绍的 D. Jackson, S. N. Bernstein 和 Ch. J. Vallee Poussin 在本世纪初得到的关于周期函数用三角多项式逼近的结果可知，当 r 为非负整数且 $0<\alpha<1$ 时，$f\in W^rH^\alpha$ 等价于估计式

$$E_n(f)_C=O\left(\frac{1}{n^{r+\alpha}}\right)\quad(n\to\infty)\tag{1}$$

但是，$\alpha=1$ 时，这个等价关系不成立. $\alpha=1$ 时使式(1)成立的函数可微性质的特征是1945年由 A. Zygmund 给出的，他证明了当 $\alpha=1$ 时，式(1)等价于导数 $f^{(r)}$ 的二阶差分满足下列条件

$$|f^{(r)}(x)-2f^{(r)}(x+h)+f^{(r)}(x+2h)|\leqslant A|h|$$

从这以后，在逼近论中开始系统地研究由高阶连续模满足的条件所确定的函数类.

全轴上给出的函数 $f(x)$ 的 k 阶连续模定义为

$$\omega_k(f,\delta)=\sup\left|\sum_{m=0}^{k}(-1)^mC_k^mf(x+mh)\right|$$

这里上确界取遍所有的 x 和一切满足 $|h|\leqslant\delta$ 的 h. $k=1$ 时，这就是通常的连续模. 类似地可以引入空间 $L_p(1\leqslant p<\infty)$ 中的连续模，其定义如下

$$\omega_k(f,\delta)_p=$$

$$\sup_{|h|\leqslant\delta}\left(\int_0^{2\pi}\left|\sum_{m=0}^{k}(-1)^mC_k^mf(x+mh)\right|^p\mathrm{d}x\right)^{\frac{1}{p}}$$

N. I. Ahiezer 把§1的估计函数最佳逼近的 Jackson 定

理(4) 推广到二阶连续模的情况. S. B. Stechkin 则对任意的 k 证明了下列估计式

$$E_n(f)_C \leqslant \frac{A_{rk}}{n^r}\omega_k(f^{(r)},\frac{1}{n}) \quad (r \geqslant 0) \qquad (2)$$

在逆定理中,继 S. N. Bernstein 和 Vallee Poussin 的已经提到的那些工作之后,R. Salem 又做了进一步的研究. 他对 $k=1,p=\infty$(即对 C 空间) 的情形,证明了下列估计式

$$\omega_k(f,\frac{1}{n})_{L_p} \leqslant \frac{A_k}{n^k}\sum_{m=0}^{n}(m+1)^{k-1}E_m(f)_{L_p} \qquad (3)$$

而式(3) 对 $k \geqslant 1$ 的上述一般结论,A. F. Timan 和 M. F. Timan 证明了 $1 \leqslant p < \infty$ 的情形,S. B. Stechkin 则证明了 $p=\infty$ 的情形. 后来,S. B. Stechkin 又对 $p=2$ 得到了比式(3) 更强的估计式

$$\omega_k(f,\frac{1}{n})_{L_2} \leqslant \frac{A}{n}(\sum_{m=0}^{n}(m+1)E_m^2(f)_{L_2})^{\frac{1}{2}} \qquad (4)$$

而 M. F. Timan 则对 $p \in (1,\infty)$ 的其他情况得到了相应的结果.

用函数 f 的最佳逼近序列还对导数 $f^{(r)},r=1,2,\cdots$ 的最佳逼近、导数的连续模以及共轭函数 $\tilde{f}$ 和它的导数的最佳逼近和连续模进行了估计. S. N. Bernstein 已经证明,从级数 $\sum m^{r-1}E_m(f)_C$ 的收敛性可以推出导数 $f^{(r)}(x)$ 的连续性. S. B. Stechkin 给出了下列估计

$$E_n(f^{(r)})_C \leqslant A_r\left((n+1)^r E_n(f)_C + \sum_{m=n+1}^{\infty} m^{r-1}E_m(f)_C\right)$$
$$(r=0,1,2,\cdots) \qquad (5)$$

又得到

$$E_n(\tilde{f}^{(r)})_C \leqslant A_r\left((n+1)^r E_m(f)_C + \sum_{m=n+1}^{\infty} m^{r-1} E_m(f)_C\right)$$
$$(r=0,1,2,\cdots) \tag{6}$$

这里,$\tilde{f}$ 是 f 的共轭函数. A. A. Kaniushkov 和 S. B. Stechkin 则求出了用 $E_n(f)_{L_p}$ 对 $E_n(f)_{L_q}$ $(1\leqslant p<q\leqslant\infty)$ 的估计

$$E_n(f)_{L_q} \leqslant A_{pq}((n+1)^{\frac{1}{p}-\frac{1}{q}} E_m(f)_{L_p} + \sum_{m=n+1}^{\infty} m^{\frac{1}{p}-\frac{1}{q}-1} E_m(f)_{L_p}) \tag{7}$$

P. L. Yliyanov 对 $q<\infty$ 给出了比这一估计更强的结果

$$E_n(f)_{L_q} \leqslant A_{pq}((n+1)^{\frac{q}{p}-1} E_n^q(f)_{L_p} + \sum_{m=n+1}^{\infty} m^{\frac{q}{p}-2} E_m^q(f)_{L_p})^{\frac{1}{p}} \tag{8}$$

除了对最佳逼近的上述估计以外,对函数和它们的导数的连续模也给出了类似的估计.

S. B. Stechkin 推广了本节一开始所介绍的与估计式(1)等价的函数可微性质的有关结果,他还找到了使下列关系式

$$E_n(f)_C = O(\varphi\left(\frac{1}{n}\right)) \text{ 和 } \omega_k(f,\delta) = O(\varphi(\delta)) \tag{9}$$

等价时函数 $\varphi(\delta)$ 应该满足的条件,这些条件是:存在这样的数 β,$0<\beta<k$,使函数

$$\psi(\delta) = \varphi(\delta)\delta^{-(k-\beta)}$$

在区间$[0,\pi]$上几乎递减,即对任何 $0<\delta_1<\delta_2<\pi$,有

$$\psi(\delta_2) \leqslant A\psi(\delta_1)$$

在同一文献中,他还证明,函数 $\psi(\delta)$ 满足的上述条件

对下列两式

$$E_n(f)_C \sim \varphi\left(\frac{1}{n}\right) \text{和} \omega_k(f,\delta) \sim \varphi(\delta) \tag{10}$$

的等价性是充分的. S. B. Stechkin 也做了这方面的工作. S. M. Lozinskyi 则给出了使式(9)和(10)中的各估计式等价的函数 $\varphi(\delta)$ 应该满足的充分必要条件. 后来,N. K. Bari 和 S. B. Stechkin 指出,S. B. Stechkin 所给出的条件也是充分必要条件. 还给出了式(9)与(10)中的各式以及更一般的一些关系式之间等价性的另外一些充分必要条件,在这些更一般的关系式中含有函数 f 和它的共轭函数 $\tilde{f}$ 的导数的最佳逼近和连续模的不同组合.

函数的最佳逼近随着 n 的增大而单调减少,即

$$E_n(f) \geqslant E_{n+1}(f)$$

并且由维尔斯特拉斯定理,对每个连续函数 f,当 $n \to \infty$ 时有

$$E_n(f)_C \to 0$$

在其他情况下,函数的最佳逼近序列可以是任意的:S. N. Bernstein 证明,对每个递减趋于零的数列 ε_n 可以找到连续函数 $f(x)$,使得对一切 n 有

$$E_n(f)_C = \varepsilon_n$$

这个定理有非常普遍的意义.

关于最佳逼近在函数类中的上确界

$$E_n(M)_X = \sup_{f \in M} E_n(f)_X \tag{11}$$

的一系列研究成果深化了 Jackson 定理. 这里 M 是空间 X 中给定的函数类,X 常取 C 或 L_p. 这方面最早的结果是 J. Favar,N. I. Ahiezer 和 M. G. Krein 得到的. 在这些文献中对函数类 W^r 和 $\overline{W}^r(r=1,2,\cdots)$ 求出了

当 $X=C$ 时的上确界(11)，有

$$E_n(W^r)_C=\frac{K_r}{(n+1)^r} \tag{12}$$

其中

$$K_r=\frac{4}{\pi}\sum_{k=0}^{\infty}\frac{(-1)^{k(r+1)}}{(2k+1)^{r+1}}$$

与

$$E_n(\overline{W}^r)_C=\frac{\overline{K}_r}{(n+1)^r} \tag{13}$$

其中

$$\overline{K}_r=\frac{4}{\pi}\sum_{k=0}^{\infty}\frac{(-1)^{k_r}}{(2k+1)^{r+1}}$$

同时也指出了在相应的函数类上达到最佳逼近上确界的线性逼近方法. 例如 $k_1=\frac{\pi}{2}$，因此

$$E_n(W^1)_C=\frac{\pi}{2(n+1)}$$

这个上确界在函数 $f\in W^1$ 用下列多项式

$$\frac{a_0}{2}+\sum_{k=1}^{n}\frac{k\pi}{2(n+1)}\cot\frac{k\pi}{2(n+1)}(a_k\cos kx+b_k\sin kx) \tag{14}$$

逼近时达到. 这里 a_k,b_k 是 $f(x)$ 的傅里叶系数. 多项式(5) 叫作 Favar 和.

S. M. Nikolskyi 证明，函数类 W_L^r 和 $\overline{W}_L^r$ 中的函数在 L 度量下的最佳逼近的上确界也有类似式(12) 和 (13) 的等式. 这里 W_L^r 表示满足条件

$$\omega(f^{(r-1)},\delta)_L\leqslant\delta$$

的函数的全体，而 $\overline{W}_L^r$ 是 W_L^r 的共轭函数类. S. M. Nikolskyi 继续了 B. Szökefalvi-Nagy 的工作，他对可

以用如下卷积

$$f(x)=\frac{a_0}{2}+\frac{1}{\pi}\int_0^{2\pi}K(t-x)\varphi(t)\mathrm{d}t \qquad (15)$$

表示的那些函数所组成的函数类研究了最佳逼近上确界(11)的问题. 这里 $K(t)$ 是给定的可积函数,而 $\varphi(t)$ 则是任意当 $X=C$ 时满足条件 $|\varphi(t)|\leqslant 1$,当 $X=L$ 时满足条件 $\|\varphi\|_L\leqslant 1$ 的函数. 对广泛的一类核函数 $K(t)$,给出了相应的函数类在 C 度量和 L 度量下最佳逼近上确界相等的充分必要条件. 同时,不但对函数类 W_L^r 和 $\overline{W}_L^r$ 求出了类似式(12)和(13)的结果,而且对许多其他情况也求出了上确界(11).

上述结果是 S. M. Nikolskyi 借助于他对巴拿赫(Banach)空间的极值问题建立的下列对偶定理得到的,设 B 是巴拿赫空间,$F,F_1,F_2,\cdots,F_n$ 是定义在 B 上的线性泛函,如果 H 是 B 中使所有的

$$F_k(x)=0 \quad (k=1,2,\cdots,n)$$

同时满足元素 x 的子空间,则有

$$\min_{\alpha_k}\|F-\sum_{k=1}^{n}\alpha_kF_k\|=\sup_x F(x) \qquad (16)$$

这里最小值取遍所有的数 α_k,而上确界取遍满足条件

$$\|x\|\leqslant 1$$

的 $x\in H$. 如果 $x_1,\cdots,x_n$ 是 B 中给定的元素,则有

$$\min_{\alpha_k}\|x-\sum_{k=1}^{n}\alpha_kx_k\|=\max_F F(x) \qquad (17)$$

这里最小值取遍所有的数 α_k,而最大值则取自满足条件

$$F(x_k)=0 \quad (k=1,2,\cdots,n)$$

和

$$\|F\|\leqslant 1$$

的全体线性泛函 F. 后来,这些定理在函数逼近论的许多极值问题的求解中得到了应用. 例如在 N. P. Korneichuk 的研究中,它们起了重要的作用. 在那里,他对不能表示成卷积的函数类 $W^rH(\omega)$ 求出了最佳逼近的上确界(11),这项工作具有一定的难度. S. M. Nikolskyi 的对偶定理在泛函分析中也有很大的发展.

对非整数的 r 也求出了形如式(12)和(13)的关系式. V. K. Diadeik 对 $0<r<1$ 求出了 $E_n(W^r)_C$. 当 r 不是整数时,我们来定义函数类 W^r,如果函数 $f(x)$ 在 Weyl 意义下有模不超过 1 的 r 阶导数,即 $f(x)$ 可表示为卷积(15),其中

$$K(t)=\sum_{k=1}^{\infty}k^{-r}\cos(kt-\frac{r\pi}{2})$$

且

$$|\varphi(t)|\leqslant 1$$

则说 $f(x)\in W^r$. 可以用核为

$$K(t)=\sum_{k=1}^{\infty}k^{-r}\cos(kt-\frac{\alpha\pi}{2})\quad(|\varphi(t)|\leqslant 1)$$

的卷积(15)表示的函数 $f(x)$ 作成更一般的函数类. 这些函数类记作 W_α^r. 当 $\alpha=r$ 时,它就是 W^r,而当 $\alpha=r+1$ 时,是 $\overline{W}^r$. S. B. Stechkin 对 $0<r<1,r<\alpha\leqslant 2-r$ 求出了 $E_n(W_\alpha^r)_C$. V. K. Diadeik 和孙永生进行了进一步研究,他们对一切 α 和 $r>0$ 求出了上确界 $E_n(W_\alpha^r)_C$. 相应的结果对用类似方法定义的函数类 $W_{\alpha L}^r$ 在 L 度量下的最佳逼近也成立.

对函数类 $W^r,r=1,2,\cdots$,最佳逼近的上确界(12)在某些函数上可以达到. 但这些函数对每个 n 都不一样. 因此,S. N. Bernstein 提出了下列问题:在函数类

W^r 中存在不存在这样的函数，使得下面的估计式

$$E_n(f)_C \leqslant \frac{K_r}{(n+1)^r}$$

中的常数因子 K_r（式(12)）不能再减少？S. M. Nikolskyi 对这个问题给出了肯定的回答，他构造了函数 $f_r \in W^r$，使得

$$\overline{\lim_{n\to\infty}} \frac{E_n(f)_C}{E_n(W^r)_C} = 1 \qquad (18)$$

K. I. Oskolkov 指出，从他关于类 $H(\omega)$ 中的函数用傅里叶和逼近的结果可以得到，在每个函数类 $H(\omega)$ 中都存在函数 f，使

$$\overline{\lim_{n\to\infty}} \frac{E_n(f)_C}{E_n(H(\omega))_C} > 0$$

对函数类 W^1，这个下极限等于 $\frac{1}{2}$. 后来，V. N. Temlyakov 又证明，如果 ω 是凸连续模，则在每个函数类 $W^rH(\omega)(r=0,1,2,\cdots)$ 中存在函数 f，使

$$\lim_{n\to\infty} \frac{E_n(f)_C}{E_n(W^rH(\omega))_C} = 1 \qquad (19)$$

(N. P. Korneichuk 对这些函数类求出了上确界 $E_n(W^rH(\omega))_C$ 和达到这个上确界的函数). V. N. Temlyakov[18] 把 S. M. Nikolskyi 的上极限结果(18)推广到 ω 为任意连续的函数类 $W^rH(\omega)$ 和一些可以表成卷积的函数类(在这些情况下最佳逼近的上确界尚不清楚).

N. P. Korneichuk 证明，对每个不等于常数的连续函数 $f(x)$，有下列估计

$$E_n(f)_C < \omega\left(f, \frac{\pi}{n+1}\right)_C$$

并且要使这个估计式对一切 n 都能成立，则其右端不能再增加因子 $1-\varepsilon,\varepsilon>0$. N. I. Cherneih 在 L_2 度量下得到了使 Jackson 定理更加明确化的类似结果，即如果 $f\in L_2$，f 不等于常数，则有

$$E_n(f)_{L_2}<\frac{1}{\sqrt{2}}\omega\left(f,\frac{\pi}{n+2}\right)_{L_2} \tag{20}$$

如果要求上式对一切 n 都成立，则常数因子$\frac{1}{\sqrt{2}}$也不能用$\frac{1}{\sqrt{2}}-\varepsilon(\varepsilon>0)$代替.

我们还要指出 V. N. Temlyakov 的逼近局部化工作，即可以构造三角多项式序列 $t_m(x)$，它们在整个周期内可以给出接近最佳的逼近，而如果函数在某个区间上有更好的性质，则 $t_m(x)$ 在这个区间上可以用更快的速度逼近该函数. 对任意 $\eta>0$ 和满足条件 $m\alpha_m\to 0,m\to\infty$ 及 $\alpha_m\leqslant\frac{\eta}{2}$ 的数列 $\alpha_m>0$，他在 $L[0,2\pi]$ 空间构造了一种线性算子序列 $t_m(x)$，它们的范数一致有界，且算子的值是满足下列条件的 m 阶三角多项式：如果 $f(x)\in L_p[a,b]$，$1\leqslant p<\infty$，$b-a\geqslant\alpha\geqslant 2\eta$，$f_1(x)$ 是 $L_p[a-\eta,b+\eta]$ 中在区间 $[a,b]$ 上恒等于 $f(x)$ 的函数，则有

$$\begin{aligned}&\|f-t_m(f)\|_{L_p[a+\alpha_m,b-\alpha_m]}\leqslant\\&AE_n(f_1)_{L_p[a-\eta,b+\eta]}+\frac{A_{\alpha\eta}}{\alpha_m}(\|f_1\|_{L[0,2\pi]}+\\&\|f_1\|_{L_p[a-\eta,b+\eta]})\rho(\alpha)^{m\alpha_m}\end{aligned} \tag{21}$$

这里 $\rho(\alpha)<1,n=\left[\frac{m}{A_\alpha\sqrt{\eta}}\right]$. n 关于 m 和 η 的这个关系式在一定意义下不能再改进. 估计式(21) 推广了 S.

Boxner,T. Frei 和其他许多人的结果,并且比他们的工作更加深入.

关于用三角多项式逼近周期函数的许多定理都可以推广到用指数型整函数逼近定义在全实轴上的函数的情况. S. N. Bernstein 早在 1923 年就给出了一些这样的推广. 从 1938 年开始,S. N. Bernstein 对用指数型整函数逼近的问题进行了系统的研究. 他和其他一些作者得到了一系列与周期函数逼近类似的结果,关于这方面的工作,我们就不再介绍了.

§4 一元非周期函数逼近理论的正逆定理

正如引言所指出的,D. Jackson 对三角多项式逼近和代数多项式逼近都给出了可微函数在 C 度量下逼近理论的正定理. 为了便于和周期函数的情况进行比较,如通常所做的那样,我们仍然考虑函数在区间 $[-1,1]$ 上用代数多项式逼近的问题. 这里的度量记作 $C[-1,1]$,以便和周期情况下的记号一致.

对代数多项式的逼近,研究了类似于 §3 的式 (11) 的关于函数类的最佳逼近的上确界

$$E_n(M)_{C[-1,1]}=\sup_{f\in M}E_n(f)_{C[-1,1]} \tag{1}$$

(我们现在只讨论切比雪夫度量). J. Favar 证明了下列结果

$$\frac{1}{n+1}\leqslant E_n(W^1)_{C[-1,1]}\leqslant\frac{\pi}{2(n+1)}$$

注意在周期的情况下

$$E_n(W^1)=\frac{\pi}{2(n+1)}$$

关于上确界(1),S. M. Nikolskyi 第一个得到了渐近精确的结果.他证明了下列等式

$$E_n(W^1)_{C[-1,1]}=\frac{\pi}{2(n+1)}+O\left(\frac{1}{n\log n}\right)\quad(n\to\infty)\tag{2}$$

S. N. Bernstein 继续对这个问题进行了研究,他证明对函数类 $W^rH^\alpha, r=0,1,\cdots,0<\alpha\leqslant1$,代数多项式最佳逼近的上确界和三角多项式最佳逼近的上确界是渐近相等的,即

$$\lim_{n\to\infty}n^{r+\alpha}E_n(W^rH^\alpha)_{C[-1,1]}=\lim_{n\to\infty}n^{r+\alpha}E_n(W^rH^\alpha)_C\tag{3}$$

我们指出,当时对上确界 $E_n(W^rH^\alpha)_C$ 只求出了 $\alpha=1$ 的结果.后来,S. M. Nikolskyi 给出了下列等式

$$E_n(W^r)_{C[-1,1]}=E_n(W^r)_C+O\left(\frac{\log n}{n^{r+1}}\right)$$
$$(n\to\infty;r=1,2,\cdots)\tag{4}$$

S. M. Nikolskyi 研究了用关于任意函数系的多项式在 L 度量下对其函数可以表示成积分

$$f(x)=\int_a^b K(t,x)\mathrm{d}\varphi(t)$$

的函数类的最佳逼近问题,这里核函数 $K(t,x)$ 对每个 x 关于 t 连续,而 $\varphi(t)$ 满足条件

$$\omega(\varphi,\delta)_L\leqslant\delta$$

S. M. Nikolskyi 还把他关于可以表示为卷积(15)(§3)的周期函数类用三角多项式逼近的一些结果推广到这种情况.利用这些定理,他给出了周期函数类 W_L^r 和非周期函数类 W_L^r 在 L 度量下逼近的类似式(3)的关系式

$$\lim_{n\to\infty}n^rE_n(W_L^r)_{L[-1,1]}=\lim_{n\to\infty}n^rE_n(W_L^r)_L\tag{5}$$

这里 $r=1,2,\cdots$.对估计式(2)(4)和(5)中的每一个结

果,S. M. Nikolskyi 都找到了相应的函数类的线性逼近方法,使这些函数类的最佳逼近的上确界可以用这些线性方法渐近地达到.

V. N. Temlyakov[19] 指出,和周期函数逼近的情况一样,如果 ω 是凸连续模,则在函数类 $W^rH(\omega)(r=0,1,2,\cdots)$ 中存在函数 f,使该函数类在 $C[-1,1]$ 中最佳逼近的上确界可以对这些函数渐近地达到,即有

$$\lim_{n\to\infty}\frac{E_n(f)_C}{E_n(W^rH(\omega))_C}=1$$

S. M. Nikolskyi 早就已经构造了使等式

$$\overline{\lim_{n\to\infty}}\frac{E_n(f)_C}{E_n(W^1)_C}=1$$

成立的函数 $f\in W^1$.

和正定理不同,闭区间上的函数用代数多项式逼近的逆定理和周期函数用三角多项式逼近的相应的定理有很大差别. 如引言中所指出的,在最佳逼近趋于零的速度相同的情况下,和周期函数类似的那些性质现在已经不在整个区间$[-1,1]$上成立,而只在$(-1,1)$内的每个闭区间上成立. S. N. Bernstein 用局部最佳逼近的术语刻画了函数的给定阶连续导数的存在性. 他指出,函数 $f(x)$ 在$[-1,1]$上有 $n+1$ 阶连续导数当且仅当对每个 $x\in(-1,1)$,下列关系式

$$\frac{E_n(f)_{C[\alpha,\beta]}}{(\beta-\alpha)^{n+1}}\to\lambda(x)\tag{6}$$

当 $\alpha\to x,\beta\to x,\alpha<x<\beta$ 时关于 α 和 β 一致成立,这里 $\lambda(x)$ 由下面的等式确定

$$(n+1)!\ 2^{2n+1}\lambda(x)=|f^{(n+1)}(x)|$$

但是,W^r 和更广的函数类 $W^rH(\omega)$ 由函数用多项式在整个区间上的逼近来刻画的问题很长时间都没

有解决.

S. M. Nikolskyi 的下列定理提供了解决这个问题的途径:设 $f(x) \in W^1$,a_k 是关于切比雪夫多项式的傅里叶系数

$$P_n(f,x)=\frac{a_0}{2}+\sum_{k=1}^{n}\frac{k\pi}{2(n+1)}\cdot \cot\frac{k\pi}{2(n+1)}a_k\cos k\arccos x$$

是 $f(x)$ 的类似于 Favar 平均(14)(§3)的傅里叶一切比雪夫平均,则当 $n\to\infty$ 时

$$|f(x)-P_n(f,x)|\leqslant \frac{\pi}{2(n+1)}\sqrt{1-x^2}+O\left(|x|\frac{\log n}{n^2}\right) \tag{7}$$

对 $x\in[-1,1]$ 一致成立. $x=\pm 1$ 时,式(7)中的 O 不能换成 o. 和式(2)相比,估计式(7)在区间$[-1,1]$的端点附近的逼近阶有所改善,而且这种改善也并没有使主部中的常数因子$\frac{\pi}{2}$增大.

在 S. M. Nikolskyi 的这个结果之后,开始系统地研究可以改善区间端点附近逼近阶的多项式逼近问题. A. F. Timan 证明,对每个函数 $f\in W^rH(\omega)(r=0,1,2,\cdots)$ 可以构造 n 阶代数多项式序列 $P_n(x)$,使

$$|f(x)-P_n(x)|\leqslant A_r\left(\frac{\sqrt{1-x^2}}{n}+\frac{1}{n^2}\right)^r\omega\left(\frac{\sqrt{1-x^2}}{n}+\frac{1}{n^2}\right) \quad (x\in[-1,1]) \tag{8}$$

关于相应的逆定理, V. K. Diadeik 第一个给出了以下的结果:如果对函数 $f(x)$ 存在代数多项式序列 $P_n(x)$,使对 $x\in[-1,1]$,有

$$|f(x)-P_n(x)|\leqslant A\left(\frac{\sqrt{1-x^2}}{n}+\frac{1}{n^2}\right)^{r+\alpha} \tag{9}$$

其中 $r=0,1,2,\cdots,0<\alpha<1$,则 $f(x)$ 在 $[-1,1]$ 有满足 α 阶李普希茨条件的 r 阶导数 $f^{(r)}$. 从式(8)和(9)可知,使区间端点附近的逼近阶有所改善的代数多项式逼近可以用来刻画函数类 $W^rH^\alpha(r=0,1,2,\cdots,0<\alpha<1)$ 的特征. 进一步的研究表明,周期函数用三角多项式逼近的许多定理对代数多项式(在 $[-1,1]$ 上)的逼近也成立,只要把周期情况下的 $\frac{1}{n}$ 换成 $\frac{\sqrt{1-x^2}}{n}+\frac{1}{n^2}$ 即可. S. A. Telyakovskyi 给出了下面比式(8)更明确的结果:如果 $f\in W^rH(\omega)$,则存在代数多项式 $P_n(x)$,使

$$|f(x)-P_n(x)|\leqslant A_r\left(\frac{\sqrt{1-x^2}}{n+1}\right)^r\omega\left(\frac{\sqrt{1-x^2}}{n+1}\right) \tag{10}$$

I. E. Gopengauz 也得到了这一结果. V. N. Temlyakov[20] 证明,对函数 $f(x)\in W^1$,存在多项式 $P_n(x)$,使得当 $n\to\infty$ 时有

$$|f(x)-P_n(x)|\leqslant\frac{\pi}{2(n+1)}\sqrt{1-x^2}+O\left(\frac{1}{n^2}\right) \tag{11}$$

和式(7)一样,这里主项中的 $\frac{\pi}{2}$ 是最小可能的常数因子,而余项的阶和式(8)中的一样. 我们指出,V. N. Temlyakov 构造的多项式对函数 $f(x)$ 的依赖关系是非线性的,并且存在函数 $f_n(x)\in W^1$,使不等式(11)右端的 $O\left(\frac{1}{n^2}\right)$ 不能去掉.

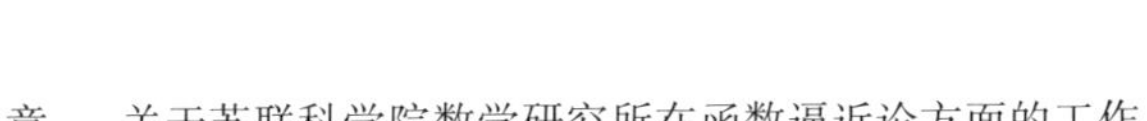

D. Jackson 和 S. N. Bernstein 关于类 $W^rH(\omega)$ 中的函数的逼近定理以及解析函数的逼近定理都可以推广到用整系数多项式逼近的情况. 为了使区间 $[a,b]$ 上的不同于多项式的连续函数用整系数多项式的最佳逼近趋于零,区间长度必须少于 4. 若 $[a,b]$ 含有整数点,则函数还应当满足一些算术条件. 从 S. N. Bernstein、R. O. Kuzmin 和 L. V. Kontorovich 的结果得出,如果 $f\in C[0,1]$,$f(0)$ 和 $f(1)$ 是整数,且函数 $f(x)$ 用任意 n 阶代数多项式的最佳逼近满足条件

$$E_n(f)_{C[0,1]}=O\left(\frac{1}{n}\right)$$

则 $f(x)$ 用整系数多项式的最佳逼近和 $E_n(f)_{C[0,1]}$ 有相同的阶. A. O. Gelfand 证明在区间 $[0,1]$ 上如果 $f(x)\in W^rH(\omega)$,$r=0,1,2,\cdots$,并且下列各数

$$\frac{f^{(k)}(0)}{k!},\frac{f^{(k)}(1)}{k!}\quad(k=0,1,\cdots,r)$$

都是整数,则存在整系数多项式 $q_n(x)$,使得

$$\| f(x)-q_n(x)\|_{C[0,1]}\leqslant A_r\frac{1}{n^r}\omega\left(\frac{1}{n}\right)\qquad(12)$$

在同一篇文章中,他还得到了整系数多项式对解析函数的逼近定理.

§5　具有给定奇点的函数的最佳逼近

1908 年,Ch. J. Vallee Poussin 给出了函数 $|x|$ 在切比雪夫度量下用代数多项式最佳逼近的上界估计

$$E_n(|x|)_{C[-1,1]}\leqslant\frac{A}{n}$$

并且问道,这个估计式的阶能否改进? S. N. Bernstein 在 1912 年给出了回答,他证明了下面的关系式

$$E_n(|x|)_{C[-1,1]} \sim \frac{1}{n} \quad (n \to \infty) \tag{1}$$

后来,他又求出了下列极限

$$\lim_{n\to\infty} nE_n(|x|)_{C[-1,1]} = \mu = 0.282 \pm 0.004 \tag{2}$$

当时,S. N. Bernstein 还给出了解析函数 $(a-x)^s$, $(a-x)^s \cdot \log(a-x)$ 在 $C[-1,1]$ 度量下最佳逼近的渐近性质,这里 $a>1$, s 是任意实数. 具有上述类型奇点的函数最佳逼近的渐近性质也有一些类似的结果. 例如,如果 s 不是自然数,则函数 $(a-x)^s+\varphi(x)$ 的最佳逼近和 $E_n((a-x)^s)_{C[-1,1]}$ 具有相同的渐近性质,其中 $\varphi(z)$ 是在以 -1,1 为焦点,两半轴和等于 a 的椭圆内解析的函数.

S. N. Bernstein 还推广了式(2),他证明了对任何 $s>0$,都存在极限

$$\lim_{n\to\infty} n^s E_n(|x|^s)_{C[-1,1]} = \mu(s) \tag{3}$$

这里,$\mu(s)$ 是函数 $|x|^s$ 在全实轴上用一阶整函数的最佳逼近. 后来,S. N. Bernstein 又证明,如果 $x_1,\cdots,x_m$ 属于开区间 $(-1,1)$, $s>0$, $A_1,\cdots,A_m$ 为任意实数,则对函数

$$f(x) = \sum_{k=1}^{m} A_k |x-x_k|^s$$

有下列渐近等式

$$E_n(f)_{C[-1,1]} \approx \frac{K\mu(s)}{n^s} \quad (n \to \infty) \tag{4}$$

其中

$$K = \max_k |A_k| (1-x_k^2)^{\frac{s}{2}}$$

而 $\mu(s)$ 和式(3) 中的一样. S. M. Nikolskyi 进一步推广了这一结果:即对任意函数

$$f(x)=\sum_{k=1}^{\infty}A_k\mid x-x_k\mid^s \quad (5)$$

渐近等式(4) 成立，这里 $x_k\in(-1,1),s>0$, $\sum_{k=1}^{\infty}\mid A_k\mid<\infty$. S. M. Nikolskyi 的下列定理和这个问题类似,设 $f(x)$ 在$[-1,1]$有 $s-1$ 阶绝对连续导数，且该导数是只有第一类间断点的函数

$$\varphi(x)=f^{(s)}(x)$$

的不定积分. 令

$$K^*=\max_{x\in(-1,1)}\mid\varphi(x+0)-\varphi(x-0)\mid(1-x^2)^{\frac{s}{2}}$$

则当 s 为奇数时有

$$E_n(f)_{C[-1,1]}\approx\frac{K^*\mu(s)}{2s!\ n^s}\quad(n\to\infty) \quad (6)$$

当 s 为偶数时有

$$E_n(f)_{C[-1,1]}\approx\frac{K^*\upsilon(x)}{2s!\ n^s}\quad(n\to\infty) \quad (7)$$

这里

$$\upsilon(s)=\lim_{n\to\infty}n^sE_n(x\mid x\mid^{s-1})_{C[-1,1]}$$

上述结果表明,在这些问题中,函数 $\mid x\mid$ 是导数只有第一类间断点的函数的典型代表.

S. N. Bernstein 也对其他许多函数在$C[-1,1]$中的最佳逼近序列求出了渐近公式,例如对函数

$$f(x)=\int_0^{\infty}\mid x\mid^s\mathrm{d}\psi(s)$$

其中 $\psi(s)$ 是满足某些附加条件的有界变差函数,还有函数

$$f(x)=(a-x)^s\phi(x)$$

其中 $a>1$，$\phi(z)$ 是在以 $-1,1$ 为焦点，两半轴和为 a 的椭圆内解析的函数.

S. N. Nikolskyi 在 L 度量下研究了相应的问题，他证明当 $s>-1$ 时下列极限

$$\lim_{n\to\infty} n^{s+1}E_n(|x|^s)_{L[-1,1]}=M(s) \tag{8}$$

存在. 而对函数(5)，当 $x_k\in(-1,1)$，$s>-1$，$\sum_{k=1}^{\infty}|A_k|<\infty$ 时，有下列渐近等式

$$E_n(f)_{L[-1,1]}\approx\frac{K_1M(s)}{n^{s+1}} \tag{9}$$

其中

$$K_1=\sum_{k=1}^{\infty}A_k|1-x_k^2|^{\frac{s+1}{2}}$$

在这些文献中还求出了函数 $(a-x)^s$ 当 $a>1$ 而 s 为任意实数时的最佳逼近的渐近公式，其中一些结果对 L 度量下的加权逼近也成立.

§6　多元函数逼近

多元函数逼近的正逆定理最早是由 D. Jackson 和 S. N. Bernstein 与一元函数的定理同时给出的，对多元函数的系统研究要稍迟一些.

和 §3 一样，这里我们不打算介绍指数型整函数的逼近，而只介绍对每个变量都是周期函数的多元函数. 按照 S. M. Nikolskyi 的办法，我们引入 m 个变量的可微函数的如下函数类，记作 H_p^r：设 $1\leqslant p\leqslant\infty$，$\boldsymbol{r}=(r_1,\cdots,r_m)$，这里所有的 $r_k>0$，令 $r_k=\rho_k+\alpha_k$，ρ_k 是整

数，$0<\alpha_k\leqslant 1$，如果对每个 $k=1,\cdots,m$，偏导数$\dfrac{\partial^{\rho_k}f}{\partial x_k^{\rho_k}}$作为 x_k 的函数满足条件

$$\omega_k\left(\frac{\partial^{\rho_k}f}{\partial x_k^{\rho_k}},h\right)_{L_p}\leqslant M_k h^{\alpha_k}\quad(k=1,\cdots,m)\qquad(1)$$

则说 $f(x_1,\cdots,x_m)$ 属于函数类 H_p^r. 如果 $\alpha_k<1$，式(1)中的二阶连续模还可以换成一阶连续模. 以后把 H_p^r 称为 Nikolskyi 类.

如果 $f(x_1,\cdots,x_m)\in H_p^r$，$t_{n_1,\cdots,n_m}(x_1,\cdots,x_m)$ 是关于 x_1 为 n_1 阶，……，关于 x_m 为 n_m 阶的三角多项式，则 f 用 $t_{n_1,\cdots,n_m}(x_1,\cdots,x_m)$ 的最佳逼近满足

$$E_{n_1,\cdots,n_m}(f)_{L_p}\leqslant A_{mr}\sum_{k=1}^{m}\frac{M_k}{n_k^{r_k}}\qquad(2)$$

式(2)当 $p=\infty$ 时是 S. N. Bernstein 和 S. M. Nikolskyi 得到的，S. M. Nikolskyi 把他们的结果又推广到了 $p\in[1,\infty)$ 的情况，他还证明了逆定理：即从式(2)可以推出 $f\in H_p^r$.

S. M. Nikolskyi 借助函数类 H_p^r 用最佳逼近的特征刻画和他给出的三角多项式在不同度量下的范数不等式(8)及(9)(§2)对 H_p^r 建立了嵌入定理. 他还用逼近论的方法研究了某一区域上给出的多元函数的性质和它们在区域边界上的值之间的关系，从而得到了 H_p^r 的一套完整的嵌入定理. 在变分法理论和偏微分方程边值问题解的稳定性的研究中，他用这些方法不仅对光滑的曲线和曲面的情况进行了讨论，而且也对带角点的曲线和曲面的情况进行了讨论. O. V. Besov 引入了新的函数类 $B_{p\theta}^r$，并且用逼近论的方法研究了它们的性质. 他用下列等式定义 $f(x_1,\cdots,x_m)\in B_{p\theta}^r$ 的范数

$$\| f \|_{B^r_{p\theta}} = \| f \|_{L_p} + \left(\sum_{r=0}^{\infty} 2^{j\theta} E_j(f) \right)^{\frac{1}{\theta}} \qquad (3)$$

这里，$1 \leqslant p \leqslant \infty$，$1 \leqslant \theta \leqslant \infty$，$\boldsymbol{r} = (r_1, \cdots, r_m)$，$E_j(f) = E_{n_1(j), \cdots, n_m(j)}(f)_{L_p}$，$n_k(j) = [2^{\frac{j}{r_k}}]$，我们对这些问题不再详细介绍.

S. M. Nikolskyi 把满足式(2)的函数类 H^r_p 的逼近定理推广到他引入的更广的函数类，他在式(1)中对函数 $\frac{\partial^{\rho k} f}{\partial x_k^{\rho k}}$ 在 L_{pk} 度量下取连续模 ω_2，这里 $p_k(1 \leqslant p_k \leqslant \infty)$ 对每个 k 都不相同，这个函数类记作 $H^{r_1, \cdots, r_m}_{p_1, \cdots, p_m}$. 除多项式 $t_{n_1, \cdots, n_m}(x_1, \cdots, x_m)$ 外，我们也将考虑某些 n_k 等于 ∞ 的所谓广义三角多项式，即当 $n_k < \infty$ 时，关于变量 x_k 是 n_k 阶的，而系数可以任意依赖于对应 $n_k = \infty$ 的变量 x_k 的那样的三角多项式(S. N. Bernstein 早就研究过函数用这种广义多项式的逼近). S. M. Nikolskyi 证明，如果 $f \in H^{r_1, \cdots, r_m}_{p_1, \cdots, p_m}$，则可以找到一组广义三角多项式

$$t_{n_1, \cdots, n_m} \quad (1 \leqslant n_k \leqslant \infty; (k = 1, \cdots, m)$$

使下列不等式成立

$$\begin{cases} \| f - t_{n_1, \infty, \cdots, \infty} \|_{L_{p_1}} \leqslant A_{mr} \dfrac{M_1}{n_1^{r_1}} \\ \| t_{n_1, \infty, \cdots, \infty} - t_{n_1, n_2, \infty, \cdots, \infty} \|_{L_{p_2}} \leqslant A_{mr} \dfrac{M_2}{n_2^{r_2}} \\ \vdots \\ \| t_{n_1, \cdots, n_{m_1}, \infty} - t_{n_1, \cdots, n_m} \|_{L_{p_m}} \leqslant A_{mr} \dfrac{M_m}{n_m^{r_m}} \end{cases} \qquad (4)$$

如果重新排列变量 $x_1, \cdots, x_m$ 的位置，还可以得到其他一些类似的不等式. 在式(4)中，所有的 $n_k < \infty$.

S. M. Nikolskyi 还研究了使区间端点附近的逼近

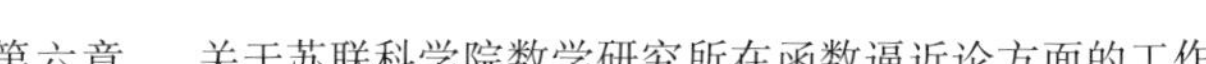

阶有所改善的一元函数用代数多项式逼近的那些定理推广到多元的可能性. 设 Ω 是 m 维空间中具有连续可微边界的有界区域，$g(x)$ 是 Ω 中的点到它的边界的距离，把正数 r 写成 $r=\rho+\alpha$，这里 ρ 是整数而 $0<\alpha\leqslant 1$，如果联结 $x+\boldsymbol{h}$ 和 $x-\boldsymbol{h}$ 的线段属于Ω ，$\boldsymbol{h}$ 是 m 维增量向量，f 的 ρ 阶偏导数

$$\varphi(x)=\frac{\partial^{\rho} f(x)}{\partial x_1^{\rho_1}\cdots\partial x_m^{\rho_m}}\quad(\rho_1+\cdots+\rho_m=\rho)$$

满足条件

$$|\varphi(x+\boldsymbol{h})-2\varphi(x)+\varphi(x-\boldsymbol{h})|\leqslant M|\boldsymbol{h}|^{\alpha}\quad(5)$$

则把这样的 $f(x)$ 的全体记作 $H^r(\Omega)$. S. M. Nikolskyi 证明，如果 $f(x)$ 在 Ω 上可以用下列 n 阶多项式

$$P_n(x)=\sum_{|k|\leqslant n} a_k x_1^{k_1}\cdots x_m^{k_m}\quad(|k|=k_1+\cdots+k_m)$$

逼近并且满足

$$|f(x)-P_n(x)|\leqslant A\left(\frac{\sqrt{g(x)}}{n}+\frac{1}{n^2}\right)^r$$

则

$$f(x)\in H^r(\Omega)$$

但是这个定理的逆定理不成立. 如果把 $H^r(\Omega)$ 中的函数延拓到包含 Ω 的立方体，并保留由式(5)表示的可微性质，则函数类 $H^r(\Omega)$ 可以用这种延拓后的函数在上述立方体中由代数多项式的逼近刻画.

S. N. Bernstein 研究了二元函数 $f(x,y)\in X$ 用关于 x 为 n 阶，关于 y 为 m 阶的三角多项式(或代数多项式)的最佳逼近 $E_{n,m}(f)_X$ 和最佳逼近 $E_{n,\infty}(f)_X$(或 $E_{\infty,m}(f)_X$)之间的关系，这里 $E_{n,\infty}(f)_X$ 表示函数 f 用关于 x 为 n 阶而系数可以依 y 任意选取的多项式的最佳逼近. $E_{\infty,m}(f)_X$ 的意义是类似的，他证明对 $X=C$

有

$$E_{n,\infty}(f)_C \leqslant A(E_{n,\infty}(f)_C + E_{\infty,m}(f)_C)(\log[\min(n,m)+2]) \tag{6}$$

而对

$$X = L_2$$

有

$$E_{n,m}(f)_{L_2} \leqslant E_{n,\infty}(f)_{L_2} + E_{\infty,m}(f)_{L_2} \tag{7}$$

他还提出了如下的问题：式(6) 能否改进？V. N. Termlyakov 给出了回答，他指出，式(6) 最后的因子不能再用任何增长速度比 $\log \min(n,m)$ 慢的其他的因子代替. 此外，存在这样的绝对正常数 α，使对任何自然数对序列 (n_i, m_i)，可以找到函数 f，满足

$$\overline{\lim_{n\to\infty}} \frac{E_{n_i,m_i}(f)_C}{(E_{n_i,\infty}(f)_C + E_{\infty,m_i}(f)_C)(\log[\min(n_i,m_i)+2])} \geqslant \alpha \tag{8}$$

对在双圆 $|z_1|<1$，$|z_2|<1$ 内解析并在包括边界的区域上连续的函数 $f(z_1,z_2)$ 的相应问题，V. N. Temlyakov[17] 得到了更精确的结果

$$\sup_f \frac{E_{n,m}(f)_C}{E_{n,\infty}(f)_C + E_{\infty,m}(f)_C} = \frac{1}{\pi}\log[\min(n,m)+2] + O(1) \tag{9}$$

类似的结果对 L 度量下的逼近也成立.

对由给定阶的混合偏导数所满足的条件来确定的函数类的逼近问题的研究，是从 K. I. Babenko 开始的.

设

$$\boldsymbol{r} = (r_1, \cdots, r_m)$$

其中 $r_1,\cdots,r_m$ 都是正数,并且为了确定起见,不妨设它们满足条件

$$r_1=\cdots=r_\upsilon<r_{\upsilon+1}\leqslant\cdots\leqslant r_m\quad(1\leqslant\upsilon\leqslant m)\tag{10}$$

借助 Bernsoulli 核的广义多项式

$$K_\alpha^r(t_1,\cdots,t_m)=\sum_{k_1=1}^{\infty}\cdots\sum_{k_m=1}^{\infty}k_1^{-r_1}\cdots k_m^{-r_m}\cos\left(k_1t_1-\frac{\alpha_1\pi}{2}\right)\cdots\cos\left(k_mt_m-\frac{\alpha_m\pi}{2}\right)\tag{11}$$

其中 $\alpha_1,\cdots,\alpha_m$ 是任意数,引入可以表示为卷积

$$f(x_1,\cdots,x_m)=\frac{1}{(2\pi)^m}\int_{-\pi}^{\pi}\cdots\int_{-\pi}^{\pi}\varphi(t_1,\cdots,t_m)K_\alpha^r(x_1-t_1,\cdots,x_m-t_m)\mathrm{d}t_1\cdots\mathrm{d}t_m\tag{12}$$

的周期函数类 $W_\alpha^r(L_p)$,$1\leqslant p\leqslant\infty$,其中,函数 φ 满足条件

$$\|\varphi(t_1,\cdots,t_m)\|_{L_p}\leqslant 1$$

若

$$\alpha_k\equiv r_k$$

则 φ 是混合偏导数

$$\frac{\partial^{|r|}f}{\partial x_1^{r_1}\cdots\partial x_m^{r_m}}\quad(|\boldsymbol{r}|=r_1+\cdots+r_m)$$

(对非整数的 r_k 为 Weyl 意义下的导数). 相应的函数类记作 $W^r(L_p)$. 我们指出,卷积(12)表示的函数对每个变量的平均值等于零

$$\int_{-\pi}^{\pi}f(x_1,\cdots,x_m)\mathrm{d}x_k=0\quad(k=1,\cdots,m)\tag{13}$$

这就使情况得到简化并且还保留着原来问题的特征. 因此,在研究这类问题时,我们只考虑满足条件(13)

的函数.

K. I. Babenko 指出,如果函数 $f(x_1,\cdots,x_m)$ 用含有给定谐函数个数的 m 元三角多项式逼近时,除了知道函数属于类 $W^r(L_p)$ 外,再没有任何关于函数的其他的信息,则组成多项式的谐函数应当根据向量 $\boldsymbol{r}$ 来选取.

例如,当 $p=2$ 时,应当用关于谐函数 $\exp \mathrm{i}(k_1x_1+\cdots+k_mx_m)$ 的多项式逼近,这里 $k_1,\cdots,k_m$ 是满足条件

$$|k_1|^{r_1}+\cdots+|k_m|^{r_m}\leqslant N^{r_1} \tag{14}$$

的非零整数.而 N 则由多项式可能包含的谐函数的个数决定.和 §2 一样,我们把由指定谐函数组成的三角多项式集合记作 $T(N,\boldsymbol{r})$,对 $p=\infty$ 的情况,K. I. Babenko 构造了一种用多项式 $t_N(f)\in T(N,\boldsymbol{r})$ 逼近 $f\in W_C^r$(r_k 是自然数)的线性方法,给出

$$\|f-t_N(f)\|_C\leqslant A_{mr}N^{-r_1}\log^{(m-1)}N\quad(N\geqslant 2) \tag{15}$$

或者(由式(15)得)

$$\|f-t_N(f)\|_C\leqslant A_{mr}n^{-r_1}\log^{m-1+r_1(v-1)}n\quad(n\geqslant 2) \tag{16}$$

这里 n 是 $T(N,\boldsymbol{r})$ 中的多项式所含谐函数的个数.

S. M. Nikolskyi 用逼近的语言刻画了具有控制混合偏导数的函数类 S_p^rH 的特征.该类由加在比非混合偏导数更高阶的混合偏导数上的条件确定,这里我们只介绍最简单的情况,即只对混合偏导数提出条件而且只考虑满足式(13)的周期函数.设 $\boldsymbol{r}=(r_1,\cdots,r_m)$,其中所有的 $r_k>0$,令 $r_k=\rho_k+\alpha_k,k=1,\cdots,m,\rho_k$ 是整数,$0<\alpha_k\leqslant 1$. $f(x_1,\cdots,x_m)\in L_p$.如果 f 的偏导数

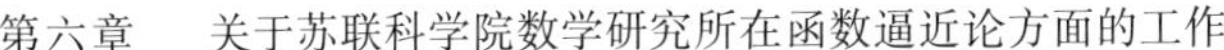

$$f^{(\rho)}=\frac{\partial^{|\rho|} f}{\partial x_1^{\rho_1}\cdots\partial x_m^{\rho_m}}\quad(|\rho|=\rho_1+\cdots+\rho_m)$$

满足条件

$$\|\Delta_{h_1}^2\cdots\Delta_{h_m}^2 f^{(\rho)}(x_1,\cdots,x_m)\|_{L_p}\leqslant h_1^{\alpha_1}\cdots h_m^{\alpha_m}$$

则说 $f\in S_p^r H$. 这里 $\Delta_{h_k}^2$ 表示关于变量 x_k 步长为 $h_k>0$ 的二阶差分. S. M. Nikolskyi 证明, $f\in S_p^r H, 1\leqslant p\leqslant\infty$ 的充分必要条件是可以把 f 表示成在 L_p 度量下收敛到它本身的级数,即

$$f(x_1,\cdots,x_m)=\sum_{k_1=0,\cdots,k_m=0}^{\infty} Q_{k_1,\cdots,k_m}(x_1,\cdots,x_m)\tag{17}$$

其中 $Q_{k_1,\cdots,k_m}(x_1,\cdots,x_m)$ 是关于 x_1 为$[2^{k_1 r_1}]$阶,……关于 x_m 为$[2^{k_m r_m}]$阶的三角多项式,满足条件①

$$\|Q_{k_1,\cdots,k_m}\|_{L_p}\leqslant A_{mr}2^{-(k_1 r_1+\cdots+k_m r_m)}\tag{18}$$

N. S. Bahvalov 也证明了这个定理中条件的必要性. 类 $S_p^r H$ 中的函数的上述表示方法使我们可以得到它们用 n 项的三角多项式逼近的形如式(16)的估计.

S. A. Telyakovskyi[21] 构造了一种使函数 $f\in W_\alpha^r(C)$ 与满足下列估计

$$\|f-t_n^*(f)\|_C\leqslant A_{mr}n^{-r_1}\log^{(1+r_1)(\upsilon-1)}n\quad(n\geqslant 2)\tag{19}$$

的 n 项三角多项式对应的线性逼近方法. 这个结果加强了K. I. Babenko 当 $\upsilon<m$ 时得到的估计(16),见式(10). 多项式 t_n^* 属于集合 $T(N,\boldsymbol{r}^*)$,其中

$$\boldsymbol{r}^*=(r_1,\cdots,r_\upsilon,r_{\upsilon+1}^*,\cdots,r_m^*)\tag{20}$$

① 关于定理条件的充分性,和类似的定理一样. 通常都指式(18)中的常数因子 A_{mr} 充分小的情况.

并且对

$$k=\upsilon+1,\cdots,m$$

有

$$r_1=\cdots=r_\upsilon<r_k^*<r_k$$

我们指出

$$T(N,\boldsymbol{r})\subset T(N,\boldsymbol{r}^*)$$

而且组成这些集合的多项式的谐波的个数是关于 N 同阶的量.

V. N. Temlyakov[10,11] 把 Konushkov-Stechkin 和 Ulyanov 关于函数在不同度量下最佳逼近的估计推广到用 $T(N,\boldsymbol{r})$ 中的三角多项式逼近多元函数的情况. 设 $f(x_1,\cdots,x_m)\in L_p$, $1\leqslant p\leqslant\infty$, 满足条件(13). $E(T(N,\boldsymbol{r}),f)_{L_p}$ 是 f 用 $T(N,\boldsymbol{r})$ 中的三角多项式在 L_p 度量下的最佳逼近, $\boldsymbol{r}$ 满足式(10). Temlyakov 证明, 如果级数

$$\sum_{k=1}^{\infty}2^{k\left(\frac{r_1+1}{p}\right)}k^{\left(1-\frac{1}{p}\right)(\upsilon-1)}E(T(2^k,\boldsymbol{r}),f)_{L_p}$$

收敛, 则 f 可以表示为卷积(12), 其中函数 φ 连续而且其最佳逼近满足

$$E(T(2^n,\boldsymbol{r}),\varphi)_C\leqslant$$

$$A_{rpm}\sum_{k=n}^{\infty}2^{k\left(r_1+\frac{1}{p}\right)}K^{\left(1-\frac{1}{p}\right)(\upsilon-1)}E(T(2^k,\boldsymbol{r}),f)_{L_p}\quad(21)$$

而如果级数

$$\sum_{k=1}^{\infty}2^{qk\left(r_1+\frac{1}{p}-\frac{1}{q}\right)}E^q(T(2^k,\boldsymbol{r}),f)_{L_p}$$

收敛, 其中 $1\leqslant p<\infty$, 则表达式(12)中的函数 φ 属于空间 L_q, 并且满足

$$E(T(2^n,\boldsymbol{r}),\varphi)_{L_q}\leqslant$$

$$A_{rpqm}\left(\sum_{k=n}^{\infty}2^{qk\left(r_1+\frac{1}{p}-\frac{1}{q}\right)}E^q(T(2^k,\boldsymbol{r}),f)_{L_p}\right)^{\frac{1}{q}} \tag{22}$$

关于由具有控制混合偏导数的函数作成的类 S_p^rH 用 $T(N,\boldsymbol{r})$ 和 $T(N,\boldsymbol{r}^*)$((见式(20))中多项式的最佳逼近上确界的精确阶估计,Ya. S. Bugrov 对 $T(N,\boldsymbol{r}^*)$ 得到了 $p=2$ 的结果,而 N. S. Nikolskaya 则得到了 $1<p<\infty$ 的结果. V. N. Temlyakov[11,21,22] 证明,如果 $1\leqslant p<q<\infty,r_1>\frac{1}{p}-\frac{1}{q}$,则

$$E(T(N,\boldsymbol{r}),S_p^rH)_{L_p}\sim N^{-r_1+\frac{1}{p}-\frac{1}{q}}(\log N)^{\frac{\nu-1}{p}}\quad(N\to\infty) \tag{23}$$

这个估计式的阶不同于 Ai. M. Galeev 对函数类 W_α^r 给出的相应估计

$$E(T(N,\boldsymbol{r}),W_\alpha^r(L_p))_{L_q}\sim N^{-r_1+\frac{1}{p}-\frac{1}{q}}$$

$$\left(1<p<q<\infty,r_1>\frac{1}{p}-\frac{1}{q}\right)$$

我们指出,在一维情况下,类似的函数类的最佳逼近有相同的递减阶.

在这类问题中,p 和 q 等于 1 或 ∞ 的极限情况通常需要专门讨论. V. N. Temlyakov 证明,当 $p=1,1<q\leqslant\infty$ 时,对 $E(T(N,\boldsymbol{r}),W_\alpha^r(L_1))_{L_q}$,式(23)成立. 而当 $p=q=1$ 时,则有

$$E(T(N,\boldsymbol{r}),W_\alpha^r(L_1))_{L_1}\sim E(T(N,r),S_1^rH)_{L_1}\sim N^{-r_1}(\log N)^{m-1} \tag{24}$$

$$E(T(N,\boldsymbol{r}^*),W_\alpha^r(L_1))_{L_1}\sim E(T(N,r^*),S_1^rH)_{L_1}\sim N^{-r_1}(\log N)^{\nu-1} \tag{25}$$

$q=\infty$ 时，即对 C 度量下的逼近，知道的不多. 为了简单起见，我们只介绍向量 $\boldsymbol{r}$ 的所有分量都等于 r_1 的情况，正如V. N. Temlyakov 指出的，有

$$E(T(N,\boldsymbol{r}),W_\alpha^{\boldsymbol{r}}(L_2))_C \sim N^{-r_1+\frac{1}{2}} \quad (r_1>\frac{1}{2},N\to\infty) \tag{26}$$

对函数类 $W_\alpha^{\boldsymbol{r}}(L_p)$ 当 $1\leqslant p<2$ 时也有类似的估计，而在二元情况下则有

$$E(T(N,\boldsymbol{r}),S_\infty^{\boldsymbol{r}}H)_C \sim N^{-r_1}\log N \quad (N\to\infty) \tag{27}$$

在 C 度量下，他还得到了一些函数类用 $T(N,\boldsymbol{r})$ 中的多项式最佳逼近的其他估计.

在 V. N. Temlyakov 的上述研究中，由他得到的 Bernoulli 核(11) 用 $T(N,\boldsymbol{r})$ 中多项式最佳逼近的一些估计起着重要的作用，我们只就向量 $\boldsymbol{r}$ 的每个分量都等于 r_1 的情况介绍相应的结果. 如果 $1\leqslant p\leqslant\infty$，$r_1>1-\frac{1}{p}$，则有

$$E(T(N,\boldsymbol{r}),K_\alpha^{\boldsymbol{r}})_{L_p} \sim N^{-r_1+1-\frac{1}{p}}(\log N)^{\frac{m-1}{p}} \quad (N\to\infty) \tag{28}$$

$p=1$ 时，S. A. Telyakovskyi 给出了这方面的上界估计，$p=2$ 时，Ya. S. Bugrov 证明了式(28). V. N. Telyakovskyi 对 $p=\infty$ 证明式(28) 时用到了 S. M. Nikolskyi 的对偶定理(17)(§3). $p=\infty$ 时用怎样的多项式逼近 $K_\alpha^{\boldsymbol{r}}$ 中的函数可达到估计式(28) 尚不清楚.

上述的结果都是函数类 $W_\alpha^{\boldsymbol{r}}(L_p)$ 和 $S_p^{\boldsymbol{r}}H$ 用 $T(N,\boldsymbol{r})$ 中的三角多项式最佳逼近的问题. 不难证明，在 L_q 度量下，$1<q<\infty$，函数用在 $T(N,\boldsymbol{r})$ 中取值的线性

算子逼近时也可以得到与最佳逼近相同的阶. 并且这些算子的范数一致有界. V. N. Temlyakov 指出，在 C 度量下，并不是总可以用线性算子的逼近来代替最佳逼近的，即对任何在 $T(N,\boldsymbol{r})$ 中取值的线性算子序列，在 $\upsilon=m\geqslant 2, r_1>\frac{1}{p}$ 时有

$$E(T(N,\boldsymbol{r}),W_\alpha^{\boldsymbol{r}}(L_p))_C=o(\sup_{f\in W_\alpha^{\boldsymbol{r}}(L_p)}\|f-L_N(f)\|_C)\quad(1<p<\infty)\tag{29}$$

$$E(T(N,\boldsymbol{r}),S_p^{\boldsymbol{r}}H)_C=o(\sup_{f\in S_p^{\boldsymbol{r}}H}\|f-L_N(f)\|_C)\quad(1\leqslant p<\infty)\tag{30}$$

上确界 $E_n(T(N,\boldsymbol{r}),W_\alpha^{\boldsymbol{r}}(L_1))_C$ 递减的阶可以由函数用线性方法的逼近达到，即式(29) 中条件 $p>1$ 不能减弱. 在 L_1 度量下逼近的情况有所不同，V. N. Temlyakov 证明，存在线性算子 L_N，它们能保证类 $W_\alpha^{\boldsymbol{r}}(L_1)$ 和 $S_1^{\boldsymbol{r}}H$ 中的函数用 $T(N,\boldsymbol{r})$ 中的多项式逼近的阶和最佳逼近的阶相同. 但是，任何这样的算子序列的范数都是无界的. 函数类 $S_\infty^{\boldsymbol{r}}H$ 在 C 度量中的逼近具有类似的性质.

S. M. Nikolskyi 和 P. I. Lizorkin[24-28,7] 研究了多元函数在球面上的逼近. 设 $\sigma=\sigma_{m-1}$ 是 m 维空间中的单位球面，$T_n(\mu)(\mu\in\sigma)$ 是 n 阶球面多项式，即 n 阶代数多项式 $P_n(x_1,\cdots,x_m)$ 在球面上的限制. 问题是，函数 $f\in L_p(\sigma),1\leqslant p\leqslant\infty$ 的哪些可微性质与它用球面多项式逼近的下列估计等价

$$\|f(\mu)-T_n(\mu)\|_{L_p(\sigma)}\leqslant\frac{A}{(n+1)^r}\tag{31}$$

这里 $r>0$. 设 D 表示 Beltrami-Laplace 微分算子，即

$$Df(\mu)=\Delta f\left(\frac{x}{|x|}\right)_{\sigma}$$

Δ 是 Laplace 算子，$\mu=\dfrac{x}{|x|}\in\sigma$，取

$$(S_{r}-E)f(\mu)=$$
$$\frac{1}{|\sigma_{m-2}|\sin^{m-2}\gamma}\int_{\overline{\mu\mu'}=\gamma}[f(\mu')-f(\mu)]\mathrm{d}\mu'$$

作为函数 f 在点 μ 步长为 $\gamma>0$ 的位移，其中 E 是恒等算子，$|\sigma_{m-2}|$ 是球面 σ_{m-2} 的测度，积分对全体点 $\mu'\in\sigma_{m-1}$ 的集合进行. μ' 到 $\mu\in\sigma_{m-1}$ 的弧线距离为 γ. 设 $H_{p}^{r}(\sigma)$ 是满足条件

$$\|(S_{r}-E)^{k}D^{l}f(\mu)\|_{L_{p}(\sigma)}\leqslant M\gamma^{r-2l}$$

的函数 $f\in L_{p}(\sigma)$ 作成的类. 这里 $l\geqslant 0$ 为满足

$$0<r-2l<2k \tag{32}$$

的整数. 根据G. G. Kushnirenko 和 S. Pawelke 的结果，当 $k=1$ 时，对每个函数 $f\in H_{p}^{r}(\sigma)$ 都存在球面多项式序列 T_{n}，使含有常数因子 A 的式(31) 成立. 这里 A 依赖于 m，r 和 M. 反之，如果函数 f 的逼近满足式(31)，则 $f\in H_{p}^{r}(\sigma)$. 这个结果不包括 r 为偶数的情况，因为当 r 为偶数且 $k=1$ 时，条件(32) 不成立. S. M. Nikolskyi 和 P. I. Lizorkin[24,25]，对 $k>1$ 证明了类似的定理，对 $p=2$ 证明了正定理，对 $1\leqslant p\leqslant\infty$ 证明了逆定理. 在[26] 中，他们还证明，当 r 为偶数时，对一切 $1\leqslant p\leqslant\infty$，$f(\mu)\in L_{p}(\sigma)$ 当且仅当

$$\|\operatorname{grad}(S_{r}-E)D^{l}f(\mu)\|_{L_{p}(\sigma)}\leqslant M$$

这里 $r=2l+2$.

S. M. Nikolskyi 和 P. I. Lizorkin[27,28,7] 研究这些问题的另一种方法是以考察沿球面测地线的高阶差分为基础的. 设 $\mu=\mu^{0}$ 和 $\mu'=\mu^{1}$ 为球面上的两点，Γ 是通

过这两点的大圆. 在 Γ 上沿 μ 到 μ' 的方向以相等的距离 $\gamma=\overset{\smile}{\mu\mu'}$ 取点 $\mu^2,\mu^3,\cdots$，然后用这些点作 f 在点 μ 步长为 γ 的 k 阶差分

$$\Delta_{\mu'}^{k} f(\mu)=\sum_{j=0}^{k}(-1)^{j} C_{k}^{j} f(\mu^{j})$$

用记号 $H_{\infty}^{r}(\sigma)$ 表示满足下列条件

$$|\Delta_{\mu'}^{k} f(\mu)| \leqslant M\gamma^{r} \quad (0<r<k, \mu \in \sigma)$$

的连续函数的集合. 函数类 $H_{\infty}^{r}(\sigma)$ 可以用逼近的语言刻画为：当 $p=\infty$ 时

$$f \in H_{\infty}^{r}(\sigma)$$

当且仅当它用球面多项式序列逼近时满足式(3). S. M. Nikolskyi 和 P. I. Lizorkin[27,28] 对维数 m 为偶数时证明了这一结论，A. P. Terehin[29] 则证明了维数 m 为奇数的情况. S. M. Nikolskyi 和 P. I. Lizorkin 还研究了平均差分

$$^{*}\Delta_{\gamma}^{k} f(\mu)=\frac{1}{|\sigma_{m-2}| \sin^{m-2}\gamma} \int_{\overset{\smile}{\mu\mu'}=\gamma} \Delta_{\mu'}^{k} f(\mu) \mathrm{d}\mu'$$

并借助平均差分引入了满足条件

$$\|^{*}\Delta_{\gamma}^{k} f(\mu)\|_{L_{p}(\sigma)} \leqslant M\gamma^{r} \quad (0<r<k)$$

的 $f \in L_p(\sigma)$ 作成的函数类 $^{*}H_{p}^{r}(\sigma)$. 他们就一切 $1 \leqslant p \leqslant \infty$ 对这些函数类给出了球面多项式逼近的正逆定理.

§7　函数类的宽度

在前几节给出了关于函数类用三角多项式或代数多项式最佳逼近的上确界的许多结果，如果使用巴拿赫空间的语言，这些上确界在几何上都可以表示为集合（函数类）到给定子空间的偏差. 1936 年，A. N. Kolmogorov[30] 引入了关于函数类的一种新的逼近特征，他先考虑函数类到任意给定维数的子空间的偏差，然后再求这个偏差关于所有这样的子空间的最小值，他得到的量叫作函数类的宽度. 后来，这些量又被称为 A. N. Kolmogorov 宽度.

设 F 是巴拿赫空间的某个集合（中心对称的），则 F 的 n 维 A. N. Kolmogorov 宽度可记为

$$d_n(F)_X = \inf_{u_n} \sup_{f\in F} \inf_{x\in u_n} \| f - x \|_X \tag{1}$$

这里，u_n 是空间 X 中的 n 维子空间. 如果关于子空间的下确界在某个子空间上达到，则称该子空间为极子空间.

在参考资料[30]中，A. N. Kolmogorov 求出了 L_2 空间中周期的和非周期的函数类 $W^r_{L_2}$ $(r=1,2,\cdots)$ 的极子空间，他指出，在周期情况下，$2n+1$ 维最佳逼近子空间是 n 阶三角多项式集合，而在非周期情况下，则是由微分方程

$$(-1)^r y^{(2r)}(x) - \lambda y(x) = 0$$

的解构成的一种特殊的函数子空间.

从 A. N. Kolmogorov 的这一工作开始，直到 50 年代末期，关于宽度的问题有很多研究. W. Rudin 求出了宽度 $d_n(W^1_L)_{L_2}$ 递减的阶. 利用[31,32]算出的 Hilbert 空间中多元八面体宽度的结果，S. B. Stechkin 给出了下列阶的关系式

$$d_n(W^r)_C \sim n^{-r}, d_n(W^r_L)_{L_2} \sim n^{-r+\frac{1}{2}} \quad (n\to\infty) \tag{2}$$

在周期情况下，这些关系式用三角多项式的逼近可以实现.

1960 年发表的一些文章，激发了对函数类的 A. N. Kolmogorov 宽度的进一步研究. K. I. Babenko 开始研究多元函数类的宽度. 而V. M. Tihomirov 则对一元周期函数类 $W^r(r=1,2,\cdots)$ 求出了宽度 $d_{2n+1}(W^r)_C$ 的精确值. 他还证明，这种情况下的极子空间是 n 阶三角多项式. 在这些工作之后，对 A. N. Kolmogorov 宽度问题的兴趣不断增大，现在这个问题已经成了逼近论的一个中心课题. 我们还要指出，V. M. Tihomirov，N. P. Korneichuk 和他们的学生在这方面做出了许多杰出的成果.

许多作者的研究成果表明，对一元周期函数类 $W^r(L_p)$，$1\leqslant p\leqslant\infty$，宽度

$$d_n(W^r(L_p))_{L_q} \tag{3}$$

递减的精确阶当 $1\leqslant q\leqslant \max(p,2)$ 时由三角多项式达到，而且

$$d_n(W^r(L_p))_{L_q}\sim\begin{cases}n^{-r} & (p\geqslant q)\\ n^{-r+\frac{1}{p}-\frac{1}{q}} & (1\leqslant p<q\leqslant 2)\end{cases} \tag{4}$$

R. S. Ismagirov 指出，存在这样的 p 和 q，使得用三角多项式逼近的阶不是最优的. 当 $q>\max(p,2)$ 时，B. S. Kashin 对宽度(3) 递减的阶的问题给出了全面的解答. 在这种情况下，证明当 $r>\dfrac{1}{p}$ 时有

$$d_n(W^r(L_p))_{L_q}\sim\begin{cases}n^{-r} & (p>2)\\ n^{-r+\frac{1}{p}-\frac{1}{2}} & (1\leqslant p<2)\end{cases} \tag{5}$$

$p=1$ 时，E. D. Gluskin 以前也得到过这个结果. 式(5) 表明，当 $q>\max(p,2)$ 时，三角多项式不是渐近极子

空间. 从 S. B. Stechkin 的工作开始，在求函数类的 A. N. Kolmogorov 宽度递减阶时，经常用到有限维空间中八面体宽度的一些估计. 式(5) 是用 B. S. Kashin 得到的八面体在有限维空间 L_q 尺度下($q \leqslant \infty$) 的宽度估计式求出的. 因为在证明这些估计式时用到了一些概率方法，所以在许多涉及估计式(5) 的问题中，用怎样的 n 维子空间逼近才能达到这个估计，目前仍不知道.

在有有界混合偏导数① 的多元周期函数类 $W_{\alpha}^{r}(L_p)$ 上对一切 $p,q \in (1,\infty)$ 求出了宽度

$$d_n(W_{\alpha}^{r}(L_p))_{L_q} \tag{6}$$

递减的阶并且发现了下列和一元的情况类似的现象，即当 $q \leqslant \max(p,2)$ 时，函数用 $T(N,\boldsymbol{r})$ 或 $T(N,\boldsymbol{r}^*)$ 中的三角多项式逼近时，可以达到宽度(6) 递减的阶. 这恰好是一元三角多项式对宽度(3) 成为关于阶的最优子空间时 p 和 q 应满足的条件. 对 $q > \max(p,2)$，在多元情况下求解时，主要用到前面提到的 B. S. Kashin 对有限维空间的八面体宽度的估计.

V. N. Temlyakov[21,22,11] 在 $1 < p < q < \infty$ 和 $p=1, 2 \leqslant q < \infty$ 的情况下求出了宽度(6) 递减的阶. 他证明当 $n \to \infty$ 时有

---

① 这里我们用到了上节给出的函数类和三角多项式集合的记号 $T(N,\boldsymbol{r})$ 和 $T(N,\boldsymbol{r}^*)$，此外，还认为 $\upsilon \geqslant 2$，因为当 $\upsilon = 1$ 时，多元的问题本质上和一元没有区别.

$$d_n(W_\alpha^r(L_p))_{L_q} \sim \begin{cases} N^{-r_1+\frac{1}{p}-\frac{1}{q}} & (1 < p \leqslant q \leqslant 2) \\ N^{-r_1+\frac{1}{p}-\frac{1}{2}} & (1 < p \leqslant 2 \leqslant q < \infty) \\ N^{-r_1} n^{\frac{1}{2}} & (p=1, 2 \leqslant q < \infty) \\ N^{-r_1} & (2 \leqslant p \leqslant q < \infty) \end{cases} \tag{7}$$

这里

$$N = n\log^{-(v-1)} n$$

并且在每种情况下，r_1 都应当满足相应的下界估计. 关于函数类 $S_p^r H$ 的宽度知道的较少，我们只给出 V. N. Temlyakov 的结果，即当 $n \to \infty$ 时有

$$d_n(S_p^r H)_{L_q} \sim \begin{cases} N^{-r_1+\frac{1}{p}-\frac{1}{2}(\log n)^{\frac{v-1}{2}}} \\ (1 \leqslant p < 2 \leqslant q < \infty) \\ N^{-r_1}(\log n)^{\frac{v-1}{2}} \\ (2 \leqslant p \leqslant q < \infty) \end{cases} \tag{8}$$

除了 A. N. Kolmogorov 宽度外，还研究了函数类逼近性质的许多其他几何特征，例如线性宽度

$$d'_n(F)_X = \inf_{u_n} \inf_{B} \sup_{f \in F} \| f - B(f) \|_X$$

这里，B 是在 n 维子空间 u_n 中取值的线性算子，F 是所考虑的函数类. 显然总有

$$d_n(F)_X \leqslant d'_n(F)_X$$

在许多情况下，A. N. Kolmogorov 宽度和线性宽度相等或者有相同的递减阶.

求线性宽度的最优线性算子常常是很复杂的. 因此，V. N. Temlyakov[32,22,11] 研究了函数类 $W_\alpha^r(L_p)$ 和 $S_p^r H$ 中的函数用它在固定维数的子空间上的正交投影最佳逼近的问题. 设 F 表示函数类，对 $f \in F$ 构造它

们在 n 维子空间 u_n 上的正交投影 $P_{u_n}(f)$. 引入量

$$d_n^{\perp}(F)_{L_q}=\inf_{u_n}\sup_{f\in F}\|f-P_{u_n}(f)\|_{L_q} \tag{9}$$

设 $p\leqslant q, r_1>\frac{1}{p}-\frac{1}{q}$, V. N. Temlyakov 证明，当 $n\to\infty$ 时有

$$d_n^{\perp}(W_\alpha^r(L_p))_{L_q}\sim N^{-r_1+\frac{1}{p}-\frac{1}{q}}\quad(1<p\leqslant q<\infty) \tag{10}$$

这里 $N=n\log^{-(\upsilon-1)}n$，而当 $1\leqslant p<q<\infty$ 和 $1=p=q\leqslant 2$ 时，他还证明了

$$d_n^{\perp}(S_p^rH)_{L_q}\sim N^{-r_1+\frac{1}{p}-\frac{1}{q}}\log^{\frac{\gamma-1}{p}}n \tag{11}$$

他并且指出，式(10) 对一切 p 和 q，式(11) 对 $p<q$ 时均在用 $T(N,\boldsymbol{r})$ 中的三角多项式逼近时达到，而式(11) 在 $p=q$ 时，则由 $T(N,\boldsymbol{r}^*)$ 中的多项式达到.

还研究了周期函数类 F 的三角宽度 $d_n^T(F)_X$. 只要在式(1) 中把对所有的 n 维子空间 u_n 取下确界换成对任意 n 个谐波的线性组合取下确界便得到三角宽度 $d_n^T(F)_X$. V. N. Temlyakov[22,11] 证明，当 $1<p\leqslant q\leqslant 2$ 时有

$$d_n^T(S_p^rH)_{L_q}\sim N^{-r_1+\frac{1}{p}-\frac{1}{q}}(\log n)^{\frac{\upsilon-1}{p}}\quad(n\to\infty) \tag{12}$$

这里

$$N=n(\log n)^{-(\upsilon-1)}$$

我们再把三角宽度和周期函数的另一个逼近特征来进行比较，在研究一元函数的傅里叶级数的绝对收敛时，S. B. Stechkin 引入了函数用 n 项三角多项式最佳逼近的概念，即用 n 个谐波的线性组合去逼近函数，这些谐波应选得使逼近度最小.

V. N. Temlyakov[33,11] 研究了对函数类 $W_\alpha^r(L_p)$ 和 $S_p^r H$ 中的函数用 n 项三角多项式最佳逼近的上确界，设

$$E_n(F)_{L_q} = \sup_{f\in F} \inf_{k^1,\cdots,k^n} \inf_{C_{k^1},\cdots,C_{k^n}} \| f(x) - \sum_{j=1}^{n} C_{k^j} \mathrm{e}^{\mathrm{i}(k^j,x)} \|_{L_q} \tag{13}$$

V. N. Temlyakov 证明，如果 $1 < p \leqslant q \leqslant 2$ 且 $r_1 > \frac{1}{p} - \frac{1}{q}$，则量 $E_n(S_p^r H)_{L_q}$ 和 $d_n^T(S_p^r H)_{L_q}$ 递减的阶相同. 因此，在这种情况下，即使容许根据被逼近的函数来选择谐波，也不能改善由 n 个谐波组成的三角多项式的逼近阶. 但函数类 $W_\alpha^r(L_p)$ 的情况不同，当 $1 < p = q < 2$ 时，$E_n(W_\alpha^r(L_p))_{L_q}$ 和A. N. Kolmogorov 宽度具有相同的阶. 但在 $1 < p \leqslant q \leqslant 2$ 时，A. N. Kolmogorov $d_n(W_\alpha^r(L_p))_{L_q}$ 递减的速度要比 $E_n(W_\alpha^r(L_p))_{L_q}$ 慢一些，即在这种情况下，对 $r_1 \geqslant \frac{1}{p} - \frac{1}{q}$ 有

$$E_n(W_\alpha^r(L_p))_{L_q} \sim d_n(W_\alpha^r(L_p))_{L_q} n^{-(v-1)\left(\frac{1}{p}-\frac{1}{q}\right)} \quad (n \to \infty) \tag{14}$$

在对函数类的A. N. Kolmogorov 宽度进行下界估计时，经常要用到多元函数用变量个数较少的函数的双线性型逼近的结果. 对 $2m$ 个变量的函数

$$f(x,y) = f(x_1,\cdots,x_m,y_1,\cdots,y_m)$$

引入如下混合范数

$$\| f(x,y) \|_{q,s} = \| \| f(x,y) \|_{L_q(x)} \|_{L_s(y)}$$

这里 $f(x,y)$ 先对 x 取 L_q 范数，然后再把所得到的量对 y 取 L_s 范数. 研究了函数 $f(x,y)$ 用 m 个变量的函

数的双线性型的最佳逼近,其定义为

$$\tau_n(f)_{q,s}=\inf \| f(x,y)-\sum_{k=1}^{n} u_k(x)v_k(y) \|_{q,s} \tag{15}$$

这里下确界取遍一切 $u_k(x)\in L_q, v_k(y)\in L_s$. 这些量早先已经被研究过,E. Schmidt 在研究积分方程时对这个问题得到了一些经典的结果,如果 F 是函数 $f(x)$ 的平移不变函数类,则量

$$\tau_n(F)_{q,\infty}=\sup_{f\in F}\tau_n(f)_{q,\infty}$$

和 A. N. Kolomogorov 宽度之间有下列关系

$$\tau_n(F)_{q,\infty}\leqslant d_n(F)_q$$

为了对宽度进行估计,使函数用双线性型的逼近. V. N. Temlyakov[33,19,11] 对函数类 $W_\alpha^r(L_p)$ 和 S_p^rH 求出了量(13) 的一些阶的上界估计和下界估计. 从这些估计式得出,在一维情况下,对一切 $1\leqslant p\leqslant q\leqslant\infty$,有

$$\tau_n(W_\alpha^r(L_p))_{q,\infty}\sim d_n(W_\alpha^r(L_p))_{L_q} \tag{16}$$

对函数类 $W_\alpha^r(L_p)$ 在多元情况下的类似的结果当 $\upsilon\geqslant 2$ 和 $2\leqslant p\leqslant q<\infty$ 时也成立. 而对其余的 p 和 q, $1<p<q<\infty$,上述各量的阶是不一样的,函数类 S_p^rH 的情况则不一样,阶的等式

$$\tau_n(S_p^rH)_{q,\infty}\sim d_n(S_p^rH)_q \tag{17}$$

在多元时对 $1\leqslant p\leqslant 2\leqslant q<\infty$ 成立,而在一元时则对一切 $1\leqslant p\leqslant q\leqslant\infty$ 成立.

关于多元函数用变量个数较少的函数逼近的问题也在另外一种提法下进行了研究. 为简单计,我们只介绍二元函数和一元函数逼近的情况. 用 $u_k(x)$, $v_k(y)(k=1,\cdots,n)$ 来构造多项式

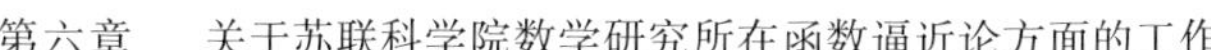

$$\sum_{k=1}^{n} b_k(y) u_k(x) + \sum_{k=1}^{n} c_k(x) v_k(y) \qquad (18)$$

这里 $b_k(y)$,$c_k(x)$ 在一般情况下是任意的函数. 函数 $f(x,y)$ 首先通过适当选择系数 $b_k(y)$ 和 $c_k(x)$ 而用多项式(18) 得到最好的逼近,然后在给定的函数类 F 中取上确界,再对函数 $u_k(x)$,$v_k(y)$ 取下确界,即得到如下的量

$$a_n(F)_{L_q} = \inf_{u_k, v_k} \sup_{f \in F} \inf_{b_k, c_k} \| f(x,y) - \left[\sum_{k=1}^{n} b_k(y) u_k(x) + c_k(x) v_k(y) \right] \|_{L_q} \qquad (19)$$

显然,函数类 F 的这个特征量优于相应的量(15). 当 $u_k(x)$,$v_k(y)$ 是三角谐波时,S. N. Bernstein 和 Ya. S. Bugrov,M. K. Botabov 和其他一些作者研究了用形如式(18) 的多项式的逼近,求出了量(19) 递减的阶:即对每个向量 $\boldsymbol{r}$ 和对所提到的函数类而言,它们的阶是相同的.

§8　线性逼近方法

本节研究线性逼近方法,即通过线性算子实现多项式对函数逼近的方法. 人们对线性方法感兴趣是由于许多线性方法. 例如傅里叶级数部分和或插值多项式在分析中的重要性. 在 C 空间和 $L_p(p \neq 2)$ 空间中最佳逼近算子是非线性的(可加性不满足),而线性方法是非常简单的,因此往往希望用某种线性算子来构造逼近多项式.

人们早就知道拉格朗日插值多项式的逼近性质依赖于插值结点在所考虑区间上的分布，所谓插值结点即由 f 构造的 n 阶代数插值多项式 $P_n(f,x)$ 和 $f(x)$ 取相同值的那 $n+1$ 个点. 为了减少函数在$[-1,1]$上用代数多项式插值的误差，切比雪夫选取多项式

$$T_{n+1}(x)=\cos(n+1)\arccos x$$

的零点作为插值结点.

设 $-1\leqslant x_0<x_1<\cdots<x_n\leqslant 1$ 是插值结点，则拉格朗日插值多项式可写为

$$P_n(f,x)=\sum_{k=0}^{n} l_k^{(n)}(x)f(x)$$

这里 $l_k^{(n)}(x)$ 是在 x_k 取 1、在其他结点取 0 的 n 阶多项式. 算子 $P_n(f)$ 在 $C[-1,1]$ 空间的范数等于

$$M_n=\Big\|\sum_{k=0}^{n}|l_k^{(n)}(x)|\Big\|_C \tag{1}$$

G. Faber 和S. N. Bernstein 独立地证明了，对任意选择的结点$\{x_k\}$有估计

$$M_n\geqslant a\log n \tag{2}$$

a 是某个绝对正常数. 在同一文献中 S. N. Bernstein 还证明，如果取切比雪夫多项式 $T_{n+1}(x)$ 的零点作为插值结点，则范数 M_n 将满足

$$M_n\leqslant A\log n \tag{3}$$

按照此后的S. N. Bernstein 定理，范数的最小可能值(依赖于结点的选择)满足渐近等式

$$M_n\approx\frac{2}{\pi}\log n\quad(n\to\infty) \tag{4}$$

除了代数多项式插值之外还研究了周期函数用三角多项式插值的问题. n 阶三角多项式解决了函数在

分布于一个周期上的任意 $2n+1$ 个结点上的插值问题.这时等距结点起着代数多项式插值中切比雪夫多项式的零点的作用.

估计式(2)指出,任何一种结点分布都不能保证插值多项式对所有连续函数的一致收敛性.对于插值多项式逼近问题出现了几种不同提法.D. Jackson 构造了一种阶数比插值结点数多一倍的插值多项式,使得对每一个连续函数,其相应的插值多项式序列都能一致收敛于该函数.S. N. Bernstein 证明,对于保证收敛性来说,提高后的阶数与结点个数之比可以做到小于任何 $\lambda>1$.N. M. Kreirov 研究了插值多项式的线性求和法,并且证明了在一系列情况下所得到的多项式对每个连续函数的一致收敛性.S. N. Bernstein 关于插值多项式的求和法得到了进一步的结果.

本世纪初出现了维尔斯特拉斯定理的构造性证明,即通过在有限个点上的函数值来构造代数式逼近连续函数.最早的构造方法之一是 S. N. Bernstein 提出的.利用概率论的结果,他证明了对 $[0,1]$ 上每个连续函数 $f(x)$,多项式序列

$$B_n(f,x)=\sum_{k=0}^{n}f\left(\frac{k}{n}\right)\binom{n}{k}x^k(1-x)^{n-k} \tag{5}$$

一致收敛于 $f(x)$.多项式 $B_n(f,x)$ 被称为Bernstein 多项式,S. N. Bernstein 本人和其他许多作者都研究了它们的逼近性质.

E. V. Voronovskaya 证明,如果函数 $f(x)$ 的二阶导数连续,则

$$f(x)-B_n(f,x)=-\frac{x(1-x)}{2n}f''(x)+o\left(\frac{1}{n}\right)$$

S. N. Bernstein 证明，如果函数 $f(x)$ 有更高阶的导数，则可以从偏差 $f(x)-B_n(f,x)$ 的渐近展开式中再分出一些项来. E. M. Wright 和 L. V. Kontorovich 研究了解析函数 $f(x)$ 的 Bernstein 多项式 $B_n(f,x)$ 在区间 $[0,1]$ 之外的收敛性. S. N. Bernstein 得到了关于 $B_n(f,x)$ 的收敛区域对 $[0,1]$ 上的解析函数 $f(x)$ 的奇点分布的依赖性的进一步结果. A. O. Gelfond 对函数系 $1,\{x^{\alpha}\log^{k}x\}$，$\alpha>0,k\geqslant 0$，构造了 Bernstein 型多项式并把关于 Bernstein 多项式的收敛性和收敛速度的一些估计推广到这种情况.

在三角级数论和逼近论中还研究了 Bernstein-Rogozinskyi 求和法，这种平均由下式定义

$$P_n(f,x,\alpha_n)=\frac{1}{2}(S_n(f,x-\alpha_n)+S_n(f,x+\alpha_n)) \tag{6}$$

其中 $S_n(f,x)$ 是函数 $f(x)$ 的 n 阶傅里叶部分和. Rogozinskyi 对 $\alpha_n=\frac{q\pi}{2n}$，q 为奇数的情况研究了多项式 (6). $\alpha_n=\frac{\pi}{2n+1}$ 的情况是由 S. N. Bernstein 研究的.

对傅里叶级数部分和的逼近性质的研究是由勒贝格(H. Lebesgue) 开始的. 他证明，周期函数用其傅里叶级数的 n 阶部分和逼近的偏差满足估计式

$$\|f(x)-S_n(f,x)\|_C\leqslant(L_n+1)E_n(f)_C$$

这里 L_n 是部分和的范数，称为勒贝格常数，当 $n\to\infty$ 时

$$L_n=\frac{4}{\pi^2}\log n+O(1)$$

用拉格朗日插值多项式逼近有类似的估计

$$|f(x)-P_n(f,x)|\leqslant(M_n+1)E_n(f)_C$$

由A. N. Kolmogorov的结果可知,对每个x,上述不等式中的因子M_n+1是精确的.

V. T. Gafriliuk和S. B. Stechkin[34]研究了估计式

$$\|f(x)-S_n(f,x)\|_C\leqslant\frac{1}{2}(L_n+1)w(f,\gamma_n)$$

中对一切连续函数适用的γ_n的最小可能值(因子$\frac{1}{2}(L_n+1)$对任何γ_n都不能再减小). 他们证明了

$$\gamma_n^*=\inf\gamma_n=\frac{2\pi}{3\left(n+\frac{1}{2}\right)}+O\left(\frac{1}{n^3}\right)$$

这个结果比当时已知的结果

$$\gamma_n^*\leqslant\frac{\pi}{n+\frac{1}{2}}$$

要强.

S. B. Stechkin求出了周期函数与其Fejer和

$$\varphi_n(f,x)=\frac{1}{n+1}\sum_{k=0}^{n}S_k(f,x)\tag{7}$$

通过最佳逼近给出的估计式

$$\|f(x)-\varphi_n(f,x)\|_C\leqslant\frac{A}{n+1}\sum_{k=0}^{n}E_k(f)_C\tag{8}$$

并且证明这个估计式在某种意义上不能再改进. 即如果$\varepsilon_0,\varepsilon_1,\varepsilon_2,\cdots$是一个非增趋于0的正数列,$C(\varepsilon)$是满足$E_n(f)_C\leqslant\varepsilon_n$的函数类,则有

$$\sup_{f\in C(\varepsilon)}\|f(x)-\varphi_n(f,x)\|_C\sim\frac{1}{n+1}\sum_{k=0}^{n}\varepsilon_k\quad(n\to\infty)\tag{9}$$

对于傅里叶和逼近的类似问题是由K. I. Oskolkov解

决的. 他证明了

$$\sup_{f\in C(\varepsilon)} \| f(x)-S_n(f,x)\|_C \sim \sum_{k=n}^{2n} \frac{\varepsilon_k}{k-n+1} \quad (n\to\infty) \tag{10}$$

对于具有快速递减最佳逼近序列的函数来说,上述结果使勒贝格的估计更加明确. K. I. Oskolkov 指出,类似的关系式对 L 度量也成立. 结合式(9)和(10),S. B. Stechkin 对 Vallee Poussin 和

$$U_{nm}(f,x)=\frac{1}{m+1}\sum_{k=n-m}^{n} S_k(f,x) \quad (0\leqslant m\leqslant n) \tag{11}$$

得到了

$$\sup_{f\in C(\varepsilon)} \| f(x)-U_{nm}(f,x)\|_{\tilde{C}} \sim \sum_{k=0}^{n} \frac{\varepsilon_{n-m+k}}{m+k+1} \quad (n\to\infty) \tag{12}$$

V. Damen 也得到了这些估计.

K. I. Oskolkov 研究了偏差 $f(x)-S_n(f,x)$ 在全测度集上用最佳逼近得到的估计. 他证明了

$$| f(x)-S_n(f,x) |\leqslant C_f(x)E_n(f)_c \log\log \frac{3E_0(f)_C}{E_n(f)_C} \tag{13}$$

这里 $C_f(x)$ 是几乎处处有限的函数,并且,如果对某个 β,$0<\beta<1$,序列 $\varepsilon_n \exp n^\beta$ 单调增加,则上述估计在函数类 $C(\varepsilon)$ 中不能再改进. 这样,如果不是考虑函数用傅里叶和在切比雪夫度量下的逼近,而是考虑几乎处处的逼近,则对最佳逼近序列递减较慢的函数逼近阶有所改善,而对满足

$$E_n(f)_c=\exp(-n^\beta) \quad (0<\beta<1)$$

的函数 f,逼近阶和原来一样.

对于函数类 $H(\omega)$ 用式(13)和 Jackson 定理(4)(§1)可得如下估计

$$f(x)-S_n(f,x)=O\left(\omega\left(\frac{1}{n}\right)\log\log\frac{1}{\omega\left(\frac{1}{n}\right)}\right) \tag{14}$$

对于李普希茨类 H^{α}，当 $\alpha<1$ 时，这个估计不能改善. 借助于 L. Carleson 关于 L_2 中函数的傅里叶级数几乎处处收敛的定理不难证明，对 $f\in H^1$ 有

$$f(x)-S_n(f,x)=o\left(\frac{1}{n}\right)$$

K. I. Oskolkov 在连续模的基础上构造了另一种特征，从而得到了偏差 $f(x)-S_n(f,x)$ 的几乎处处的估计，并且证明了对于满足 $\frac{\omega(\delta)}{\delta}\to\infty(\delta\to 0)$ 的类 $H(\omega)$ 这一估计不能改进. 从他的结果可得，式(14)中的因子 $\log\log\frac{1}{\omega\left(\frac{1}{n}\right)}$ 可以换成 $\log\log\min\left(\frac{1}{\omega\left(\frac{1}{n}\right)},n\omega\left(\frac{1}{n}\right)\right)$.

上述估计是对整个部分和序列做出的. K. I. Oskolkov[35] 对给定的递增数列 $\{n_k\}$ 研究了偏差 $f(x)-S_{n_k}(f,x)$ 的类似的估计. 他证明了，如果

$$\sum_{k=1}^{\infty}\frac{1}{k}E_{n_k}(f)_L<\infty \tag{15}$$

则当 $k\to\infty$ 时

$$f(x)-S_{n_k}(f,x)\to 0 \tag{16}$$

并且如果 $\psi(u)$ 是满足条件

$$\int_0^1 \frac{\mathrm{d}u}{u\psi(u)} < \infty$$

的正的递减函数,则

$$|f(x) - S_{n_k}(f,x)| \leqslant$$
$$C_{j\psi}(x)E_{n_k}(f)\psi\left(\frac{E_{n_k}(f)_L}{E_{n_1}(f)_L}\right)\log(k+1) \qquad (17)$$

这里 $C_{j\psi}(x)$ 是几乎处处有限的函数. 对任何序列 $\{n_k\}$, 条件(15)都不能减弱, 因为如果 $\varepsilon_k > 0$, $\sum \frac{1}{k}\varepsilon_k = \infty$,则可以找到函数 $f \in L$,使得

$$E_{n_k}(f)_L \leqslant \varepsilon_k$$

且几乎处处有

$$\overline{\lim_{k\to\infty}} |S_{n_k}(f,x)| = \infty \qquad (18)$$

S. N. Bernstein 研究了这样的问题,对什么样的函数,其最佳逼近多项式恰好是傅里叶级数的部分和. 他证明了当连续函数 $f(x)$ 的傅里叶级数具有如下形式

$$\sum_{k=0}^{\infty}(a_k \cos n_k x + b_k \sin n_k x) \qquad (19)$$

其中 $n_0 > 0$,且对每个 k,比值$\frac{n_{k+1}}{n_k}$是奇数时具有上述性质. 在对级数(19)的系数加上某种限制时,这些条件还是必要的.

§9　线性平均的偏差在函数类上的上确界

在研究函数类 $H(\omega)$ 用傅里叶和逼近时,勒贝格用偏差 $f(x) - S_n(f,x)$ 在该类上的上确界刻画了逼

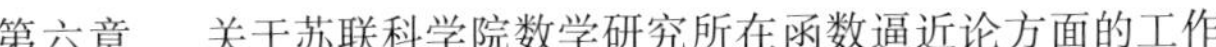

近的特征. 设 M 表示函数类,这种上确界记作

$$S_n(M)_C=\sup_{f\in M}\|f(x)-S_n(f,x)\|_C \tag{1}$$

勒贝格证明,$S_n(H(\omega))_C$ 的精确阶是 $\omega\left(\frac{1}{n}\right)\log n$.

A. N. Kolmogorov[36] 提出了求式(1)的渐近公式的主部的问题,并且在这方面最早做出了一些结果. 他证明,对函数类 W^r,$r=1,2,\cdots$,有下列估计

$$S_n(W^r)_C=\frac{4}{\pi^2}\frac{\log n}{n^r}+O\left(\frac{1}{n^r}\right)\quad(n\to\infty) \tag{2}$$

A. N. Kolmogorov 的这项工作为函数逼近论的研究开辟了新的方向. 人们向各个方面推广了他的定理,不但研究了傅里叶级数部分和的偏差的上确界,而且还研究了用傅里叶级数或插值多项式的各种平均所作的偏差的上确界. 研究了对其他函数类以及在其他的度量下的上确界. 对代数多项式和多元函数等也考虑了同样的问题.

因为在 A. N. Kolmogorov 之后,S. M. Nikolskyi 在这方面首先做出了一系列重要成果,所以,有关上确界(1)的渐近性质的问题有时也叫作 Kolmogorov-Nikolskyi 问题.

关于傅里叶和的逼近,S. M. Nikolskyi 证明了式(2)对函数类 $\overline{W}^r$ 也成立. 他对函数类 W_L^r 和 $\overline{W}_L^r$ 在 L 度量下的逼近也给出了类似的结果

$$S_n(W_L^r)_L=\frac{4}{\pi^2}\frac{\log n}{n^r}+O\left(\frac{1}{n^r}\right)\quad(n\to\infty) \tag{3}$$

此外,他还证明,若 $\omega(\delta)$ 是凸连续模,则对函数类 $W^rH(\omega)$,$r=1,2,\cdots$,有

$$S_n(W^rH(\omega))_C=\frac{2}{\pi^2}\frac{\log n}{n^r}\int_0^{\frac{\pi}{2}}\omega\left(\frac{2t}{n}\right)\sin t\,dt+$$

$$O\left(\frac{1}{n^r}\omega\left(\frac{1}{n}\right)\right) \tag{4}$$

S. B. Stechkin 对在圆 $|z|<1$ 内解析并且满足条件 $|f^{(r)}(z)|\leqslant 1$, $|z|<1$ 的函数类 B^r, $r=1,2,\cdots$,求出了其函数和它们的泰勒级数部分和的偏差的上确界的渐近公式

$$\sup_{f\in B^r}\left\| f(z)-\sum_{k=0}^{n}C_k(f)z^k\right\|_{C(|z|<1)}=\frac{\log n}{\pi n^r}+O\left(\frac{1}{n^r}\right) \tag{5}$$

和最佳逼近的上确界(11)(§3)的情况一样,人们还研究了如下的问题:上确界(1)在怎样的程度上可以被函数类 M 中的个别函数 $f\in M$ 所达到.勒贝格指出,在每个函数类 $H(\omega)$ 中可以找到这样的函数 f,满足

$$\overline{\lim_{n\to\infty}}\frac{\|f-S_n(f)\|_C}{\omega\left(\frac{1}{n}\right)\log n}>0$$

G. Ya. Doronin(对李普希茨类 H^α, $0<\alpha\leqslant 1$)证明,存在函数 f,使

$$\overline{\lim_{n\to\infty}}\frac{\|f-S_n(f)\|_C}{S_n(H(\omega))_C}=1$$

K. I. Oskolkov 指出,上式中的上极限不能换成极限.确切地说,他证明了,对任何连续模 $\omega(\delta)$,有

$$\sup_{f\in H(\omega)}\lim_{n\to\infty}\frac{\|f-S_n(f)\|_C}{S_n(H(\omega))_C}=\frac{1}{2} \tag{6}$$

比较以上结果和§3的式(19),可知在这个问题中用傅里叶和的逼近和最佳逼近不同.D. E. Menshov 证明,存在这样的连续函数,它们的傅里叶级数部分和的任何子列都不一致收敛.从式(6)可得,如果 $\omega(\delta)$ 不

满足Dini-Lipschitz 条件

$$\omega(\delta)\log\frac{1}{\delta}\to 0\quad(\delta\to 0)$$

则在每个函数类 $H(\omega)$ 中都存在着这样的函数. 从式(6) 出发,K. I. Oskolkov 研究了 $\|f\|\leqslant 1$ 的函数的傅里叶级数部分和的范数与勒贝格常数 L_n 的比值的渐近性质的问题,他证明,对递增序列 $\{n_k\}$,下列关系式

$$\sup_{f,\|f\|\leqslant 1}\varlimsup_{k\to\infty}\frac{\|S_{n_k}(f)\|_C}{L_{n_k}}=1$$

成立的充分必要条件是

$$\log k=0(\log n_k)\quad(k\to\infty)\tag{7}$$

我们还要指出,K. I. Oskolkov 在[37] 中研究了在单位圆内解析的有界函数的泰勒级数部分和的范数的可达到性问题.

还进一步研究了式(2) 中的余项对参数 r 的依赖关系,对自然数 r,I. G. Sokolov 给出了下列估计

$$S_n(W^r)_C\leqslant\frac{4}{\pi^2}\frac{\log n}{n^r}+\frac{A}{n^r}$$

后来,S. G. Selivanov 和 G. I. Natanson 在这方面也得到了一些结果. S. A. Telyakovskyi 证明,对一切 $r>0$ 和 α 有渐近等式

$$S_n(W_\alpha^r)_C=\frac{4}{\pi^2}\frac{1}{n^r}\log\frac{n}{\min(n,r+1)}+\frac{2}{\pi}\frac{1}{r}\left|\sin\frac{\alpha\pi}{2}\right|\frac{1}{n^r}+O\left(\frac{1}{n^r}\right)\quad(n\to\infty)\tag{8}$$

其中余项关于 r 和 α 一致成立. 这个估计式当 $r=o(n)$ 时给出了 $S_n(W_\alpha^r)_C$ 的渐近公式的主部. 当这个条件不

满足时，$S_n(W_\alpha^r)_C$ 的主部是 S. B. Stechkin[38] 给出的，他证明下式

$$S_n(W_\alpha^r)_C=\frac{8}{\pi^2}\frac{1}{n^r}\left(K(\mathrm{e}^{-\frac{r}{n}})+O\left(\frac{1}{r}\right)\right) \tag{9}$$

对 $n\geqslant 1,r\geqslant 1$ 和一切 α 一致成立. 这里 $K(q)$ 是第一类完全椭圆积分. 当

$$N=\sqrt{n^2+r^2}\rightarrow\infty$$

时，由此可得

$$S_n(W_\alpha^r)_C=\frac{8}{\pi^2}\frac{1}{n^r}(K(\mathrm{e}^{-\frac{r}{n}})+O(\log^{-1}N)) \tag{10}$$

对所有的参数都一致成立. 我们指出，式(8)～(10)在 L 度量下对相应函数类的逼近也成立.

关于函数用傅里叶和的逼近，还考虑了函数和它们的给定阶的导数为有界变差函数的情况. S. M. Nikolskyi 证明，如果函数 f 有有界变差的 r 阶导数，$r=0,1,2,\cdots$，该导数在 x_k 的跳跃度为

$$\delta_k=f^{(r)}(x_k+0)-f^{(r)}(x_k-0)$$

则当 $1<p\leqslant\infty,n\rightarrow\infty$ 时有

$$\|f-S_n(f)\|_{L_p}\approx v_r^{(p)}\Big(\sum_k|\sigma_k|^p\Big)^{\frac{1}{p}}n^{-r-\frac{1}{p}} \tag{11}$$

其中 $v_r^{(p)}$ 是可以表示为某个积分的只与 p 和 r 有关的量. 从式(1)还可以得到有界变差的 r 阶导数连续的充分必要条件. S. M. Nikolskyi 还证明，如果导数 $f^{(r-1)}$ 是纯跳跃函数，则有

$$\|f-S_n(f)\|_L\approx\frac{4}{\pi^2}\sum_k|\sigma_k|\frac{\log n}{n^r}\quad(n\rightarrow\infty) \tag{12}$$

S. B. Stechkin 则对 $H(\omega)$ 中全变差以 V 为上界的函数的傅里叶级数一致收敛的速度给出了下列估计

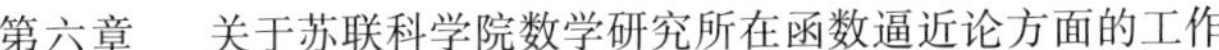

$$\| f-S_n(f)\|_C \leqslant A\omega\left(\frac{1}{n}\right)\log\frac{V}{\omega\left(\frac{1}{n}\right)} \tag{13}$$

K. I. Oskolkov 研究了这个估计式中的阶不能再改进的问题，他指出，在每个函数类 $H(\omega)$ 中，存在有界变差函数 f，使得

$$\overline{\lim_{n\to\infty}}\frac{\| f-S_n(f)\|_C}{\omega\left(\frac{1}{n}\right)\log\frac{1}{\omega\left(\frac{1}{n}\right)}}>0 \tag{14}$$

他还给出了把式(14)中的上极限换成下极限时 $\omega(\delta)$ 应该满足的充分必要条件，他证明如果当 $\delta\to 0$ 时连续模 $\omega(\delta)$ 递减得足够慢，则对 $H(\omega)$ 中的每个有界变差函数，可以找到自然数的子列 $\{n_k\}$，使得

$$\| f-S_{n_k}(f)\|_C \leqslant A\omega\left(\frac{1}{n}\right) \tag{15}$$

对有界 ϕ—变差的连续函数，K. I. Oskolkov 给出了下列不等式

$$\| f-S_{n_k}(f)\|_C \leqslant A\int_0^{\omega\left(f,\frac{\pi}{n}\right)}\log\frac{V_\phi}{\phi(t)}\mathrm{d}t \tag{16}$$

从而推广了式(13).

S. B. Stechkin 证明，如果函数 f 的傅里叶级数是剧增级数或者可以表示成有限个剧增级数的话，则当 $n\to\infty$ 时有

$$\| f-S_n(f)\|_C \sim E_n(f)_C \tag{17}$$

下面我们给出函数用 Fejer 和逼近的一些结果，S. M. Nikolskyi 对上确界

$$\phi_n(H^\alpha)_C=\sup_{f\in H^\alpha}\| f(x)-\varphi_n(x)\|_C$$

当 $n\to\infty$ 时求出了下列渐近估计

$$\phi_n(H^\alpha)_C=\frac{2\Gamma(\alpha)\sin\left(\frac{\alpha\pi}{2}\right)}{\pi(1-\alpha)}\frac{1}{n^\alpha}+o\left(\frac{1}{n^r}\right)\quad(0<\alpha<1)$$

$$\phi_n(H^1)_C=\frac{2}{\pi}\frac{\log n}{n}+O\left(\frac{1}{n}\right)\tag{18}$$

他还对函数类 W^r 和 $\overline{W}^r$ 得到了一些相应的结果，例如，当 $r=2,3,\cdots$ 时有

$$\phi_n(\overline{W}^r)_C=K_{r-1}\frac{1}{n}+O\left(\frac{1}{n^r}\right)\tag{19}$$

其中 K_{r-1} 是 Favar 常数，见 §3 的式(12)，而

$$\phi_n(\overline{W}^1)_C=O\left(\frac{1}{n}\right)\tag{20}$$

G. Alexits 也求出了估计式(20). S. B. Stechkin 求出了 $\phi_n(\overline{W}^1)$ 中的主部

$$\phi_n(\overline{W}^1)_C=\frac{2}{\pi}\int_0^\infty\left|\int_y^\infty\frac{\sin t}{t^2}\mathrm{d}t\right|\mathrm{d}y\frac{1}{n}+O\left(\frac{1}{n^2}\right)\tag{21}$$

S. A. Telyakovskyi 在 n 只取偶数或只取奇数时求出了 $\phi_n(H^\alpha)$ 的渐近级数表达式. 从所得到的结果可知，不存在对一切 n 都成立的这种表达式.

在函数类 W_α^r 上求函数与傅里叶级数由给定求和法所确定的平均偏差的上确界的问题，类似于求相应的线性算子范数的问题. 假设极限

$$\lim\frac{m}{n}=\theta$$

存在，则当 $\theta=0$ 时，S. M. Nikolskyi 求出了 Vallee Poussin 和的范数的渐近公式，而 S. B. Stechkin 则对 $0<\theta\leqslant 1$ 的情况得到了相应的结果. A. F. Timan 对 $\theta=0$ 求出了函数类 W^r 的下列上确界

$$V_{nm}(M)=\sup_{f\in M}\|f-V_{nm}(f)\|_C$$

的渐近公式的主部. 而当 $0 < \theta \leqslant 1$ 时,S. A. Telyakovskyi 则对函数类 W_{α}^{r} 给出了相应的结果. 还应当提到的是 S. B. Stechkin 用 Favar 和逼近的工作以及 P. L. Uliyanov 和 S. A. Telyakovskyi[39,40] 用 Cezaro 平均逼近的工作.

关于下列偏差的上确界

$$U_n(M)_C = \sup_{f \in M} \| f(x) - u_n(f,x) \|_C \tag{22}$$

进行了大量的研究,这里多项式

$$u_n(f,x) = \lambda_{no} \frac{a_0}{2} + \sum_{k=1}^{n} \lambda_{nk}(a_k \cos kx + b_k \sin kx) \tag{23}$$

是函数 f 的傅里叶级数对相当广的一类的求和法的所谓 λ 一平均. 函数类 W^r 对式(22)的渐近性质的研究与傅里叶级数在 C 空间的求和法的下列正则性问题有密切的关系. 由 Banach-Steinhaus 定理知,多项式(23)一致收敛到 $f \in C$ 的充分必要条件是

i) 对于任意的 k, $\lim\limits_{n \to \infty} \lambda_{nk} = 1$;

ii) 算子的范数一致有界,即

$$\int_0^{\pi} \left| \frac{\lambda_{no}}{2} + \sum_{k=1}^{n} \lambda_{nk} \cos kx \right| \mathrm{d}x \leqslant A \tag{24}$$

S. M. Nikolskyi 提出了如下问题:λ_{nk} 满足哪些简单的条件可以使式(24)成立? 他证明,如果对每个 n,序列 $\lambda_{no}, l_{n1}, \cdots, l_{nn}, o$ 为上凸或下凸序列,则式(24)成立的充分必要条件是

$$|\lambda_{nk}| \leqslant A, \left| \sum_{k=0}^{n} \frac{\lambda_{nk}}{n-k+1} \right| \leqslant A \tag{25}$$

A. V. Efimov 则指出,如果

$$\sum_{k=1}^{n} \frac{k(n-k+1)}{n} |\Delta^2 \lambda_{nk}| \leqslant A$$

其中 $\Delta^2\lambda_{nk}$ 是 λ_{nk} 关于 k 的二阶差分，则式(24)等价于不等式

$$\sum_{k=0}^{n}\frac{|\lambda_{nk}|}{n-k+1}\leqslant A$$

我们指出，这些定理中的条件也保证了 $\lambda-$ 平均(23)对所有的 $f\in L$ 在它们的勒贝格点上的收敛性. D. K. Faddeev 给出了一切可积函数在勒贝格点上可以用奇异积分表示的充分必要条件.

除了以上结果以外，还研究了傅里叶级数的 $\lambda-$ 平均的偏差的上确界(22). S. A. Telyakovskyi 推广了 Szökefalvi-Nagy，A. F. Timan 和 A. V. Efimov 关于函数类 W_α^r 的一些结果. 他们对相当广泛的求和法关于函数类 W_α^r 求出了上确界(22)的渐近公式，并且在 L 度量下也得到了相应的结果.

最后我们介绍函数与插值多项式的偏差的上确界. S. M. Nikolskyi 研究了两种问题，一种问题是求偏差的范数，另一种问题是对固定的 x 考察偏差的上确界. 他求出了函数类 H^α、W^r 中的周期函数用等距结点的拉格朗日插值多项式逼近的上确界的渐近公式，同时也求出用这种多项式的 Fejer 平均逼近的相应结果. 下面我们只介绍具有代表性的一个结果. 设 $P_n(f,x)$ 是在点 $\frac{2k\pi}{2n+1}(k=0,1,\cdots,2n)$ 插值于 $f(x)$ 的 n 阶拉格朗日三角插值多项式，则对函数类 $W^r,r=1,2,\cdots$，当 $n\to\infty$ 时有

$$\sup_{f\in W^r}|f(x)-P_n(f,x)|=$$
$$\frac{2}{\pi}\left|\sin\left(n+\frac{1}{2}\right)x\right|E_n(W^r)_C\log n+O\left(\frac{1}{n^r}\right)\tag{26}$$

这里 $E_n(W^r)_C$ 是最佳逼近的上确界(12)(§3).

§10　求积公式

求积公式,即下列近似积分公式

$$\int_0^1 f(x)\mathrm{d}x \approx \sum_{k=1}^{n} a_k f(x_k) \tag{1}$$

从17世纪开始研究,已经有很久的历史.这里,我们只介绍那些与科学院数学所的同事们的研究有关的问题.

为了便于实际计算,切比雪夫研究了式(1)中所有的系数 a_k 都相等的求积公式.他对每个 $n\leqslant 7$,求出了相应的结点 $x_k\in[0,1]$,使得对每一个 n 阶代数多项式,等式

$$\int_0^1 P_n(x)\mathrm{d}x = \sum_{k=1}^{n} P_n(x_k) \tag{2}$$

成立.后来,对 $n=9$ 也求出了具有这一性质的结点.但是,$n=8$ 时,这个问题无解(这时只能取复数结点).在实践中使用的是有9个结点的切比雪夫公式.

S. N. Bernstein 证明,当 $n\geqslant 10$ 时,无论如何选取结点 $x_k\in[0,1]$,式(2)都不能对所有的 n 阶多项式成立.还研究了具有等距结点的 Kotes 求积公式

$$\int_0^1 f(x)\mathrm{d}x \approx \sum_{k=0}^{n} a_k f\left(\frac{k}{n}\right) \tag{3}$$

这里系数 a_k 的选取应当使对一切 n 阶多项式(3)的左右两边相等.已知当 $n\leqslant 7$ 以及 $n=9$ 时,公式(3)中所有的系数 a_k 都是正数.而当 $n=8,10$ 以及 n 足够大时,有的 a_k 是负数.S. N. Bernstein 证明,对一切 $n\geqslant 10$ 在

公式(3)中都有负的 a_k. S. N. Bernstein 还给出一种构造形如式(1)的求积公式的方法,使得该公式能对一切给定阶的多项式成为精确等式,而系数 a_k 或结点 x_k 都是公分母尽可能小的有理数.

S. M. Nikolskyi 在 1950 年提出了通过改变系数 a_k 和结点 x_k 的办法求函数类中的最优求积公式的问题. 即对函数类 M 中的 f 先取求积公式(1)的误差的上确界,得

$$E_n(M;a_k,x_k)=\sup_{f\in M}\left|\int_0^1 f(x)\mathrm{d}x-\sum_{k=1}^{n}a_kf(x_k)\right| \tag{4}$$

然后再通过选取系数 a_k 与结点 x_k 使这个量最小. S. M. Nikolskyi 对某些函数类 M 求出了这个问题的解. 正如 S. M. Nikolskyi 指出的(见[41,p. 45]),A. N. Kolmogorov 也很重视函数类的最优求积公式问题.

我们稍微改变一下前几节使用过的记号的含义,这里用 $W^r(r=1,2,\cdots)$ 表示 $r-1$ 阶导数在区间$[0,1]$满足李普希茨条件

$$|f^{(r-1)}(x)-f^{(r-1)}(y)|\leqslant|x-y|$$

以及

$$f(0)=f'(0)=\cdots=f^{(r-1)}(0)=0$$

的函数 f 的集合. S. M. Nikolskyi 证明

$$E_n(W^r;a_k,x_k)=$$

$$\frac{1}{(r-1)!}\int_0^1\left|\frac{1}{r}(1-t)^r-\sum_{k=0}^{n}a_kF_r(x_k-t)\right|\mathrm{d}t \tag{5}$$

其中

$$F_r(t)=\begin{cases}0 & (t<0)\\ t^{r-1} & (t>0)\end{cases}$$

他对 $r=1$ 和 $r=2$ 的情况解决了上述极小化的问题. $r=2$ 时,式(5)中的积分的极小化问题可归结为函数 x^2 在 $L[0,1]$ 度量下用导数有 n 个间断点的分段线性连续函数最佳逼近的问题. S. M. Nikolskyi 证明,在这种情况下,最优结点和系数是

$$x_k = k\alpha_n \quad (k=1,2,\cdots,n)$$

$$\alpha_n = \frac{4}{\sqrt{3}+4n}$$

$$a_k = \alpha_n \quad (k=1,2,\cdots,n-1)$$

$$a_n = \frac{\alpha_n(2+\sqrt{3})}{4} \tag{6}$$

这里,最优结点在[0,1]上是均匀分布的,而系数除最后一个外,其余的都相等.

S. M. Nikolskyi 对函数类 W^r 当 $r>2$ 并且为偶数时也求出了形如

$$\int_0^1 f(x)\mathrm{d}x = \sum_{k=1}^{n}\sum_{i=1}^{r-2} a_k^{(i)} f^{(i)}(x_k)$$

的最优求积公式. 他在一些函数类上还解决了一些复杂的求积公式的最优化问题,他先把积分区间分成 n 个小区间,然后在每个小区间上再使用上述求积公式.

上述结果都可见 S. M. Nikolskyi 的专著,这本专著激励了对这些问题的大量进一步的研究,关于这些研究成果可见N. P. Korneichuk 为这本专著所写的补充材料. 我们这里只介绍一个问题.

在对 W^r 这一类周期函数类上求出的各种最优求积公式中,我们发现,这些公式中的结点都是等距结点而系数都相等. 也就是说,这些最优公式都是矩形公式. K. I. Oskolkov[42] 研究了由线性微分算子用下列

条件

$$\left\| P_r\left(\frac{\mathrm{d}}{\mathrm{d}x}\right) f(x) \right\|_{L_p} \leqslant 1 \tag{7}$$

所确定的周期函数类的求积公式，这里

$$P_r(z) = c_0 z^r + c_1 z^{r-1} + \cdots + c_r$$

是实系数多项式. 他证明，在一系列情况下，这些函数类上的最优求积公式也是矩形公式. 但是对许多多项式 $P_r(z)$ 可以给出这样的数 $N \geqslant 2$，使得对一切 $n \leqslant N$，具有等距结点的求积公式在相应的函数类上不是最优的. 因为由条件(7) 所确定的周期函数类是对变量平移不变的函数类. 所以，这些结果推翻了一段时间以来存在着的一种看法，即认为矩形公式在周期函数类 W^r 上的最优性是仅由这些函数类对变量的平移不变性决定的.

在 S. M. Nikolskyi 的专著中还有一些关于多元近似求积公式的结果. 这样的公式叫作体积公式.

S. L. Sobolev 和他在新西伯利亚的学派对体积公式作了大量的研究，许多研究结果都可以在他的专著中找到. 他们主要研究了具有固定结点的体积公式的误差泛函在 L_2 空间中的范数的最小化问题，即关于体积公式的系数取最小值的问题.

在科学院数学研究所，O. V. Besov 研究了这方面的问题：当网的步长依函数（定义在具有一定几何性质的区域上）的光滑性（在 L 度量下）而减小时，他给出了网形体积公式的误差递减速度的估计，他还研究了各向异性的情况和加权积分的情况.

在求积公式的理论中产生的积分(5) 的极小化问题是函数用光滑的分段多项式（通常称之为样条）逼

近的典型问题.在下列诸问题中都出现了样条函数的逼近,例如插值问题、函数的磨光问题、数值微分和积分、微分方程的数值解、函数逼近论的极值问题(如宽度问题)以及数学分析的其他问题等.在样条逼近中也研究了许多曾经在多项式逼近的理论中所研究过的问题.关于样条逼近的一些结果,其中包括数学所的同事们所完成的工作,在 S.B.Stechkin 和 U.I. Sub botin 的综述中均已谈到,读者也可以参考他们的专著.

参考资料

[1] N.P.Korneichuk,S.M.Nikolskyi.The development of the research on the theory of approximation of functions.USSR.UMN.,1985,40(5):71-131.

[2]S.A.Telyakovskyi,V.M.Tihomirov. Theory of approximation.A.N.Kolmogorov.Mathematica and mechanica.Izbr.tr.M.Nauka.1985,382-386.

[3] K.I.Oskolkov.Inequalities of the "Large Seive"type and applications to problems of trigonometric approximation.Anal.Math.,1986,12:143-166.

[4]S.M.Nikolskyi,P.I.Lizorkin.Error estimate for derivatives of harmonic polynomials and sphere polynomials.in Lp.Acta sci.Math.,1985,48:401-416.

[5]S.M.Nikoliskyi,P.I.Lizorkin.Inequalities of Bernstein type for the sphere polynomials.DAN USSR.,1986,

288:50-53.

[6] S. M. Nikolskyi, P. I. Lizorkin. Inequalities for harmonic, sphere and argebraic polynomials. DAN USSR., 289. 541-545.

[7] S. M. Nikolskyi, P. I. Lizorkin. The functional spaces which is relative with the theory of approximationon the sphere. Mat. zametki., 1987, 41:509-516.

[8] P. I. Lizorkin, S. M. Nikolskyi. Symmetric difference on the sphere. DAN. USSR., 1987, 296:271-274.

[9] V. A. Ivanov, P. I. Lizorkin. Error estimate in the integral norm of derivatives of harmonic and sphere polynomials. Tr. MIAN. USSR., 1986, 286:23-27.

[10] V. N. Temlyakov. Approximation of periodic functions of several variables with bounded mixed derivative. Tr. MIAN. USSR. 1980, 156: 233-260.

[11] V. N. Temlyakov. Approximation of the function with bounded mixed derivative. Tr. MIAN. USSR., 1986. Vol. 178.

[12] B. S. Kashin. On the properties of the spaces of trigonometric polynomials with uniform norm. Tr. MIAN USSR. 1980, 145, 111-116.

[13] B. S. Kashin. On the even polynomials of several variables on the complex sphere. Mat. Sb., 1985, 126, 420-425.

[14] S. V. Bochkarev. Structure of the polynomial basic in the finite demeentional spaces of

analytical functions in the circle. Tr. MIAN. USSR. ,1983,164:49-74.

[15]S. V. Bochkarev. Structure of interpolation diadic basic in the space of continuous functions by Fejer core. Tr. MIAN. USSR. ,1985,172:29-59.

[16]P. L. Uliyanov. Metrical theory of functions. Nast. Izd. 180-223.

[17]V. N. Temlyakov. On the relations of the best approximation analytical functions in bicircle. Tr. MIAN. USSR. 1983. Vol. 164,189-196.

[18]V. N. Temlyakov. Approximation of the continuous function by trigonometric polynomials. Tr. MIAN. USSR. ,1981,157:198-213.

[19] V. N. Temlyakov. On the asymtotic properties of the best approximation of a functions. Tr. MIAN. USSR. ,1985,172:313-324.

[20]V. N. Temlyakv. Approximation of the function of Lipschitz class by algebraic polynomials. Tr. MIAN. USSR. ,1981,29:597-602.

[21]V. N. Temlyakov. Approximation of function with bounded mixed difference by trigonometric polynomials and the width of some classes of function. Izv. AN. USSR. Ser. Mat. ,1982,46: 171-186.

[22]V. N. Temlyakov. Approximation of periodic functionof several variables by trigonometric polynomials and the width of some classes of function. Izv. AN. USSR. Ser. Mat. ,1985,49:

986-1030.

[23]V. N. Temlyakov. Approximation of periodic function of several variables with bounded mixed difference. Mat. Sb. ,1980,133:65-80.

[24]P. I. Lizorkin, S. M. Nikolskyi. Approximation on the sphere in L_2. DAN. USSR . ,1983,271: 1059-1063.

[25]P. I. Lizorkin,S. M. Nikolskyi. A theorem concerning approximation on the sphere. Anal. Math. ,1983,9: 207-221.

[26]S. M. Nikolskyi,P. I. Lizorkin. Theory of approximation on the sphere. Tr. MIAN. USSR. ,1985,172:272-279.

[27]P. I. Lizorkin,S. M. Nikolskyi. Approximation in the metric of continuous function on the sphere. DAN. USSR. ,1983,272:524-528.

[28]S. M. Nikolskyi, P. I. Lizorkin. Approximation by spherical polynomials. Tr. MIAN. USSR. , 1984,166:186-200.

[29]A. P. Terehen. Uniform approximation by algebraic polytnomials on the sphere of odd-dimentional spaces. Mat. Zametki. ,1987,41:333-341.

[30]A. N. Kolmogorov. On the best approximation of a functional class. Matematica and Mehanica. Izbr. Tr. M. Nauka,1985,186-189.

[31]A. N. Kolmogorov,A. A. Petrov,U. M. Smirnov. One Gauss formulae in the theory of minimax guadature. A. N. Kolmogorov. Probability theory and Mathemational statistics:Izbr. Tr. M. Nauka. ,

1985,283-288.

[32]V. N. Temlyakov. Width of some classes of functions of several variable. the same to above. 1982,267:314-317.

[33]V. N. Temlyakov. On approximation of periodic functions of several variables. the same to above. 1984,279:301-305.

[34]V. T. Gavriliuk,S. B. Stechkin. Approximation of continuous periodic functions by the Fourier sum. Tr. MIAN. USSR. ,1985,172:107-127.

[35]K. I. Oskolkov. Subsequences of Fourier sum of integrable functions. Tr. MIAN. USSR. ,1985, 167:239-260.

[36]A. N. Kolmogorov. On the order of remaining term of Fourier series of differentiable functions. Matematica and Mehanica,Izbr. Tr. M. ,Nauka. ,1985,179-185.

[37]K. I. Oskolkov. On the partial sum of Taylor series of bounded analytic functions. the same to above. 1981,157:153-160.

[38]S. B. Stechkin. The estimate of the remaining term of Fourier series for the differentiable functions. Tr. MIAN. USSR. ,1980,145:126-151.

[39]S. A. Telyakovskyi. On approximation of class of function $\overline{W}'$ by the Zecharo means. Tr. MIAN. USSR. ,1981,157:191-197.

[40]S. A. Telyakovskyi. On approximation of function by Zecharo means of second order. Anal. Math. ,1982,

8:305-319.

[41] S. M. Nikoliskyi, P. S. Aleksadrov and A. N. Kolmogorov. In Dneprobetrovsk. Anal. Math. ,1983,38(4): 37-49.

[42]K. I. Oskolkov. On optimal quadrature formulae on certain classes of periodic functions. Appl. Math. and Optim. ,1982,8:245-263.

圆上的 Weissler 对数不等式与 Stieltjes 矩量的极值问题

第七章

昆明工学院数学教研室的陈殿杰教授在 1984 年对圆上的 Weissler 对数不等式给出一些改进，提出并解决了 Stieltjes 矩量导出的一般极值问题，并应用于切比雪夫多项式中.

§1 引 言

令

$$\mathrm{d}\upsilon=\frac{\mathrm{d}\theta}{2\pi}$$

是单位圆 $U=\{z \mid |z|=1\}$ 上的 Haar 概率测度. 为了证明在 U 上，Nelson 的超收缩估计适用于 Poisson 半群和热半群，Weissler[3] 首先证明了下述 Sobolev 不等式

$$\int f^2 \log f \mathrm{d}\upsilon \leqslant \sum_{n=-\infty}^{+\infty} |n| |a_n|^2 + \|f\|_2^2 \log \|f\|_2 \tag{1}$$

其中函数 $f \in L^2(\upsilon)$ 且 $f(\theta) = \sum_{n=-\infty}^{+\infty} a_n \mathrm{e}^{in\theta} \geqslant 0$.

在同一篇文章[3]中,这个Sobolev不等式被改进成下面我们称为 Weissler 不等式的形式

$$\int f^2 \log f \mathrm{d}\upsilon \leqslant \sum_{n=-\infty}^{+\infty} \beta_n |a_n|^2 + \|f\|_2^2 \log \|f\|_2 \tag{2}$$

这里关于 f 的假设条件与式(1)相同,其中系数 β_n 定义成

$$\beta_{-n} = \beta_n, \beta_0 = 0, \beta_1 = 1, \beta_n = 1 + \sum_{k=1}^{n-1} \frac{1}{k} \quad (n \geqslant 2)$$

同时,Weissler 指出,这些常数 β_n 可能不是最好的.这就自然地提出了如何改进式(2)的问题.

Weissler 所使用的方法是很不直接的.这里,我们略去 Weissler 在定理证明中的前面一部分,它归结为证明对于 $0 \leqslant r \leqslant 1$,有不等式

$$G(r) \geqslant 0$$

其中函数 G 定义为

$$\frac{1}{2}G(r) = \sum_{l=2}^{\infty} (\beta_l - 1) |a_l|^2 r^{2l} + \sum_{n=3}^{\infty} (-1)^n (n-3)! \int \frac{x_r^n}{n} \mathrm{d}\upsilon \tag{3}$$

这里

$$x_r(\theta) = \sum_{m \neq 0} a_m r^{|m|} \mathrm{e}^{im\theta}, a_{-m} = \overline{a}_m$$

同时假设

$$\beta_{-n}=\beta_n,\beta_0=0,\beta_1=1$$

本文中，我们感兴趣的问题是找出使得不等式 $G(r)\geqslant 0$ 成立的常数 β_n 的最小值来. 为了精确计算 x_r^n，我们不像 Weissler 那样采用“多极公式”，而宁可直接计算. 我们有

$$x_r^n=\sum_{m_1,\cdots,m_n\neq 0}a_{m_1}a_{m_2}\cdots a_{m_n}r^{|m_1|+\cdots+|m_n|}\cdot \mathrm{e}^{\mathrm{i}(m_1+\cdots+m_n)\theta}$$

$$\int x_r^n\mathrm{d}\upsilon=\sum_{\substack{m_1+\cdots+m_n=0\\ m_k\neq 0}}a_{m_1}\cdots a_{m_n}r^{|m_1|+\cdots+|m_n|}=$$

$$\sum_l\Big(\sum_{\substack{m_1+\cdots+m_p=n_1+\cdots+n_q=l\\ 1\leqslant p,q;p+q=n\\ m_i\geqslant 1,n_j\geqslant 1}}a_{m_1}\cdots a_{m_p}\overline{a}_{n_1}\cdots\overline{a}_{n_q}\Big)r^{2l}=$$

$$\sum_{2l\geqslant n}\sum_{\substack{p=1\\ p\leqslant l\\ p+q=n}}^{n-1}\sum_{m_1+\cdots+m_p=l}\sum_{n_1+\cdots+n_q=l}a_{m_1}\cdots a_{m_p}\overline{a}_{n_1}\cdots\overline{a}_{n_q}r^{2l}=$$

$$\sum_{2l\geqslant n}\sum_p c(p,l)\,\overline{c(n-p,l)}r^{2l}$$

其中

$$c(p,l)=\sum_{m_1+\cdots+m_p=l}a_{m_1}\cdots a_{m_p}\quad(1\leqslant p\leqslant l)$$

代入式(3) 中有

$$\frac{1}{2}G(r)=\sum_{l=2}^{\infty}(\beta_l-1)\mid a_l\mid^2r^{2l}+$$

$$\sum_l r^{2l}\sum_{n=3}^{2l}\frac{(-1)^n(n-3)!}{n!}\cdot$$

$$\sum_{p=1}^{n-1}c(p,l)\,\overline{c(n-p,l)}$$

在第二项和中，我们有 $3\leqslant n\leqslant 2l$，则 $l\geqslant 2$，于是

$$\frac{1}{2}G(r)=\sum_{l=2}^{\infty}\theta_l r^{2l}$$

其中

$$\theta_l=(\beta_l-1)\mid a_l\mid^2+\sum_{p=1}^{l}\sum_{\substack{n\geqslant 3\\ n\geqslant p+1\\ p+q=n}}\frac{(n-3)!}{n!}D(p,l)\overline{D(q,l)}$$

这里

$$D(p,l)=(-1)^p c(p,l)$$

此外

$$c(1,l)=a_l,D(1,l)=-a_l$$

对于

$$p+q=n\geqslant 3$$

有

$$\frac{(n-3)!}{n!}=\frac{1}{(p+q)(p+q-1)(p+q-2)}$$

则

$$\theta_l=\sum_{p=1}^{l}\sum_{q=1}^{l}A_{pq}D(p,l)\overline{D(q,l)}$$

其中

$$A_{p,q}=\begin{cases}B_l-1 & (p=q=1)\\ \dfrac{1}{(p+q)(p+q-1)(p+q-2)} & (p+q\geqslant 3\text{ 且 }p,q\leqslant l)\end{cases}\tag{4}$$

于是，只要 $l\times l$ 矩阵 $[A_{pq}]$ 是正定的，则保证条件 $G(r)\geqslant 0$ 成立，这就导致我们去确定使得矩阵 $[A_{pq}]$ 为正定的常数 $s=s(l)=\beta_l-1$ 的最小值．但是，序列

$$m_n=\frac{1}{(n+1)(n+2)(n+3)}$$

是区间 $[0,1]$ 上，测度

$$\mathrm{d}\mu=\frac{1}{2}(1-t)^2\mathrm{d}t$$

的矩量序列，在式(4)中，$l \geqslant 2$. 令

$$l=m+1, p=i+1, q=i+1$$

则矩阵$[A_{pq}]$可以写成$[a_{ij}]$，$0 \leqslant i,j \leqslant m$，其中

$$\begin{cases} a_{00}=\beta_{m+1}-1 \\ a_{ij}=m_{i+j-1} \quad (i+j \geqslant 1) \end{cases} \tag{5}$$

这里

$$m_k=\int t^k \mathrm{d}\mu$$

于是，归结为下述一般问题的研究.

§2　Stieltjes 矩量的极值问题

在$[0,\infty)$上，我们固定一个正测度 μ，具有任意阶矩量

$$m_k=\int t^k \mathrm{d}\mu$$

由于无限阶埃尔米特矩阵$[m_{ij}]$总是正定的，对于 $0 \leqslant i,j \leqslant n$，$n$ 阶埃尔米特矩阵亦然. 现在的问题是，对于固定的 n，应如何确定出 $s=s(n)$，使得矩阵 $\mathbf{A}_n(s)$

$$\begin{cases} a_{00}=s \\ a_{ij}=m_{i+j-1} \quad (i,j \leqslant n, i+j \geqslant 1) \end{cases}$$

是正定的？为此，引入多项式 $p=\sum\limits_0^n u_i x^i$，则和

$$S=\sum_{i,j} a_{ij} u_i \overline{u}_j$$

可写成

$$S=s\mid p(0)\mid^2+\sum_{i+j \geqslant 1} \int u_i \overline{u}_j t^{i+j-1} \mathrm{d}\mu(t)$$

或者

$$S = s\mid p(0)\mid^2 + \int \frac{\mid p(t)\mid^2 - \mid p(0)\mid^2}{t}\mathrm{d}\mu(t)$$

在 $p(0)=1, p=1-tQ, Q$ 为实多项式的情形

$$S = s - \int (2Q - tQ^2)\mathrm{d}\mu(t)$$

欲要 $S \geqslant 0$，当且仅当

$$s \geqslant \sup_{Q \in \mathscr{P}_{n-1}} \int (2Q - tQ^2)\mathrm{d}\mu(t) = M_n \tag{1}$$

作泛函

$$F(Q) = \int (2Q - tQ^2)\mathrm{d}\mu(t) \quad (Q \in \mathscr{P}_{n-1})$$

显然它是凸的且属于 C^∞ 类，故

$$F(Q+T) - F(Q) = \mathrm{d}F_Q(T) - \int xT^2\mathrm{d}\mu$$

其中

$$\mathrm{d}F_Q(T) = 2\int T(1 - xQ)\mathrm{d}\mu$$

令

$$\mathrm{d}F_Q(T) = 0$$

代入 $F(Q)$，得到

$$F(Q) = \int Q\mathrm{d}\mu$$

另一方面

$$\mathrm{d}F_Q = 0$$

说明在空间 $L^2(\mu)$ 中，$1 - xQ$ 正交于 $\mathscr{P}_{n-1}$，因此，我们要找的多项式是

$$P_n = 1 - xQ \quad (Q \in \mathscr{P}_{n-1})$$

显然 $P_n(0) = 1$ 且正交于 $\mathscr{P}_{n-1}$.

现假设 μ 具有无限支集. 则在 $L^2(\mu)$ 中存在一个正交多项式组 (P_n)，有

$$d^0 P_n = n$$

因为知道 P_n 的零点含于区间$[0,+\infty)$，故可以通过条件 $P_n(0)=1$ 作其规范化. 此外，$Q\in \mathscr{P}_{n-1}$ 通过条件 $1-xQ=P_n$ 唯一确定，这就得到：

定理 1　令 μ 是一个正测度，其无限支集含于$[0,+\infty)$ 中，具有任意阶矩量，则常数 M_n 由下式

$$M_n=\int \frac{1-P_n(t)}{t}\mathrm{d}\mu$$

给定，其中 P_n 是 $L^2(\mu)$ 中次数为 n 且通过条件 $P_n(0)=1$ 规范化了的正交多项式序列.

注 1　由式(1)，序列 M_n 显然是单增的，而且它还是严格单增的. 因为如有

$$M_n=M_{n+1}$$

则

$$P_n=1-xQ$$

对于任意的实数 α，我们有

$$F(Q+\alpha x^n)=F(Q)-2\int(1-xQ)\alpha x^n\mathrm{d}\mu-\alpha^2\int x^{2n+1}\mathrm{d}\mu$$

函数

$$\alpha \to -2\alpha\int P_n x^n\mathrm{d}\mu-\alpha^2 m_{2n+1}$$

是负的，这蕴含着

$$\int P_n x^n\mathrm{d}\mu=0$$

故 P_n 正交于 $\mathscr{P}_n$，只有 $P_n=0$，矛盾. 又因 $\operatorname{supp}\mu$ 无穷，故有

$$0=M_0<M_1<M_2<\cdots<M_n<M_{n+1}<\cdots \tag{2}$$

注 2　我们总有不等式

$$M_n \leqslant \int \frac{\mathrm{d}\mu(t)}{t} \leqslant +\infty \tag{3}$$

因为如果

$$s = \int \frac{\mathrm{d}\mu(t)}{t} < +\infty$$

我们引入有界的测度

$$\mathrm{d}\upsilon = \frac{1}{t}\mathrm{d}\mu$$

则由 υ 的矩量出发得到的矩阵 $\mathbf{A}_n(s)$ 是正定的，于是

$$M_n \leqslant (s)$$

注 3　如果测度 μ 的支集有限，基数为 $p \geqslant 1$，则可以用同样方法正交化直到 $p-1$ 次，我们有

$$0 = M_0 < M_1 < \cdots < M_{p-1} < M_p \leqslant +\infty \tag{4}$$

对于 $n \geqslant p$，总有

$$M_n = M_p$$

因为所有多项式 $Q \in \mathscr{P}_{n-1}$ 几乎处处等于一个多项式 $\widetilde{Q} \in \mathscr{P}_{n-1}$，于是

$$M_p = \int \frac{\mathrm{d}\mu(t)}{t} \tag{5}$$

由于条件

$$(1 - xQ) \perp \mathscr{P}_{n-1}$$

蕴含

$$P_p = 1 - xQ = 0$$

又

$$\mathscr{P}_{n-1} = L^2(\mu)$$

故有

$$M_p = \int Q\mathrm{d}\mu = \int \frac{\mathrm{d}\mu(t)}{t}$$

Stieltjes 问题的不定的情形　假设测度 μ 是固定

的，其无限支集含于$[0,+\infty)$中，这就对应一个 Stieltjes 矩量问题. 现在，考虑所有这样的测度 υ：其支集含于$[0,+\infty)$中且具有与μ相同的矩量. 我们知道，满足上述条件的测度 υ 构成一个紧凸集 V_μ，而且在 Stieltjes 问题不定的情形，有

$$V_\mu \neq \{\mu\}$$

对于每一个 $\upsilon \in V_\mu$，多项式 P_n 显然是相同的，因而常数 M_n 也相同，由式(3)，有

$$\lim M_n = \inf_{\upsilon \in V_\mu} \int \frac{\mathrm{d}\upsilon(t)}{t} \tag{6}$$

于是，我们得到：

定理 2　对于任意测度 μ，有等式

$$\lim M_n = \inf_{\upsilon \to V_\mu} \int \frac{\mathrm{d}\upsilon(t)}{t}$$

证明　如果μ具有有限支集，由注 3，结论显然成立. 如果

$$M = \lim M_n$$

为无穷，结论亦真. 故假设

$$M < +\infty$$

则

$$M \geqslant M_n$$

所决定的所有矩阵 $\mathbf{A}_n(M)$ 都是正定的，故令

$$m'_0 = M, m'_n = m_{n-1}$$

若 $n \geqslant 1$，于是

$$m'_{i+j+1} = m_{i+j}$$

由此所得到的两个无穷矩阵$[m'_{i+j}]$和$[m'_{i+j+1}]$都是正定的. 由一个经典的准则([4], p. 136)，这就蕴含着存在一个$[0,+\infty)$上的正测度λ，使得对于 $k \geqslant 0$，有

$$\int t^k \mathrm{d}\lambda(t) = m'_k$$

则测度

$$\mathrm{d}\upsilon = t\mathrm{d}\lambda$$

使得

$$\int t^k \mathrm{d}\upsilon = \int t^k \mathrm{d}\mu = m_k$$

所以

$$\upsilon \in V_\mu$$

并且

$$M = m'_0 = \int \mathrm{d}\lambda = \int \frac{\mathrm{d}\upsilon(t)}{t}$$

前面的证明同时指出下确界被达到. 这说明使得

$$M = \int \frac{\mathrm{d}\upsilon(t)}{t}$$

的测度 $\upsilon \in V_\mu$ 的凸集 W_μ 是非空的. 下面, 我们称一个闭子集 $F \subset K$ 是紧凸集 K 的面, 如果 $x, y \in K$ 且 $\frac{x+y}{2} \in F$ 就蕴含 $[x, y] \subset F$.

命题 对于任意测度 μ, 集合 W_μ 是 V_μ 的一个凸面.

证明 如果

$$M = +\infty$$

则

$$W_\mu = V_\mu$$

由此, 我们可以假设

$$M < +\infty$$

首先来证明 W_μ 是闭集. 如果在 V_μ 中, $\upsilon_i \to \upsilon$, $\upsilon_i \in W_\mu$, 令

$$f_n(t)=\inf\left(n,\frac{1}{t}\right)$$

则有

$$M=\int\frac{\mathrm{d}\upsilon_i}{t}\geqslant\int f_n\mathrm{d}\upsilon_i$$

因为

$$f_n\in C_0([0,+\infty))$$

通过取极限,得到

$$\int f_n\mathrm{d}\upsilon\leqslant M$$

因此

$$\int\frac{\mathrm{d}\upsilon(t)}{t}\leqslant M$$

其中 $f_n(t)\to\frac{1}{t}$. 由式(6),有

$$\upsilon\in W_\mu$$

故 W_μ 是闭集. 为了证明 W_μ 是一个面,固定 $\lambda,\upsilon\in V_\mu$,使得

$$\frac{1}{2}(\lambda+\upsilon)\in W_\mu$$

则有

$$\int\frac{\mathrm{d}\lambda}{t}+\int\frac{\mathrm{d}\upsilon}{t}=2M$$

又用式(6),立刻有

$$\int\frac{\mathrm{d}\lambda}{t}=\int\frac{\mathrm{d}\upsilon}{t}=M$$

以及 $\lambda,\upsilon\in W_\mu$,由凸性,有

$$[\lambda,\upsilon]\subset W_\mu$$

在关于 μ 的 Stieltjes 矩量问题是确定的情形,亦即

$$V_{\mu}=\{\mu\}$$

显然

$$W_{\mu}=\{\mu\}$$

于是有：

推论　在关于 μ 的 Stieltjes 矩量问题是确定的情形，也有

$$\lim M_n=\int\frac{\mathrm{d}\mu(t)}{t}\leqslant+\infty$$

计算 M_n 的几个实例：

例 1　拉盖尔多项式.选择测度为 $\mathrm{d}\mu=t^{\alpha-1}\mathrm{e}^{-t}\mathrm{d}t$，其中 $\alpha>0$，得到通过条件 $\mathrm{L}_n^{\alpha}(0)=1$ 规范化的拉盖尔多项式为

$$\mathrm{L}_n^{\alpha}=1+\sum_{k=1}^{n}(-1)^k\frac{n(n-1)\cdots(n-k+1)}{\alpha(\alpha+1)\cdots(\alpha+k-1)}\frac{x^k}{k!}$$

于是

$$M_n^{\alpha}=\sum_{k=1}^{n}(-1)^{k-1}\frac{\mathrm{C}_n^k}{k+\alpha-1}\Gamma(\alpha)$$

注意到关系式

$$\sum_{k=1}^{n}(-1)^{k-1}\frac{\mathrm{C}_n^k}{k+\alpha-1}=\int_0^1 t^{\alpha-2}[1-(1-t)^n]\mathrm{d}t$$

若 $\alpha>1$，则

$$\int\frac{\mathrm{d}\mu}{t}<+\infty$$

若 $\alpha\leqslant1$，则

$$\int\frac{\mathrm{d}\mu}{t}=+\infty$$

a) $\alpha>1$.通过简单计算，有

$$M_n^{\alpha}=\Gamma(\alpha-1)\left[1-\frac{n!}{\alpha(\alpha+1)\cdots(\alpha+n-1)}\right]\quad(n\geqslant1)\tag{7}$$

而

$$\lim M_n^{\alpha} = \Gamma(\alpha - 1) = \int \frac{d\mu}{t}$$

正如推论所述，因为这里的矩量问题是确定的.

b) $0 < \alpha \leqslant 1$. 有

$$\int_0^1 t^{\alpha-2}[1-(1-t)^n]dt = \int_0^1 \frac{1-\mu^n}{1-\mu}(1-\mu)^{\alpha-1}d\mu$$

易得

$$M_n^{\alpha} = \sum_{k=1}^{n} \frac{(k-1)!\ \Gamma(\alpha)}{\alpha(\alpha+1)\cdots(\alpha+k-1)} \quad (n \geqslant 1)$$

特别地，当 $\alpha = 1$ 时（即古典拉盖尔多项式），有

$$M_n^1 = 1 + \frac{1}{2} + \cdots + \frac{1}{n} \tag{8}$$

在式(7) 里，记

$$\Gamma(\alpha - 1) = \frac{\Gamma(\alpha)}{\alpha - 1}$$

我们可以利用其关于变量 α 的解析性，知当 $\alpha < 1$ 时，式(7) 的两项仍相等. 这就给出 M_n^{α} 在 $\alpha < 1$ 时的另一个表达式，根据式(7)，当 $n \to +\infty$ 时，有

$$M_n^{\alpha} \sim \frac{\Gamma^2(\alpha)}{1-\alpha} n^{1-\alpha}$$

还容易证明对于一切 $\alpha > 0$，序列 M_n^{α} 是凹的.

例 2　勒让德多项式. 在区间[0,1]上取测度 $d\mu = dt$，借助于[-1,1] 上的勒让德多项式 $\tilde{P}_n$，可以得到[0,1] 上的多项式 P_n，有

$$P_n(t) = \tilde{P}_n(1 - 2t)$$

其中

$$\tilde{P}_n(1) = 1$$

于是

$$M_n=\int_0^1\frac{1-\mathrm{P}_n(t)}{t}\mathrm{d}t=\int_{-1}^1\frac{1-\widetilde{\mathrm{P}}_n(x)}{1-x}\mathrm{d}x$$

利用母函数

$$(1-2tx+t^2)^{-\frac{1}{2}}=\sum_0^\infty\widetilde{\mathrm{P}}_n(x)t^n$$

进行计算,可得到

$$M_n=2\sum_{k=1}^n\frac{1}{k}\quad(n\geqslant 1)\tag{9}$$

例 3　切比雪夫多项式.在区间$[0,1]$上取测度为

$$\mathrm{d}\mu=[t(1-t)]^{-\frac{1}{2}}\mathrm{d}t$$

借助于$[-1,1]$上的切比雪夫多项式得到多项式 P_n,有

$$P_n(t)=T_n(1-2t),T_n(1)=1$$

令

$$x=1-2t=\cos\theta$$

则

$$T_n(x)=\cos n\theta=P_n(t)$$

注意到

$$t=\frac{1-\cos\theta}{2}=\sin^2\varphi$$

其中

$$\varphi=\frac{\theta}{2}\in\left[0,\frac{\pi}{2}\right]$$

于是

$$M_n=2\int_0^{\frac{\pi}{2}}\frac{1-\cos 2n\varphi}{\sin^2\varphi}\mathrm{d}\varphi=4\int_0^{\frac{\pi}{2}}\frac{\sin^2 n\varphi}{\sin^2\varphi}\mathrm{d}\varphi$$

再用 Cesaro-Fejer 核函数,得到

$$M_n=2n\pi\tag{10}$$

例 4　超球面多项式.在区间$[0,1]$上,取测度

$$d\mu = [t(1-t)]^{\frac{1}{2}}dt$$

令

$$x = 1-2t = \cos\theta, \varphi = \frac{\theta}{2}$$

得到

$$P_n(t) = U_n(x)$$

其中

$$U_n(\cos\theta) = \frac{\sin(n+1)\theta}{(n+1)\sin\theta}$$

易知

$$M_n = \int_0^{\frac{\pi}{2}} 2\cos^2\varphi \left[1 - \frac{\sin 2(n+1)\varphi}{(n+1)\sin 2\varphi}\right] d\varphi$$

最后我们有

$$M_n = \frac{\pi}{2}\,\frac{n}{n+1} \tag{11}$$

§3　Jacobi 多项式

解决引言里提出的问题，实际上只需在$[0,1]$区间上取测度

$$d\mu = \frac{1}{2}(1-t)^2 dt$$

时确定出常数 M_n 的值. 而这正是测度

$$d\mu = t^{\alpha-1}(1-t)^{\beta-1}dt$$

(差一个因子$\frac{1}{2}$)，其中 $\alpha > 0, \beta > 0$，依赖于 Jacobi 多项式的特例. 令

$$x = 1-2t$$

可以用超几何函数来表示 Jacobi 多项式 $J_n^{\alpha,\beta}(x)$ 为

$$J_n^{\alpha,\beta}(x)=\mathrm{F}\left(-n,n+\alpha+\beta-1;\alpha;\frac{1-x}{2}\right) \quad (1)$$

这里

$$J_n^{\alpha,\beta}(1)=1$$

我们取

$$P_n(t)=J_n^{\alpha,\beta}(t)=\mathrm{F}(-n,n+\theta-1;\alpha;t) \quad (2)$$

其中

$$\theta=\alpha+\beta,t=\frac{1-x}{2}$$

显然有

$$P_n(0)=1$$

于是

$$M_n=M_n^{\alpha,\beta}=\int_0^1\frac{1-\mathrm{F}(-n,n+\theta-1;\alpha;t)}{t}\mathrm{d}\mu(t) \quad (3)$$

展开，有

$$-M_n=\sum_{k=1}^{n}\frac{(-n)_k(n+\theta-1)_k}{(\alpha)_k k!}\int_0^1 t^{k+\alpha-2}(1-t)^{\beta-1}\mathrm{d}t=$$

$$\frac{\Gamma(\alpha)\Gamma(\beta)}{\Gamma(\theta)}\sum_{k=1}^{n}\frac{(-n)_k(n+\theta-1)_k}{(\theta)_k k!}\frac{\theta+k-1}{\alpha+k-1}=$$

$$\frac{\Gamma(\alpha)\Gamma(\beta)}{\Gamma(\theta)}\sum_{k=1}^{n}\frac{(-n)_k(n+\theta-1)_k}{(\theta)_k k!}\left(1+\frac{\beta}{\alpha+k-1}\right)$$

但是，根据([2],239 ~ 240) 公式，有

$$M_n=\frac{\Gamma(\alpha)\Gamma(\beta)}{\Gamma(\theta)}\left[1-\beta\sum_{k=1}^{n}\frac{(-n)_k(n+\theta-1)_k}{(\theta)_k k!}\frac{1}{\alpha+k-1}\right] \quad (4)$$

引入函数 $G_\theta(t)$，有

$$G_\theta(t)=-\sum_{k=1}^{n}\frac{(-n)_k(n+\theta-1)_k}{(\theta)_k k!}t^{k-1}=$$

$$\frac{1-\mathrm{F}(-n,n+\theta-1;\theta;t)}{t} \tag{5}$$

显然 $G_\theta(1)=1$，于是

$$M_n=\frac{\Gamma(\alpha)\Gamma(\beta)}{\Gamma(\theta)}\left[1+\beta\int_0^1 G_\theta(t)t^{\alpha-1}\mathrm{d}t\right] \tag{6}$$

另一方面

$$G_\theta(t)=-\sum_{k=0}^{n-1}\frac{(-n)_{k+1}(n+\theta-1)_{k+1}}{(\theta)_{k+1}k!}\frac{t^k}{k+1}=$$

$$\frac{n(n+\theta-1)}{\theta}\sum_{k=0}^{n-1}\frac{(-n+1)_k(n+\theta)_k}{(\theta+1)_k k!}\frac{t^k}{k+1}$$

于是，函数 G_θ 满足微分方程

$$[tG_\theta(t)]'=\frac{n(n+\theta-1)}{\theta}\mathrm{F}(-n+1,n+\theta;\theta+1;t) \tag{7}$$

通过分部积分，又注意到

$$G_\theta(1)=1$$

得出关系式

$$\frac{n(n+\theta-1)}{\theta}\int_0^1\mathrm{F}(-n+1,n+\theta;\theta+1;t)t^{\alpha-1}\mathrm{d}t=$$

$$1-(\alpha-1)\int_0^1 G_\theta(t)t^{\alpha-1}\mathrm{d}t \tag{8}$$

这就给出 M_n 的一个新表达式，对于 $\alpha\neq 1$ 的一切有效值，我们有

$$M_n=\frac{\Gamma(\alpha)\Gamma(\beta)}{(\alpha-1)\Gamma(\theta)}\left[\theta-1-\frac{\beta_n(n+\theta-1)}{\theta}\cdot\right.$$

$$\left.\int_0^1\mathrm{F}(-n+1,n+\theta;\theta+1;t)t^{\alpha-1}\mathrm{d}t\right] \tag{9}$$

M_n 的表示式可以从下述引理推出：

引理　对于一切 $\alpha>0,\theta>0$，我们有

$$\int_0^1\mathrm{F}(-n,n+\theta;\theta;t)t^{\alpha-1}\mathrm{d}t=\frac{n!\ (\theta-\alpha)_n}{(\alpha)_{n+1}(\theta)_n} \tag{10}$$

证明 视左边的积分为一个函数 $H(\alpha)$，直接计算有

$$H(\alpha)=\sum_{k=0}^{n}\frac{(-n)_k(n+\theta)_k}{(\theta)_k k!}\frac{1}{k+\alpha}$$

实际上，这就是将 $H(\alpha)$ 分解成简单有理因子的和. 现在，如果 P 是一个次数大于或等于 n 的多项式，则有分解式

$$K(\alpha)=\frac{P(\alpha)}{(\alpha)_{n+1}}=\sum_{k=0}^{n}\frac{A_k}{k+\alpha}$$

容易算出系数 A_k 为

$$A_k=\frac{(-1)^k P(-k)}{k!\ (n-k)!}$$

特别地，取多项式

$$P(\alpha)=\frac{n!}{(\theta)_n}(\theta-\alpha)_n$$

得到

$$A_k=\frac{n!\ (-1)^k(\theta+k)_n}{(\theta)_n k!\ (n-k)!}$$

显然 A_k 也可以写成

$$A_k=\frac{(-n)_k(n+\theta)_k}{(\theta)_k k!}$$

于是，有等式

$$K(\alpha)=H(\alpha)$$

在式(9)中，换 n 为 $n-1$，换 θ 为 $\theta+1$，当 $\alpha\neq 1$ 时，即得到 M_n 的值.

定理 3 令 $\alpha\neq 1$，Jacobi 常数 $M_n^{\alpha,\beta}$ 由下式确定，其中 $\theta=\alpha+\beta$，有

$$M_n^{\alpha,\beta}=\frac{\Gamma(\alpha)\Gamma(\beta)}{(\alpha-1)\Gamma(\theta)}\left[\theta-1-\frac{(\beta)_n n!\ (n+\theta-1)}{(\alpha)_n(\theta)_n}\right] \tag{11}$$

当 $\theta \neq 1$ 时，有略为简单的结果

$$M_n^{\alpha,\beta}=\frac{\theta-1}{\alpha-1}\frac{\Gamma(\alpha)\Gamma(\beta)}{\Gamma(\theta)}\left[1-\frac{(\beta)_n n!}{(\alpha)_n(\theta-1)_n}\right] \quad (12)$$

注 4　Jacobi 矩量问题显然是确定的. 由此，我们可以重新得到 §2 中所证明的结果. 实际上，当 $\alpha > 1$（因此 $\theta > 1$）时，有

$$M_n \to \frac{\theta-1}{\alpha-1}\frac{\Gamma(\alpha)\Gamma(\beta)}{\Gamma(\theta)}=\int\frac{\mathrm{d}\mu(t)}{t}$$

而当 $\alpha < 1$ 时

$$M_n \sim \frac{\Gamma^2(\alpha)}{1-\alpha}n^{2(1-\alpha)} \to \int\frac{\mathrm{d}\mu(t)}{t}=+\infty$$

这里已使用了等价结果

$$\frac{(n+\theta-1)n!\ \Gamma(\alpha)\Gamma(n+\beta)}{\Gamma(n+\alpha)\Gamma(n+\theta)} \sim \Gamma(\alpha)n^{2(1-\alpha)}$$

对于一般的超球面多项式的情形，对应于 $\beta=\alpha$，立刻推得：

定理 4　当 $\alpha \neq 1$ 时，超球面常数 $M_n^{\alpha,\alpha}$ 由下式给出

$$M_n^{\alpha,\alpha}=\frac{\Gamma^2(\alpha)}{(\alpha-1)\Gamma(2\alpha)}\left[2\alpha-1-\frac{n!}{(2\alpha)_{n-1}}\right] \quad (13)$$

在式(13)中，取 $\alpha=\frac{1}{2}$，重新得到 §2 的式(10)；取 $\alpha=\frac{3}{2}$，得到 §2 的式(11).

极限 $\alpha=1$ 的情形：$\alpha=1$ 显然是一个很特殊的值，因为以它划分了两个不同的条件. 然而，计算 $M_n^{1,\beta}$ 的值，可以通过对 α 取极限得出. 由于式(6)已经保证了 $M_n^{\alpha,\beta}$ 关于 α 的连续性，使用式(11)，我们有

$$M_n^{\alpha,\beta}=\frac{\Gamma(\alpha)}{\alpha-1}\left[\frac{(\theta-1)\Gamma(\beta)}{\Gamma(\theta)}-\frac{(n+\theta-1)\Gamma(n+\beta)n!\ \Gamma(\alpha)}{\Gamma(n+\alpha)\Gamma(n+\theta)}\right]=$$

$$\Gamma(\alpha)\frac{R(\alpha)}{\alpha-1}$$

其中

$$R(1)=0$$

所以,我们有

$$M_n^{1,\beta}=R'(1)$$

易知

$$R'(1)=\frac{1}{\beta}-\frac{1}{n+\beta}+\frac{\Gamma'(n+1)}{\Gamma(n+1)}-\frac{\Gamma'(1)}{\Gamma(1)}+\frac{\Gamma'(n+\beta-1)}{\Gamma(n+\beta-1)}-\frac{\Gamma'(\beta+1)}{\Gamma(\beta+1)}$$

直接计算知函数

$$\Phi=\frac{\Gamma'}{\Gamma}$$

满足函数方程

$$\Phi(x+1)-\Phi(x)=\frac{1}{x}$$

故得:

定理 5 在 $\alpha=1$ 的极限情况,Jacobi 常数由下式确定

$$M_n^{1,\beta}=1+\frac{1}{2}+\cdots+\frac{1}{n}+\frac{1}{\beta}+\frac{1}{\beta+1}+\cdots+\frac{1}{\beta+n+1} \tag{14}$$

当 $\beta=1$ 时,即勒让德多项式情况,重新得到 §2 的式(9).

当 $\beta=3$ 时,得到更为简单的形式

$$M_n^{1,3}=2\left(1+\frac{1}{2}+\cdots+\frac{1}{n}\right)-\frac{3}{2}+\frac{2n+3}{(n+1)(n+2)} \tag{15}$$

注 5　我们知道，拉盖尔多项式可以作为 Jacobi 多项式的极限情况而得到. 为此，引入$[0,k]$区间上的测度

$$d\upsilon_k = t^{\alpha-1}\left(1-\frac{t}{k}\right)^{k-1}dt$$

容易看出

$$M_n(\upsilon_k) = k^{\alpha-1}M_n^{\alpha,k}$$

当$k\to\infty$时，$M_n(\upsilon_k)$趋于用 §2 的式(7)(8) 所算出的拉盖尔常数M_n^{α}，我们也可以据此对由解析延拓得到的结果作一个检验.

§4　回到 Weissler 的问题

利用常数M_n来改进 Weissler 常数β_n的方法已为 Guennoun([1]p. 79 ~ 81) 所采用，但是他与 Weissler 的计算都依赖于“多极公式”，得到

$$\beta_{n+1} = 1 + M_n \quad (n > 1)$$

这里，M_n是通过经典的拉盖尔多项式推得的常数. 因此，他未能得到比 Weissler 常数

$$\beta_{n+1}^{W} = 1 + \left(1+\frac{1}{2}+\cdots+\frac{1}{n}\right)$$

更好的结果.

在 §1 中，我们进行的计算比基于“多极公式”的计算更直接也更易理解，所得到的值

$$\beta_{n+1} = 1 + M_n$$

依赖于测度

$$d\mu = \frac{1}{2}(1-t)^2dt$$

这只是我们所导入的 Jacobi 当 $\alpha=1,\beta=3$ 的特例(相差一个因子$\frac{1}{2}$),于是推得常数 β_n 为

$$\begin{cases}\beta_0=0,\beta_1=1\\ \beta_{n+1}=1+\frac{1}{2}+\cdots+\frac{1}{n}+\frac{1}{4}+\frac{2n+3}{2(n+1)(n+2)}\end{cases}\tag{1}$$

所以有

$$\beta_{n+1}^{W}\geqslant\beta_{n+1}+\frac{1}{3}$$

这里,从 β_2 起求得一个附加因子$\frac{1}{3}$ 和一个渐近因子$\frac{3}{4}$.

我们的结果所获得的改进似乎并不显著. 最优的常数也未必得到了. 然而,我们所提出的极值问题却接近于完全解决了,有趣的是,它与 Stieltjes 矩量的理论密切相关.

参 考 资 料

[1] O. Guennoun. Inegalites Logarithmiques de Gross-Sobolev et Hypercontractivite, These 3 eme cycle, Universite LYON 1, 1980.

[2] G. Vairon. Equations Fonctionnelles, Masson, Paris, 1950.

[3] F. B. Weissler. Logarithmic Sobolev Inequalities and Hypercontractive Estimates on the Circle, J. Fuct.

Anal. 37(1980),218-234.

[4] D. V. Widder. The Laplace Transform,Princeton University Press,Princeton,1964.